LA GUERRE
NE FAIT
QUE COMMENCER

Des mêmes auteurs :

Violences et insécurité urbaines, Que sais-je, PUF, 2001.

Alain Bauer
Xavier Raufer

LA GUERRE
NE FAIT
QUE COMMENCER

JC Lattès

Nous avons foi au poison.
Nous savons donner notre vie
tout entière tous les jours.
Voici le temps des Assassins.

Arthur Rimbaud, *Les Illuminations*

Prologue

N'est pas Rimbaud qui veut — et la voyance est une magie ardue. Nulle Pythie n'a en effet prévu l'attaque du 11 septembre. Mais en revanche, dire qu'un monde chaotique rend désormais *possibles* de tels actes, pressentir même le *contexte* favorisant l'entreprise terroriste de masse — quelle que soit la forme particulière de sa survenue —, oui, cela se peut.

C'est ainsi que le 27 novembre 1997, quatre ans donc avant que s'achève la rédaction du présent texte, ses auteurs ont cru bon de publier une tribune libre d'alerte dans *Le Figaro*. Nous la reprenons ci-après intégralement, tant elle nous paraît être la meilleure entrée en matière possible pour un ouvrage consacré aux menaces et aux guerres à venir, qu'elles soient terroristes ou criminelles.

« Insécurité intérieure et défense nationale

Sécurité intérieure ? Défense nationale ? Depuis l'abolition de l'ordre bipolaire du monde, sur le terrain, dans la vraie vie, partout au monde, tout a changé — vraiment. Y compris dans des pays comme la France — pourtant si paisibles d'apparence. Ainsi, même les nostalgiques de la Guerre froide l'admettent désormais : nous entrons dans une ère nouvelle, désordonnée, violente — chaotique même.

Durant ces huit dernières années, nos gouvernants — de droite ou de gauche — ont certes pris acte du bouleversement mondial, mais peu de concepts nouveaux ont été forgés, aucune doctrine claire n'est apparue, qui permette de penser et d'affronter le nouveau désordre mondial. Des discours, mais peu d'actes concrets dans le continuum sécurité-défense — deux termes aujourd'hui indissociables : nous le verrons plus bas.

Or l'exigence politique fondamentale de toute communauté constituée est immuable depuis l'aube de l'Histoire : c'est sa protection. Un pouvoir qui néglige de protéger la vie et les biens de ceux dont il dépend — à l'intérieur comme à l'extérieur du territoire national — ne survit pas longtemps. C'est pourquoi nous relançons ici le débat en soulignant trois réalités fondamentales.

• Un lien réel existe entre sécurité intérieure et menaces extérieures

Parlons clair : en France, la criminalité périurbaine prend une allure inquiétante. Nous ne vivons pas sur une île déserte : dans les pays développés, la sécurité s'est toujours gravement dégradée quand s'aggravaient des phénomènes comme ceux-ci :

— Acteurs de la violence sociale plus jeunes, plus durs, plus récidivistes : en France 40 % des violences de voie publique sont aujourd'hui le fait de mineurs ; et la commission de crimes par des très jeunes (10-14 ans) est en forte augmentation.

— Sur 1 088 quartiers sensibles surveillés, 300 connaissent un trafic régulier d'héroïne, 130, des violences contre les représentants de l'autorité. Les conflits "territoriaux" entre bandes rivales augmentent aussi : 2 000 incidents de ce type en 1992 (1 200 blessés, 14 tués), plus de 11 000 en 1996 (1 600 blessés, 30 tués).

— Transports urbains : à la RATP, à la SNCF, dans les réseaux de transport de province, les agressions visant le personnel comme les voyageurs ont doublé de 1993 à 1996.

Plus sérieux encore : au-delà des péripéties vite oubliées de la délinquance au quotidien, un lien clair se dessine entre scènes criminelles extérieure et intérieure :

— Dans les cités sensibles de la France périurbaine, l'économie criminelle vit des stupéfiants venus de l'étranger : Europe (LSD, Grande-Bretagne ; amphétamines, Pays-Bas), Afrique (cannabis) et Asie (héroïne du Croissant d'Or ou du Triangle d'Or).

— Un "impôt révolutionnaire" est couramment levé dans certains quartiers. Des bandes politico-criminelles contribuent ainsi à financer les conflits en cours dans l'ex-Yougoslavie, au Kurdistan turc, à Ceylan, dans l'ex-URSS et en Algérie.

— Faut-il enfin rappeler que ces dernières années, des islamistes algériens (ou d'origine maghrébine) ont frappé notre pays (détournement d'avion, campagne de bombes, etc.) ?

Ces exemples prouvent que certains des acteurs de la violence des cités sont déjà directement liés aux figures criminelles du nouveau désordre mondial.

• Sécurité intérieure et défense nationale sont aujourd'hui en plein télescopage

Qu'est-ce qui relève désormais en propre de la défense ou de la sécurité intérieure ? Rien. La dichotomie armée aux frontières-ennemi extérieur / police nationale-criminalité a disparu. On constate ce télescopage dans un récent texte de prospective du ministère américain de la Défense qui évoque "les menaces asymétriques : criminels équipés d'armes de destruction massive, mêlant un terrorisme archaïque aux technologies de l'ère de l'information" et conclut "nous devons placer nos forces face à de telles menaces, à l'œuvre sur un registre très étendu".

• Les entités dangereuses du chaos mondial sont peu visibles, difficiles à frapper

A Berlin et ailleurs, la disparition de l'ordre bipolaire a fait sauter les frontières de l'ex-bloc de l'Est, naguère inviolables. Et aboli la logique binaire du monde d'hier, où Ouest s'opposait à Est, Etat à criminel. Vivant jadis dans des mondes distincts, "politiques" (mouvements de libération nationale, milices, terrorismes) et "droit commun" (crime organisé, mafias) ont été précipités sur la même scène : du Cambodge au Pérou, criminels et guérilleros se confondent désormais dans les zones grises de la planète. Très diverses, ces nouvelles entités dangereuses ont pourtant des traits communs :

— Déterritorialisation, ou implantation dans des zones inaccessibles.

— Absence de sponsorship d'Etat — ce qui les rend plus incontrôlables encore.

— Capacité de mutation ultra-rapide en fonction du paradigme dollar, désormais crucial.

— Potentiel meurtrier plus grave que le terrorisme plutôt symbolique de la Guerre froide.

Qui réprime ces entités dangereuses ? Tout le monde, chacun de son côté — nul ne sait vraiment. Seule certitude : armées, polices, gendarmeries, services de renseignements, justices enfin, des pays d'Europe ont désormais tous peu ou prou les mêmes « clients ».

Que faire ? Formation et analyse

Où sont aujourd'hui les magistrats, commissaires de police, officiers et cadres des services spéciaux de l'an 2005 ? A l'université ou dans des écoles spécialisées. Quelle vision de ces menaces leur transmet-on ? Comment les prépare-t-on à affronter un monde dangereux, instable, mouvant ? Bref : que leur enseignet-on ? En tout cas, aucun corpus central. On se limite souvent à un saupoudrage de conférences généralistes.

Surtout, l'Etat doit sortir d'un rêve arrogant et archaïque dans lequel il gère seul la défense et la sécurité. L'Etat est aujourd'hui incapable d'affronter seul des menaces toujours moins « publiques » (émanant d'autres Etats), toujours plus transnationales et hybrides. Le gouvernement doit donc ouvrir des espaces de réflexion mixtes et créer un partenariat fort avec les universitaires, les experts venus du privé et des entreprises spécialisées. Puis concevoir une doctrine sur ces dangers nouveaux, comme il y a une doctrine d'emploi du nucléaire ; enfin adapter en conséquence les outils de renseignement, de défense et de répression du pays. Nous sommes prêts à une telle coopération. »

Voilà ce qu'exposait, ce que suggérait cette tribune libre, qui fut accueillie par un grand silence. Murés dans des certitudes fixées une fois pour toutes durant la Guerre froide, enfermés dans des logiques administratives — pour ne pas dire bureaucratiques ; effrayés à l'idée d'adopter des idées sortant de celles communément admises par la sphère médiatique, la plupart des dirigeants politiques du pays firent mine de n'avoir pas entendu. Et c'est ainsi que s'écoula la parenthèse historique 1989-2001. Précisément jusqu'à ce qu'elle se referme, dans la nuit du 10 au 11 septembre 2001.

Car le lendemain...

L'ATTAQUE

Le 11 septembre 2001, au début ordinaire d'une journée de bureau, l'inimaginable, l'inoubliable se produit à

New York et à Washington. Usant d'avions de ligne comme de missiles de croisière, animés de ce que le philosophe américain Norman Cohn[1] définit comme « ce sauvage enthousiasme qui naît du désespoir » dix-neuf « bombes humaines », fanatiques lancés en une terrible « mission de sacrifice », frappent l'Amérique dans ses symboles majeurs.

Trois mille morts. Le cœur même du sanctuaire américain touché pour la première fois de plein fouet. Un attentat d'une ampleur sans précédent historique : le plus sanglant de tout le XXe siècle ne provoqua pas quatre cents morts[2].

Il n'a pas fallu longtemps au gouvernement et à l'opinion publique des Etats-Unis pour réaliser. Si les mots ont un sens, c'était la guerre, dans toute l'acception du terme. Car dans la société humaine — ce que nous, citoyens des pays développés, avons un peu oublié dans l'opulence pacifique de la parenthèse post-Guerre froide — la guerre c'est beaucoup plus que des tueries et des batailles. En effet et depuis le début de l'histoire, la guerre *tranche*. C'est là son effet réel sur la société des hommes. Son rôle unique à vrai dire. Au milieu d'existences humaines faites de songes, d'espoirs, d'illusions, de préjugés, de naïvetés, de petites combines et de calculs sordides, le réel — que le philosophe Clément Rosset définit comme « à la fois insupportable et irrémédiable » — peine d'ordinaire à s'imposer. A l'échelle mondiale, seule la guerre provoque sa formidable irruption.

A l'échelle des pays développés, les sociétés civiles ne peuvent que prendre acte : dès novembre 2001, les publicitaires commencent à fédérer les citoyens-consommateurs les plus jeunes, ceux qui sont nés entre 1975 et 1994, sous le millésime fédérateur de « génération 11 sep-

---

1. Norman Cohn, *The pursuit of millenium*, NY, Harper Torch Books, 1961.
2. Plus de 300 morts en avril 1925 à Sofia (Bulgarie). D'origine révolutionnaire, l'attentat à l'explosif détruisit l'église Sveta Nedelja où le gouvernement bulgare est réuni pour une cérémonie. La plupart des ministres sont tués.

tembre » — comme on avait eu la « génération 68 » lors du *baby-boom*.

Ainsi, le 11 septembre 2001, un nœud gordien a été tranché. Avant, on supposait, on craignait, on imaginait — maintenant, on sait.

Que sait-on ? Que s'est-il révélé brutalement à la conscience des hommes dans les heures qui ont suivi l'effondrement des tours jumelles du World Trade Center ?

Que cette attaque était la parfaite parabole, la prévision claire de ce que serait la guerre du XXIe siècle. Que l'attentat était de nature prémonitoire — comme en son temps, la guerre d'Espagne préfigura la Seconde Guerre mondiale et la guerre de Sécession, la Première. Que tout ce qui surviendrait dans l'ordre militaire lors des prochaines années partirait de cet épisode fondateur, de ses répercussions et séquelles ; enfin, des réactions des Etats développés à celui-ci.

Nous savons aussi que désormais, l'économie et la finance mondiales constituent l'un des principaux champs de bataille des guerres à venir, guerres terroristes ou criminelles. Ainsi, la fragilité insoupçonnée des tours jumelles a-t-elle symbolisé celle de l'économie et de la finance mondiales. Caractéristique : ce colloque organisé à la mi-novembre 2001 par un institut canadien sur le thème « l'économie mondiale en état de choc », où s'exprime le prix Nobel d'économie Robert Mundell. Pour lui (*Le Monde* du 15/11/01), le choc du 11 septembre pourrait être plus fort que celui de la guerre du Golfe. Avec un risque important : une forte chute des marchés boursiers perdurant loin dans l'année 2002. Ainsi donc, une attaque au cœur du système capitaliste — déclenchée aujourd'hui par des fondamentalistes fanatisés, demain par qui ? — peut, par réaction en chaîne, entraîner la faillite d'entreprises financières, la ruine (peut-être durable) d'économies entières, le chômage, la famine, tout cela à l'échelle du monde. Un processus catastrophique inouï et hier encore insoupçonné. La vraie face noire de la mondialisation.

Cet événement formidable, cet acte fondateur du XXIᵉ siècle, nous entreprenons de le narrer, l'analyser, le radiographier ici. Comment l'Amérique a-t-elle pu ainsi se laisser « surprendre pendant sa sieste », comme le dit cruellement le politologue et historien américain David Halberstam ? Comment une telle attaque a-t-elle pu se concevoir, se préparer des années durant, s'entreprendre — et réussir — sans que nul ne s'en avise précisément au sein du premier — et de loin — système de défense et de renseignement au monde, système dont le budget frise en 2001 les 340 milliards d'euros ? Une question — comment cela a-t-il été possible ? — qui est tout, sauf d'intérêt historique, ou rétrospectif. Sans détection précise de l'origine de la panne, sans diagnostic approfondi de la faillite du système en effet, nulle possibilité d'en rebâtir un autre, fonctionnel. Le 11 septembre risque alors de se reproduire.

Ce livre fait aussi le récit d'une révolution — mot dont le siècle passé abusa au point de le priver de sens — pris ici dans son sens étymologique, celui du violent renversement d'un ordre des choses antérieur. Brutalement en effet, et bon gré, mal gré, l'Amérique officielle a mis par-dessus bord tout cet empilement de bienséances, de coquetteries, de moralisme bêlant ; tous ces caprices d'enfant gâté et ces modes qui, de la fin de la Guerre froide au 11 septembre 2001, finissaient par lui masquer la cruelle réalité du chaos mondial — l'Europe en serait-elle encore capable ?

C'est par cette révolution qu'il nous faut commencer. C'est cela qu'il faut lire d'emblée avec la plus grande attention pour envisager l'immensité du bouleversement que vit aujourd'hui l'Amérique. Avant toute chose, il faut avoir réalisé ceci : qu'à Washington, tout individu prédisant, le 10 septembre encore, un seul des retournements, un seul des sidérants changements de cap énumérés ci-dessous, finissait au mieux sa journée dans un asile psychiatrique — au pire lynché, au bec d'un réverbère.

Dans l'éventail de la presse américaine, l'hebdomadaire *Newsweek* est plutôt centre-gauche. Libéral comme on dit là-bas. Or quel titre un éditorial y porte-t-il début novembre, celui-ci, parfaitement incroyable : « Il est temps de penser à la torture ». Et l'éditorialiste, le fort progressiste Jonathan Alter, de souligner : « En cet automne plein de colère, même un libéral peut se surprendre à songer à la torture. » Une réaction isolée, prise sous l'empire du désespoir ? Non : un débat de société.

Le FBI échoue à faire parler les principaux suspects (survivants ou complices présumés) de l'attaque du 11 septembre. Ce silence obstiné frustre le gouvernement. Les « trucs » habituels ne donnent rien : argent, chirurgie esthétique, emploi aux Etats-Unis, peines réduites. Un officiel anonyme déclare alors que « les libertés individuelles peuvent être mises de côté, au moins un temps, s'il s'agit d'obtenir des renseignements pour sauver des vies »[1]. Oh bien sûr, pas question de rétablir le supplice du pal, mais d'user de « techniques d'interrogatoire plus rudes ». De « pressions intenses », telle l'extradition immédiate vers des pays où la torture (la vraie) est usuelle. D'administrer aux interrogés un sérum de vérité. Quiconque eût tenu de tels propos, fait une telle suggestion le 10 septembre encore, perdait à vie tout accès aux grands médias, toute crédibilité politique. A partir du 11 septembre, la torture s'élève au rang de thème d'éditorial.

Au même moment, on apprend que la CIA a assoupli les règles de recrutement de ses indicateurs, au point de pouvoir à nouveau embaucher des « taupes » criminelles ou terroristes. Même — ce qui lui était de facto interdit la veille du 11 septembre — « s'ils se sont rendus coupables de violations des droits de l'homme ». Quiconque possède de bons tuyaux sur Ben Laden ou al-Qaïda est désormais recruté sur-le-champ. Ce, d'initiative de l'officier de renseignement sur le terrain, que son interlocuteur soit ou non

---

1. *Le Monde*, 26/10/01.

un « individu peu recommandable ». Car depuis 1995[1], la CIA compliquait à un point tel la procédure de recrutement des indicateurs, pour en éliminer les « *human rights violators* », que ne passaient en réalité plus dans le tamis que quelques bonnes sœurs et autres saints laïcs. On était en plein remake de « Gulliver empêtré ».

Mais à partir du 11 septembre tout change — même l'interdiction de pratiquer l'assassinat, ou de le faciliter, règle imposée à la CIA depuis vingt-cinq ans, est froidement abolie. Fin septembre 2001 en effet, la presse révèle que d'ordre exprès du Président, la CIA a « les mains libres » pour « faire tout ce qui sera nécessaire », afin de « détruire Oussama Ben Laden et son réseau ». Pour mener des actions ciblées létales « si nécessaire ». Sous le couvert de l'anonymat, un haut fonctionnaire confirme : « Des opérations mortelles, impensables avant le 11 septembre, sont en cours[2]. » Un durcissement avec lequel le fort moral sénateur Joseph Liebermann (candidat démocrate à la vice-présidence des Etats-Unis en 2000) « se sent parfaitement à l'aise ».

Parlons maintenant de la défense des Etats-Unis après la Guerre froide, de ce que serait la militarisation de l'ère de la mondialisation. Le choc du 11 septembre renvoie brutalement au rayon des hochets ultra-libéraux ces concepts, pratiques et remèdes hier encore vantés par le complexe militaro-industriel, tels la dérégulation des marchés d'armement, l'usage des armées privées et plus généralement, l'externalisation (« *outsourcing* ») de la guerre. Retour au bon vieil Etat-nation, et aux pratiques patinées par le temps, prévalant en Europe depuis la fin de la guerre de Trente ans et les traités de Westphalie[3].

---

1. En 1995 en effet, la CIA recrute un officier guatémaltèque lié aux « escadrons de la mort » très actifs dans ce pays. L'officier est alors indirectement suspecté dans l'assassinat d'un guérillero local marié à une avocate activiste américaine. Tempête à Washington — et ordre à la CIA de ne plus recruter quelque *human rights violator* que ce soit.

2. UPI/Comtex, le 20 octobre 2001, *Reuters*, le 22 octobre.

3. De 1618 à 1648, la France, le Saint-Empire romain germanique, l'Empire espagnol, l'Angleterre, la Suède, la Bavière, les Pays-Bas, le Danemark, etc. vident pour de bon la querelle entre catholiques et protestants. Alors poussière de 150 micro-

Car on le réalise désormais à Washington : l'Histoire compte, elle se répète, les mêmes causes entraînant les mêmes effets. De fait, l'interminable guerre d'Afghanistan en Asie centrale n'est-elle pas la répétition troublante de ce que fut en Europe la guerre de Trente ans, voici trois siècles et demi ? Penser à partir du précédent historique, et non comme si le monde était né avec le dernier modèle d'ordinateur, permet en effet d'éviter bien des drames — notamment celui-ci. Depuis la guerre de Trente ans, nous, Européens, savons dans notre chair que le plus difficile d'une guerre non étatique, c'est de l'achever proprement. Que se présente toujours, au bout de tout conflit de ce type, un terrible problème — l'image n'est pas belle, mais la situation non plus — de vidange, d'élimination des déchets. Cette réalité, les Etats-Unis l'ignorèrent à la fin du jihad afghan. Ils repartirent brutalement. Ils laissèrent s'entasser, s'échauffer, les scories de cette guerre, en une immense poche de gaz islamiste. Ces déchets, ce sont les Talibans, Mollah Omar, Oussama Ben Laden,...

Mais le changement va beaucoup plus loin que de simples ajustements techniques, ou de bêtes retours au bon sens. La politique étrangère américaine est aussi bouleversée par le choc post-11 septembre.

Hier encore et depuis plus d'un demi-siècle, l'Alliance atlantique était pour les Etats-Unis l'élément crucial en matière de sécurité européenne et transatlantique. La voici réduite à l'état de dinosaure de la Guerre froide. Après le 11 septembre, les Etats-Unis ont négligé les pro-

---

Etats de principautés et seigneuries, l'Allemagne sert de champ de bataille. Trente ans après, le pays est anéanti. Entre un tiers et la moitié de la population a péri (faim, massacres, épidémies) sans résultat décisif, sans qu'une religion ne domine l'Europe. Alors, finir une guerre n'est pas simple : la seule Suède licencie sec 200 000 mercenaires (dont les familles suivent la troupe), devenant autant de pillards et de maraudeurs. La plus meurtrière qu'ait jamais vécue l'Europe, cette guerre se conclut par les Traités de Westphalie, signés le 6 août 1648 (Osnabrück) et le 8 septembre (Münster). Ils sont publiés le 24 octobre 1648. Les horreurs de l'époque poussèrent les Etats européens à se doter d'armées nationales et à adopter des règles d'entrée en guerre (*jus ad bellum*) et de conduite des conflits (*jus in bello*).

positions de service de l'OTAN. Ils ont préféré monter une coalition spécifique et très fermée. Depuis le Kosovo, l'OTAN n'intéressait plus Washington : pas fiable, pas assez à la botte. Finalement, l'OTAN ne fait plus rêver que certains politiciens atlantistes de l'Union européenne.

Hier encore, Pervez Musharraf était un paria. Nul pays développé n'acceptait de recevoir ce général-dictateur, assassin en 1999 de la fragile démocratie pakistanaise. Aujourd'hui, le voici devenu le chouchou des Etats-Unis, et plus largement des membres du G8. Crédits et invitations pleuvent sur lui. A Washington, où l'on est parfois candide, on reconnaît volontiers que nul président pakistanais élu n'aurait pu appuyer, comme Musharraf l'a fait, l'effort anti-Taliban des Etats-Unis, avec une opinion publique locale à 80 % favorable au Mollah Omar et à Oussama Ben Laden. Le même vent réaliste pousse aussi l'Amérique à ruminer l'erreur énorme que fut d'aider la gracieuse, la très occidentalisée Benazir Bhutto. On se souvient désormais — mais bien tard — qu'en 1993, la coalition gouvernementale de l'icône de la presse féminine des années 90 incluait le férocement islamiste Jamiat-i-ulema-i-islam (JUI), parti dont le chef, Fazlur Rehman, présidait même alors la commission des affaires étrangères de l'Assemblée nationale pakistanaise. Avec l'aval de discrets « conseillers » — américains, mais surtout britanniques — Fazlur Rehman et Babar Khan, ministre de l'Intérieur de Benazir Bhutto, montèrent l'opération Taliban, milice pashtoune à l'origine recrutée dans les centaines de madrassas (écoles coraniques) du JUI et entraînée par le « *Frontier constabulary* », armée de la frontière nord-ouest du Pakistan, dépendant du ministre de l'Intérieur [1].

Plus extraordinaire encore, l'Iran. Hier encore, vous souvenez-vous ? L'Iran était l'ennemi suprême de l'Amé-

---

1. Lire sur ce point Ahmed Rashid, *Taliban : islam, oil and the new great game in Central Asia,* IB Tauris Publishers, London, 2000. A noter par ailleurs que cette force de gardes-frontière a toujours été surveillée de près par les services spéciaux britanniques, par tradition très attentifs à ce qui se passe dans ce secteur...

rique ; ce depuis vingt ans. Mais l'époque est révolue. Car en effet, pour la cruciale zone qu'est l'Asie centrale (le pétrole de la Caspienne et les islamistes alentour), sur quoi de solide s'appuyer à l'avenir, quel partenaire possible pour l'hyperpuissance américaine ? Dans la région, quelles réelles et solides nations, dotées d'une profondeur historique — donc moins fragiles que d'autres — d'une armée et de services de renseignements efficaces ? A une extrémité, la Chine, à l'autre l'Iran. Dont acte. Que dit en effet, dès octobre 2001, le puissant sénateur démocrate Joseph Biden, président de la commission des relations extérieures du Sénat américain[1] ? « L'administration [Bush] a d'abord considéré l'Iran à travers le prisme des vingt années écoulées. [Mais aujourd'hui] l'Iran souhaite initier une relation fondée sur des intérêts communs redéfinis. Il [L'Iran] a même promis de secourir des pilotes américains, si leurs avions étaient abattus. Je ne vous prédis pas une brusque mutation en Iran — ni que nos relations vont s'améliorer soudain. Je dis que de nouvelles opportunités vont émerger. Il y a clairement des dissensions internes en Iran. Les modérés souhaitent aller plus loin. Tout ce qu'ils peuvent obtenir du système, c'est ce modeste geste. Mais comme ce système fonctionne par consensus, j'ai la certitude qu'[Ali] Khamenei a donné son accord — ce qui, d'après moi, est fort significatif. »

Enfin, comme société ouverte, l'Amérique — son économie, sa technologie — est en plein retour sur elle-même.

Silicon valley. La très libérale, bohème et pacifiste — la parfois anarchisante Silicon valley. Voyons ce qui s'y passe depuis le choc du 11 septembre — dans un climat de marasme de l'industrie informatique et du désastre des « *dot-coms* », après la crevaison de la bulle spéculative internet. Un retour s'opère à ce qu'était la vallée, juste après

---

1. Le 22 octobre 2001, devant le Council for foreign relations.

la Seconde Guerre mondiale : une zone dédiée aux industries de l'armement. Voilà la Défense nationale de retour. Des géants de l'industrie militaire comme Lockheed Martin s'y installent. On y parle technologie militaire, *Hi-tech* de sécurité. Pour évoluer sur les chaotiques champs de bataille du siècle débutant, la cartographie virtuelle sera décisive ; Silicon valley s'y met. Pour détecter précocement les manifestations de terrorisme nucléaire, biologique ou chimique (ci-après NBC), la biométrique sera cruciale ; Silicon valley se lance dans l'aventure.

Hier encore, l'Etat fédéral était traditionnellement pour l'Américain moyen objet de méfiance, voire de détestation. A l'automne 2000, sous l'ère Clinton, la cote de l'Etat était basse : 20 % d'opinions favorables. Un an plus tard, ces opinions positives ont bondi à 66 %. Et l'Américain moyen exige désormais que l'Etat fédéral accomplisse pleinement ses missions légitimes — régaliennes dirions-nous en France.

Ensuite — et peut-on dire, surtout. Où est passée l'idéologie officielle de l'Amérique depuis des décennies — en tout cas depuis les années-Reagan ? Qui chante encore le « gospel des marchés » ? Qui vante le « laisser faire, laisser passer » ? La liberté absolue du commerce et les régulations minimales ? Qui condamne encore l'intervention de l'Etat, les subventions, comme des péchés majeurs ? Aujourd'hui, le gouvernement des Etats-Unis n'est plus confiné aux limites étroites que le dogme officiel lui assignait hier[1]. L'heure est interventionniste. Aujourd'hui, Washington subventionne par milliards de dollars son industrie aéronautique, ses compagnies aériennes, ses sociétés d'assurance. La politique du républicain Bush a un fumet keynesien prononcé.

Il en va de même pour les querelles, hier quasiment théologiques, sur les droits des brevets. Après des années

---

1. Lire dans l'*International Herald Tribune* du 26/10/01 « Role reversal : US forsakes market gospel ».

de lutte contre les pays pauvres sur ceux des médicaments, suivies d'un semi-compromis avec l'Afrique du Sud en 2001, les Etats-Unis forcent Bayer à réduire le prix de son médicament contre l'anthrax ; alors que, tel un vulgaire pays sous-développé, le Canada lance un générique concurrent avant de s'entendre avec le groupe pharmaceutique — démontrant ainsi que lorsque nécessité fait loi, l'idéologie disparaît devant les besoins immédiats.

Enfin, le positivement incroyable succédant à l'inouï, on a vu le 15 novembre 2001 le Congrès des Etats-Unis procéder à une... nationalisation, celle de la sécurité aérienne. Une mesure appuyée par le président Bush : « que le gouvernement fédéral prenne en charge la sécurité aérienne rendra plus sûrs les voyages par avion des Américains ». Une création soumise en prime à la préférence nationale : tous les agents de sécurité des aéroports devront être citoyens des Etats-Unis...

Ainsi, ce que déclenche l'attaque du 11 septembre, c'est un bouleversement de fond en comble de l'Amérique, telle qu'elle était devenue depuis la chute du Mur de Berlin. C'est un immense retour au réel.

C'est cela que nous pensons utile de narrer, d'expliquer — tant le destin, les évolutions (surtout brutales) de la seule superpuissance restante, ne sauraient indifférer qui réside dans l'Union européenne, juste sur l'autre rive de l'Atlantique.

Nous commençons par un double bilan : le 11 septembre, qui a encaissé le choc le plus violent ? Qui paiera le plus longtemps les pots cassés ? Ensuite : comment tout cela a-t-il *simplement* été possible ?

Dans une seconde partie, nous réfléchissons à ce qu'est une guerre terroriste — ce qui n'est pas simple, même s'agissant de son issue. Qu'est-ce en effet que « gagner » une telle guerre ? Dans le cas d'un conflit classique, tout est clair. On occupe une capitale, il y a capitulation, occupation. Mais là ? Et aussi : dans ce premier conflit terroriste du XXIe siècle, quelles sont les forces en présence ? Au-delà : quelles sont les « règles du jeu » guerrier pour le siècle débutant ? Où se battra-t-on, contre qui et comment ? Enfin, et par-dessus tout : comment agir, que faire, pour gagner la guerre terroriste ?

Sur ce dernier point : les auteurs croient bien connaître, à la fois le système de sécurité des Etats-Unis, les entités dangereuses du chaos mondial et les zones hors-contrôle de la planète. Mais ils évoluent dans le domaine de la réflexion, côté préventif. Ils enseignent, écrivent, voyagent et écoutent beaucoup, conseillent parfois — ce surtout dans un domaine assez délaissé par les Etats : celui du décèlement précoce, du dévoilement des menaces avant qu'elles n'atteignent leur nocivité majeure — et des moyens d'atténuer cette nocivité.

Ainsi, les auteurs n'ont recherché ni le sensationnel, ni l'œuvre de circonstance ; encore moins le survol pimenté de « suspense » de tel ou tel événement[1]. Tout au contraire ont-ils délibérément enchaîné dans ce texte des chapitres de rythme divers, certains décelant et présentant des situations, des entités ou des territoires dangereux ; d'autres analysant des manœuvres et contre-manœuvres dans la guerre terroriste ou criminelle ; les derniers approfondissant les conséquences de tous ces actes, pour ceux qui les ont déclenchés et donc eu l'initiative — comme pour ceux qui ne les ont ni prévus ni préparés et de ce fait les ont subis.

Ce qui suit ne concerne ni le *hardware*, ni l'action. Nulle recette miracle non plus, ni baguette magique. Mais une réflexion, nourrie par une longue expérience, sur ce qui n'a pas été fait, et qu'il serait nécessaire de faire, pour éviter à notre monde de nouveaux 11 septembre, un événement — et c'est tout le sens de ce livre — qui ne fut pas une *catastrophe*, mais bel et bien une *tragédie*.

------

1. La présentation détaillée de la nébuleuse al-Qaïda et la chronologie de la « chasse à Ben Laden » sont l'œuvre d'Anne-Line Didier, auteur du rapport du Laboratoire MINOS (CHEAr, ministère de la Défense, juin 1999) intitulé « Le Pakistan, scène chaotique — l'activisme islamiste » et co-auteur avec Jean-Luc Marret de *Etats échoués, mégapoles anarchiques*, coll. Défense et Défis Nouveaux, PUF, 2001.

1

Réaction en chaîne

La mondialisation. Durant la parenthèse historique 1989-2001, que disait d'elle un quasi unanime chœur de thuriféraires ? Qu'elle était désirable, bénéfique — et de toute façon, inéluctable. Oui mais, suggéraient dans leur coin une maigre cohorte d'économistes, d'experts en sécurité et de criminologues : sans nier la réalité du phénomène ni le rejeter en bloc, la mondialisation ne comporterait-elle pas aussi un aspect négatif ? N'aurait-elle pas une dimension « langue d'Esope » ? Une face noire ? Plus fervent encore, le chœur reprenait alors : désirable, bénéfique, inéluctable. Jusqu'au 11 septembre, où la face noire jusqu'alors supposée, entr'aperçue, se dévoile dans toute son horreur. Et confirme la théorie du mouvement de l'aile du papillon créant la tornade, les mouvements sismiques terroristes produisant des répliques (économiques et financières) en chaîne, accentuant encore l'effet destructeur de la première déflagration. De fait : un attentat ourdi au fond de l'Asie centrale frappe l'Amérique du Nord — et le tourisme haut de gamme s'effondre dans l'Union européenne plusieurs mois de rang. Des hôtels de luxe à moitié vides, des touristes américains et japonais 30 % moins nombreux que l'an dernier.

ÉCONOMIE MONDIALE, MULTINATIONALES
ET « TAXE » TERRORISTE

Financement modeste (un million d'euros maximum) ; technologie aussi *lo-tech* que possible ; techniques de conspiration vieilles comme le jour permettent à un groupe de fanatiques d'ébranler l'économie mondiale. Ce que les partisans de James Tobin, contre son propre avis d'ailleurs, essayaient de mettre en place depuis des années, al-Qaïda et Oussama Ben Laden le réussissent : taxer durablement les citoyens de la planète. Le 11 septembre, al-Qaïda a littéralement fissuré le système financier international. Depuis, la société humaine paie et paiera longtemps encore la taxe Ben Laden[1]. Commissaire européen chargé du commerce, Pascal Lamy en convient : le système actuel sortira totalement transformé de la crise[2].

Ici débute notre phase de diagnostic. Sur l'échiquier mondial et sous nos yeux, le champ de bataille a brutalement changé. Hier encore, ce théâtre de guerre était médiatique (celui où Kadhafi, Noriega, Saddam Hussein et Milosevic ont été battus). Le 11 septembre, en une manœuvre inusitée, Oussama Ben Laden choisit l'économie, la finance mondiale comme nouvel espace de guerre. Ainsi, les principales victimes de l'attentat du 11 septembre sont, non les Etats-nations, vieilles bêtes coriaces qu'il est difficile d'abattre irrémédiablement, mais l'économie et la finance mondiales.

Le 11 septembre, l'extrême fragilité des systèmes et des multinationales devant des attaques de ce type s'est révélée. Depuis, les doctrinaires libéraux intégristes découvrent l'existence d'une nouvelle main invisible. Non pas celle imaginée par Adam Smith, mais une autre — nettement plus sombre. Jusqu'alors en effet, ils occultaient l'ar-

---

1. Selon la formule d'Erik Izraelekewicz dans *Les Echos* du 04/10/01.
2. Voir *Paris Match* du 04/10/01.

gent sale, celui du terrorisme, du crime, des mafias, des fraudes. Ils pouvaient même s'en accommoder, blanchissant ici, recyclant là, assurés que le retour de l'argent noir dans l'économie vertueuse lui rendait sa virginité. Jusqu'au 11 septembre — qui est ici et très exactement, une tragédie fondatrice.

Bien sûr, la stupeur, la colère, la compassion, l'inquiétude, le doute ont-ils aggravé durablement le pessimisme ambiant. D'évidence, la crise économique était déjà là. Certes, le 11 septembre est aussi un alibi pour la restructuration d'entreprises, notamment du secteur des services, déjà touchées par le ralentissement cyclique de l'économie. Mais la double attaque sur New York et Washington a transformé un mouvement de cycle en rupture. Et au-delà de la régulation normale de la crise, un mouvement structurel se dessine désormais sous nos yeux. Face à la mondialisation de l'économie, une correction générale se profile, une autre mondialisation apparaît, celle de la sécurité des Etats développés et de leurs alliés. Cette autre mondialisation entrave, corrige la première et parfois l'oblige à reculer en désordre.

Ainsi, et plus largement, la mondialisation est devenue une réalité grâce à la privatisation du terrorisme utilisant les facilités et la souplesse du système. Hier organisation hiérarchisée, voilà l'« entreprise terroriste » désormais transformée en réseaux. Copiant le management des entreprises modernes, l'appareil criminel hier taylorien a découvert la souplesse et l'organisation décentralisée. L'ampleur même des attentats qu'il perpètre provoque la première secousse économique mondiale. La société de consommation, devenue celle de l'information, puis celle du spectacle est durablement atteinte. La conséquence — certes momentanée — en est un ralentissement généralisé des activités économiques et sociales dans le monde entier. La vision occidentale du loisir comme aboutissement suprême de la vie, comme modèle de développement, paraît soudain dérisoire, comme le balancement obligé des journaux télévisés entre la misère du monde d'un côté et la sortie du dernier jeu vidéo de l'autre.

Tout cela fait que, d'entrée de jeu, s'impose un bilan détaillé du désastre économique-financier post-11 septembre. Car désastre il y a bien. Qu'on en juge.

— Au total, 3 500 milliards d'euros de capitalisation boursière disparaissent entre le 10 et le 20 septembre 2001.

— Toujours plus volatiles, les Bourses continuent de subir des mouvements de yo-yo rapides et de forte amplitude, chaque accident d'avion aux Etats-Unis provoquant une soudaine et brutale baisse des cours. Or, l'appel de plus en plus important à l'actionnariat populaire, la pratique des placements à risques pour les entreprises, notamment d'assurance retraite ou vie, les fonds de pensions, influent fortement sur les moyens des ménages. Ainsi, la part des actions et fonds mutuels est-elle passée de 20 à 35 % du total de l'épargne des ménages américains entre 1989 et 1998. Plus de 50 % des foyers américains interviennent ainsi directement ou indirectement sur les marchés boursiers[1]. La plupart d'entre eux ont donc été victimes des effets collatéraux des attentats du 11 septembre et de l'instabilité qui se poursuit.

— Selon une enquête du *Monde*[2], les salariés actionnaires français (environ deux millions) ont perdu en moyenne près de 40 % de leur patrimoine en 2001. L'encadrement moyen et supérieur (plus de 350 000 personnes) a vu le cours des *stocks-options* proposées rejoindre ou passer en dessous du cours nominal des actions, réduisant d'autant la plus-value attendue. Sans parler des neuf milliers de français ayant investi en Bourse. Ils ont ainsi découvert qu'ils étaient devenus des actionnaires subissant les évolutions boursières et pas seulement des épargnants sans risques.

---

1. *Survey of Consumer Finances*, Federal Reserve Board, 2000.
2. 17/10/01.

Pour mémoire, on dénombre de manière suivante les salariés actionnaires dans quatorze grands groupes français [1]

Société Générale	39 950
Bouygues	25 000
Saint Gobain	30 000
Thomson Multim.	05 000
BNP Paribas	44 000
Aventis	28 000
France Telecom	136 000
Schneider	21 000
AGF	19 000
TotalFinaElf	57 000
Suez	40 000
Carrefour	86 000
Thales	34 000
TF1	02 300

— Au-delà de ces lamentations pour bien-portants, souvenons-nous que les premières victimes sociales du 11 septembre sont certes les pauvres des pays pauvres — mais aussi les pauvres de New York. Le World Trade Center abritait le centre de gestion de l'aide sociale pour Brooklyn, Staten Island, Queens, les comtés de Nassau, Suffolk, Wetchester et Putnam. Des milliers de familles ont été privées de services sociaux pendant plusieurs semaines. Au-delà, un million d'Américains a perdu sa couverture sociale, du fait de ces événements.

— 350 000 immigrants mexicains sont retournés volontairement chez eux depuis le 11 septembre et la pression migratoire à la frontière s'est effondrée. Les conséquences pour l'économie mexicaine, elle-même touchée par la récession, sont importantes.

— Des millions d'emplois ont été perdus dans le secteur touristique en Afrique, Asie et au Moyen-Orient (la

---

1. Selon *Le Figaro Entreprises*, 15/10/01.

désaffection atteignant parfois 70 % des réservations en Egypte, Jordanie, Turquie, au Maghreb). Les répercussions sont également fortes en Asie, où la difficile sortie de la crise est remise en question. Tandis qu'aux Etats-Unis même, un million d'emplois disparaissait. Selon la Banque mondiale, l'Afrique sera le continent le plus touché avec 3 à 5 millions de personnes repassant sous le seuil de pauvreté. Les investissements prévus dans les pays en développement devraient se contracter, passant de 240 milliards de dollars à 160. 10 millions de personnes vont repasser sous le seuil de la pauvreté (1 dollar par jour de revenu), 40 000 enfants de plus mourront de faim.

— Les activités culturelles, sportives, de loisirs ne sont pas épargnées. Entre fermeture, interruptions, ou annulations, Broadway, cinémas, théâtres, stades, expositions, ont connu une désaffection marquée. Le secteur touristique est sinistré. De grandes manifestations internationales sont menacées, n'ont plus d'assureur, augmentent les dépenses de sécurité (Coupes d'Europe et du Monde de football, Jeux Olympiques de Salt Lake City). La tenue du marathon de New York a éclairci l'horizon, de même que la relance des matchs de base-ball ou de basket, toujours très populaires. Mais avec une sécurité renforcée et une inquiétude latente.

— Espace positif et entrepreneurial, la société du risque est devenue la société des risques, créant insécurité et anxiété, réduisant les mouvements, annihilant les volontés, gelant les innovations possibles. Comme l'a fort bien rappelé Jean-Hervé Lorenzi[1], assurance et innovation vont ensemble. En touchant l'une, on atteint automatiquement l'autre. Les surcoûts d'assurance vont toucher chaque contrat, afin de reconstituer l'immense dommage subi. Chaque assuré sera solidaire par obligation, s'il ne l'était déjà volontairement.

— Certains sites sensibles (réserves d'eau, centrales

---

1. Dans *Le Nouvel Economiste*, 26/10/01.

nucléaires) apparaissent enfin parmi les préoccupations des pouvoirs publics et des entreprises privées. Le secteur de l'eau et de la gestion des immeubles (climatisation) avait déjà réagi durant la guerre du Golfe. Mais les habitudes s'étaient émoussées. L'installation d'unités de missiles anti-aériens autour du centre de retraitement de La Hague démontre qu'au-delà du risque d'inquiéter l'opinion, les autorités publiques assument désormais, au moins visiblement, la prise en compte de risques anciens et connus, mais le plus souvent escamotés.

— La réforme des services de sécurité et de renseignement, la création pour la première fois dans l'histoire des Etats-Unis d'un ministère de l'Intérieur (Office for Homeland Security), la restructuration d'un FBI affadi et bureaucratisé, la mise en sécurité des aéroports, des postes, des ponts, pèseront sur les choix budgétaires américains. Les coûts de la sécurité pour les entreprises privées (sécurisation des sièges sociaux, protection des données informatiques, locaux de crise redondants, assurances), même partagés, pèseront sur leur activité (la nationalisation de la sécurité aéroportuaire représentant à elle seule l'embauche de 28 000 agents pour un coût de 2,6 milliards de dollars, compensé par une taxe de 5 dollars sur chaque billet d'avion). Entre investissements directs et pertes de productivité, les coûts généraux de sécurisation des entreprises devraient générer plus de 100 milliards de dollars de prélèvement sur l'économie [1].

— Le budget de la Défense, géant de la dépense publique appauvri depuis la chute du Mur de Berlin, avait dégringolé à 3 % du PIB américain (7 % sous la présidence Reagan, 9 % dans les années 60). Les dividendes de la paix avaient permis de réorienter fortement la dépense publique, en la contractant d'abord, en la redistribuant ensuite de façon inégalitaire. Les Etats-Unis avaient asphyxié financièrement l'URSS en développant le pro-

---

1. Selon l'Economic Strategy Institute, cité par *USA Today*, 22/10/01.

gramme de la « Guerre des Etoiles » (qui accessoirement servait également à fausser la concurrence avec l'Europe dans les domaines de haute technologie). Les coûts des programmes de défense vont connaître une réorientation budgétaire massive, au détriment de l'équilibre budgétaire, mais également des programmes sociaux et de développement. Le coût de la guerre en Afghanistan (1 milliard d'euros par mois pour les seuls Etats-Unis) donne une première idée des enjeux.

— Le temps du « *big government* » est de retour. En termes économiques comme sur les questions de sécurité, l'Etat revient. « Plus d'Etat » remplacera-t-il « mieux d'Etat » ou les tenants de ces deux thèses parviendront-ils à réussir leur jonction ? En tout état de cause, les sacro-saintes règles de réduction du déficit budgétaire sont les victimes collatérales les plus visibles du 11 septembre.

L'attaque et ses suites ont imposé un couvre-feu volontaire à des millions de personnes, en créant les conditions d'une identification aux victimes des attentats. Simples voyageurs, employés, policiers ou pompiers, touristes, postiers sont devenus des cibles potentielles. On ne visite plus les grands sites sans appréhension, ouvrir le courrier devient une épreuve individuelle, prendre l'avion un acte de bravoure potentiel. Des millions d'emplois ont disparu[1], et des secteurs entiers sont sinistrés.

Une économie de guerre a commencé à apparaître, sans lignes de front, sans tranchées, mais avec un conflit armé intérieur et extérieur en même temps. Marqués pour longtemps par les attentats, inquiets de l'anthrax qui s'est diffusé sans mal dans le réseau postal, sensibles aux menaces bactériologiques, chimiques ou nucléaires, les Etats-Unis ont changé de mode de vie. L'économie mondiale a changé. Le monde est devenu différent. Pour longtemps.

---

1. 8,8 millions d'emplois perdus dans le secteur touristique (dont 2 millions en Europe) selon le Conseil mondial du tourisme, cité par *Les Echos* du 15/11/01.

LES ENTREPRISES VICTIMES ET ISOLÉES

L'attentat du 11 septembre a soudain révélé à tous ce que les principaux dirigeants économiques commençaient à comprendre : des Etats lourds, lents et égoïstes laissent le plus souvent les entreprises seules face aux crises. Moins par volonté, que par incapacité à comprendre les nouvelles règles du jeu mondial et à réorienter en conséquence des services de sécurité configurés du temps de la Guerre froide.

Depuis le 11 septembre, un réveil douloureux a provoqué le classique réflexe bureaucratique-étatiste : « Préparons enfin la guerre que nous venons de perdre. On s'occupera plus tard de celle qui se profile à l'horizon. » Or, la rapidité d'évolution des entités criminelles ou terroristes, les risques sur des Etats proches ou déterminants en termes géostratégiques (Turquie, Pakistan, ex-Yougoslavie, Jordanie, Egypte, Indonésie, Philippines, Tunisie, Maroc, Algérie,...), devraient inciter les pays développés à l'ouverture et à la flexibilité plus qu'à la reconstruction hasardeuse d'une nouvelle ligne Maginot. En tout cas et pendant ce temps, le secteur économique et financier en est réduit à attendre ou à prendre ses destinées en main.

Outre le ralentissement de la croissance et les effets dévastateurs sur les services (transports, tourisme), c'est le fonctionnement même des entreprises, petites et grandes, qui est affecté par le choc du 11 septembre. Les modes de réunions, les organisations de conventions ou de congrès, le coût des transports ou des assurances, la gestion du courrier, l'organisation des transactions financières, pèseront ainsi durablement sur le management.

Cependant, les multinationales sont spécialement concernées. Rappelons que dès 1997, sur les 100 principales puissances économiques du monde, 51 n'étaient plus des Etats-nations, mais des multinationales. Les 200 principaux groupes du monde représentaient alors à eux seuls plus de 30 % de l'activité économique planétaire. Les 500 premiers groupes mondiaux pesaient déjà 70 % du commerce mondial (légal), à l'avant-garde de la mondialisation[1]. Et dès 1973 enfin, Charles Levinson[2] prédisait : « Comme les investissements multinationaux progressent à une cadence plus rapide que la croissance économique (deux à trois fois plus vite) le poids relatif des entreprises s'accroîtra au détriment des Etats. »

Or, si elles ont désormais le poids et les apparences extérieures de structures étatiques, ces entreprises géantes ont souvent négligé l'outil qui donne sa légitimité à la sphère publique : la sécurité. Certes, les traditions anglo-saxonnes ont permis l'émergence de sociétés d'analyse ou d'investigations très puissantes — mais en général orientées sur les fusions et acquisitions, ou sur les risques présentés par des pays lointains. Rares furent ceux qui anticipaient les mouvements criminels ou les actions terroristes autrement que marginalement.

Pour les groupes à taille mondiale, la crise post-11 septembre fut ainsi gérée avec les moyens du bord. Le premier réflexe fut l'appel aux sociétés de gardiennage ou de protection rapprochée des dirigeants. Submergées d'appels, ces entreprises firent appel à leurs employés, puis à leurs sous-traitants, enfin aux sociétés d'intérim ou aux agences pour l'emploi. Plusieurs dizaines de milliers d'embauches permirent aux dirigeants de ces grands groupes de se rassurer, puis de rassurer les salariés, les clients, les usagers, les médias. Certes, personne ne s'inquiéta de la formation des personnels recrutés à la va-vite, ni du risque d'introduire les loups dans la bergerie en postant dans des espaces stratégiques de l'entreprise des personnels sous-payés et mal identifiés. Quand vitesse et précipitation se conjuguent, pourquoi poser les questions qui fâchent ?

---

1. « Was democracy just a moment ? » Robert Kaplan, *The Atlantic Monthly*, décembre 1997.

2. *L'inflation mondiale et les firmes multinationales*, Le Seuil, coll. Economie & Sociétés, 1973.

Plus énergiques ou mieux préparées, quelques entreprises révisèrent leurs plans de crise. Pour découvrir souvent qu'ils avaient presque tout prévu, sauf ce qui s'était passé. Il est rare en effet de trouver dans le manuel la réponse aux questions d'urgence. Les simulations de crise le démontrent partout : on ne prévoit rien d'autre que ce qu'on accepte de prévoir. L'impossible, l'inacceptable, le dérangeant sont éliminés des procédures d'urgence, comme ils le sont des discussions hors-crise. Comment parler sereinement du risque de sa propre disparition ? L'assurance-vie des entreprises est un concept encore à venir.

Certains groupes, tout particulièrement vigilants, se posèrent une question inattendue : comment survivre si les centres de production sont intacts, mais sans administration ou direction ? Que faire d'une sauvegarde réussie sans management ? Comment récupérer la mémoire, le savoir-faire, la relation personnelle d'employés ou de cadres disparus ? Le tout-électronique venait de rencontrer ses limites.

D'autres mutations, importantes en termes de productivité et de gestion des stocks, ont connu des fortunes inversées après le 11 septembre. Stock zéro et flux tendus ne tenaient pas compte du risque d'une longue interruption du trafic aérien. Commerce électronique et associations caritatives n'avaient pas imaginé une quasi-rupture du service public postal et d'importants délais pour le secteur privé, lui-même orphelin de sa flotte aérienne. La centralisation des grandes entreprises dans des immeubles de prestige, le regroupement des services dans des sièges uniques, semblent également remis en question.

La plupart des principes modernes de production ont ainsi été mis à mal. La durée moyenne des livraisons à New York a été multipliée par deux ou trois, limitant fortement les capacités de réponse aux clients, multipliant un trafic automobile déjà intense par la multiplication des véhicules nécessaires. Les mesures de sécurité prises pour les transports par chemin de fer, sous-équipés aux Etats-Unis et encore peu fiables en France, influent également sur les temps de livraison des pièces en interne et de distribution aux clients extérieurs. Les seuls dispositifs de lutte contre l'immigration clandestine à Calais imposent une considérable réduction du transport Fret par la SNCF. Quant à la reprise d'un minimum de stock disponible pour éviter les ruptures de chaîne, elle impose des coûts considérables.

Rarement, ou pour ainsi dire jamais, la question de la mise en cohérence globale d'un plan de gestion des risques, en tant que concept, ne fut posée avant le 11 septembre. Pour le schéma culturel français, l'éventualité du risque était jugée impossible, donc il était inutile de l'aborder. Pour les Anglo-Saxons, tout était possible — mais y parer était souvent trop cher. Désormais, le credo de l'événement impossible, qui n'arriverait jamais, a disparu. La vie des salariés, des visiteurs, des familles, des livreurs a changé. Les contrôles d'accès ou d'identité se multiplient. L'ouverture des sacs est souvent effectuée. Les aires de stationnement se sont raréfiées. Le quotidien est touché par les mesures de sécurité plus formelles qu'efficaces.

L'accès aux avions est devenu un parcours du combattant nécessitant une révision complète de sa trousse de toilette et une gestion attentive du contrôle de sa vessie. Les *hubs*, ces espaces d'interconnexions entre avions qui ont tant fait pour promouvoir le trafic aérien sur des plates-formes aéroportuaires géantes, sont devenus autant de cibles potentielles. Les temps de contrôle, d'enregistrement des bagages, de retards cumulés, influent sur les agendas des passagers.

La plupart des grands immeubles américains de bureaux ont été provisoirement fermés ou leurs accès limités. Plus de 1 000 immeubles gérés par la société Grub et Ellis ont imposé une carte d'identification. Des détecteurs de métaux ont été installés dans de nombreux centres d'affaires. Impensable hier encore aux Etats-Unis, le principe de la mise en place d'une carte nationale d'identité est désormais majoritairement soutenu par l'opinion. Même le fameux avocat libéral Alan Dershowitz a publiquement défendu ce système.

Des réactions à la hauteur d'un choc financier et économique tel que, la veille même de l'attaque, nul analyste spécialisé au monde — et même le plus pessimiste — n'en aurait même imaginé l'ampleur.

2

De gigantesques et imprévisibles effets

En rester aux conséquences immédiates des attaques du 11 septembre — ici, surtout sur New York — est bien insuffisant. Envisager la force du choc demande de mesurer précisément les effets concrets de ces attentats (en cercles concentriques toujours plus larges) sur des êtres humains ; puis sur des entreprises et des branches professionnelles ; ensuite sur des villes ; enfin sur des pays entiers et même — incroyablement — sur des marchés mondiaux. Lire dans le détail ce chapitre permet de mesurer la puissance, hier encore insoupçonnée, du terrorisme d'aujourd'hui ; d'imaginer sa terrible capacité de nuisance.

LE BILAN

Les victimes

± 2 500 morts et disparus à New York,

126 morts et disparus à Washington,

92 morts — vol American Airlines 11, parti de Boston, écrasé sur le WTC Tour nord,

64 morts — vol American Airlines 77, parti de Washington, écrasé sur le Pentagone,

65 morts — vol United Airlines 175, parti de Boston, écrasé sur le WTC Tour sud,

45 morts — vol United Airlines 93, parti de Newark, écrasé en Pennsylvanie.

Victimes étrangères

63 Canadiens — 110 ressortissants d'Amérique centrale — 263 ressortissants d'Amérique du Sud — 44 ressortissants des Caraïbes — 300 Anglais — 350 ressortissants d'Europe occidentale (dont 4 Français) — 50 Grecs — 100 Russes — 250 Indiens — 100 Africains — 50 Australiens — 25 Japonais.

Huit victimes sur dix étaient des hommes, d'un âge moyen de quarante ans, la plupart pères de familles. Une douzaine étaient présidents de leurs entreprises, une soixantaine vice-présidents.

Les firmes les plus touchées sont le courtier en bourse Cantor Fitzgerald avec 700 morts et disparus sur 1 200 employés et le courtier d'assurances Marsh avec 313 morts et disparus sur 1 700 employés. Le service public le plus touché est le Département d'Incendie de la Ville de New York avec 351 morts et disparus.

Le World Trade Center en chiffres

Deux tours construites entre 1966 et 1973 sur un terrain de 7 hectares (412 et 414 mètres de haut pour 110 étages).

50 000 emplois et 12 000 visiteurs quotidiens

850 000 m^2 (10 millions de m^2 de bureaux sur le quartier d'affaires)

37 000 m^2 de commerces

1 système de transport urbain souterrain (PATH)

3,2 milliards de dollars de valeur immobilière (propriété depuis avril 2001 de Silverstein Properties).

Les sites touchés représentent 1,24 million de m^2 détruits et 2,7 millions de m^2 endommagés.

Ont été détruits les bâtiments suivants :

1 World Trade Center — 2 World Trade Center — Hôtel Marriott — 4 World Trade Center — 5 World Trade Center — 6 World Trade Center (US Customs) — 7 World Trade Center — North Bridge, soit plus de 1,2 million de m^2.

Ont été sérieusement endommagés :

1 Liberty Plaza — East River savings Bank — Millenium Hôtel — Kalikow Building — Federal Building — New York Telephone Building — 1 World Financial Center — 2 World Financial Center — 3 World Financial Center — South Bridge — Saint Nicolas church — 90 West Street — Bankers Trust Building, soit près d'un million de m^2.

Avant le 11 septembre, le taux de vacance sur les 21 millions de m^2 disponibles sur tout Manhattan était inférieur à 6,5 %.

Des centaines d'œuvres d'art, parmi lesquelles la plus grande collection mondiale privée de Rodin (300 sur 750, les autres étant en tournée ou en dépôt), une tapisserie monumentale de Miro, des Lichtenstein, un Calder, etc. pour une valeur estimée de plus de 100 millions de dollars.

Les principales entreprises touchées par l'attentat

AON (Assurances) — Fiduciary Trust (Finance) — Raytheon (Défense) — Fuji Bank — Morgan Stanley (Finance) — Dow Jones (Presse) — New York Stock Exchange (Bourse) — Sun Microsystems (Informatique) — Cantor Fitzgerald (Finance) — Kidder Peabody (Finance) — March (Assurances) — Crédit Agricole Indosuez (Banque) — ATT (Télécommunications) — DAI ICHI Kangyo (Finance) — Lehman Brothers (Finance) — Empire Health (Assurances) — Deutsche Bank — Euro Brokers (Finance) — TD Waterhouse (Finance) — Commerzbank — First Commercial Bank — Bank of Taiwan — Nishi-Nippon Bank — Hyundai Securities (Finance) — Metropolitan Life (Assurances) — ABN-AMRO (Banque) — ADECCO (Services) — CNN (Médias) — World Trace Center Association

Le coût pour New York

Selon le contrôleur général des finances de la ville de New York[1], le coût total des attentats pourrait atteindre 105 milliards de dollars pour 2001 et 2002, soit 45 milliards de dollars pour les dommages aux personnes et aux bâtiments et 60 milliards pour les activités. 115 000 emplois seraient perdus. Le manque à gagner fiscal de la ville serait de 1,3 milliard de dollars en 2001, et de 6 milliards de dollars en 2002, les pertes d'activités de 21 milliards (7,3 milliards pour le secteur financier, 2,3 milliards pour les hôtels, la restauration et les spectacles, 1,7 milliard pour le commerce et 1,3 milliard pour les assurances). Le secteur financier a représenté 40 % de la croissance des recettes fiscales de la ville entre 1992 et 2000[2]. Le PIB de New York représente environ 3 % de celui des Etats-Unis.

---

1. Rapport du 4/10/01.
2. *New York Times*, 17/12/01.

Selon la Chambre de Commerce[1], 125 000 emplois ont été perdus du fait des attentats (sur 3,75 millions). Le taux de chômage atteint 6 % en 2001 et devrait dépasser les 8 % en 2002. La moitié d'entre eux ne seraient jamais retrouvés. Le coût global des attentats est d'environ 83 milliards de dollars dont 30 milliards en pertes de biens, 14 milliards pour la remise en état et 39 milliards en effets économiques. Après couverture par les assurances et les subventions fédérales, le coût résiduel pour la ville serait d'encore 16 milliards de dollars.

Le Port Authority of New York and New Jersey, exploitant historique du WTC avant sa vente en avril 2001, estime ses propres pertes à 2,4 milliards de dollars dont 1,3 milliard de dommages directs.

De nombreuses entreprises, notamment du secteur financier, ont définitivement abandonné Manhattan ou New York. Wall Street se vide.

— Valeur de tous les bâtiments détruits ou endommagés (soit 30 % du parc immobilier de bureaux du centre financier et 4 % du parc immobilier total de Manhattan) : 8 milliards de dollars.

— Masse salariale des personnels en chômage technique : 7 milliards de dollars.

— 14 000 entreprises touchées, 3 000 sinistrées.

— 100 000 emplois entre parenthèses à Manhattan sur les 350 000 employés du secteur touché.

— 4 300 personnes licenciées dans le secteur hôtelier. Pertes quotidiennes du secteur : 7 millions de dollars.

— 13 000 emplois supprimés dans la restauration.

— 8 000 emplois supprimés dans le secteur des spectacles. Pertes quotidiennes : 5 millions de dollars.

— Plusieurs milliers d'emplois supprimés dans le secteur financier (First Boston 700, Morgan Stanley 200,...). 4 % des 185 000 emplois seraient menacés.

---

1. Le 15/11/01.

— Coût estimé du déblaiement et du nettoyage :
1 milliard de dollars.

Les opérateurs de télécommunications Sprint, ATT et Verizon ont perdu des équipements importants installés dans le secteur du WTC. Selon Computers Economics, le coût total des remises en état des infrastructures informatiques et de télécommunications représentera près de 18 milliards de dollars (6 milliards pour les infrastructures de zone et le reste en dommages propres aux entreprises, notamment financières).

Les besoins en termes d'infrastructure sont estimés à 4 milliards de dollars pour les routes, 3 milliards pour l'électricité et le téléphone, 2,4 milliards pour les installations publiques du New York and New Jersey Port Authority (notamment les transports publics).

La reconstruction éventuelle du World Trade Center est estimée à 6,7 milliards de dollars.

Assurances

Le coût minimal pour les assureurs et réassureurs est estimé à 15 milliards de dollars en coût direct et le triple en tenant compte des pertes de vies humaines et d'exploitation pour les entreprises, soit près de 50 milliards de dollars selon Standard and Poor's et plus de 70 milliards de dollars selon Milliman et Moody's.

Coût par secteur (selon Morgan Stanley)

Immobilier direct	3,3 milliards de dollars
Immobilier proche	3 milliards
Pertes d'exploitation	5 milliards
Indemnisation des victimes	6 milliards
Assurances des 4 avions	0,5 milliard
Responsabilités aériennes	3 milliards
Autres responsabilités	6 milliards

Les Lloyd's ont annoncé subir une perte de 3 milliards d'euros pour le sinistre américain. Munich Ré et Swiss Ré, grands groupes de réassurance, ont vendu plus de 6,7 milliards d'euros de leur portefeuille d'actions à compter du 21 septembre pour retrouver des liquidités selon le *Sunday Telegraph*. Le cours des actions des sociétés d'assurance a fortement chuté pour SCOR (– 15 %), Allianz (– 13 %), Aegon (– 10,5 %), Coface (– 22,9 %), Generali (– 8 %), Munich Ré (– 15,5 %), Axa (– 13,3 %) lors des cotations qui ont immédiatement suivi les attentats.

Coût des principales catastrophes depuis 1980 (selon Swiss Ré)

1992	Ouragan Andrew (US)	19,6 milliards de dollars
1994	Tremblement de terre (US)	16,2
1991	Ouragan Mireille (Japon)	07,1
1990	Tempête Daria (Europe)	06
1999	Tempête Lothar (Europe)	06
1989	Ouragan Hugo (US)	05,8
1987	Tempête (Europe)	04,5
1990	Tempête Viviane (Europe)	04,2
1999	Typhon Bart (Japon)	04,1
1998	Ouragan George	03,7
1988	Explosion Piper Alpha (GB)	02,9
1995	Séisme Kobé (Japon)	02,8

Coût des attentats et émeutes aux Etats-Unis depuis 1990

1992	Emeutes de Los Angeles	775 millions de dollars
1993	Attentat du WTC	510
1995	Oklahoma City	125

Les sociétés d'assurance les plus exposées dans la catastrophe du WTC

Lloyds : 3 milliards de dollars — Munich Ré : 1,9 milliard — Swiss Ré : 1,3 milliard — Berkshire Hathaway :

2,3 milliards — Allianz : 1 milliard — Zurich Financial : 900 millions de dollars — St Paul : 700 — XLC : 700 — CHUBB : 600 — AXA : 550 — AIG : 800 — ACE : 500 — Hartford Financial : 450 — Employers Ré : 400 — Hannover Ré : 360 — Royal Sun : 220 — SCOR : 200 — CGNU : 050

Pour les assureurs français, les dernières estimations atteignent plus d'un milliard cent millions d'euros.

Médias

Malgré la forte augmentation de leur tirage ou de leur audience, la plupart des médias ont perdu de très importantes ressources publicitaires après les attentats. En France, les recettes publicitaires ont baissé d'au moins 30 % dans la presse écrite. Pour les grandes chaînes de télévision américaines, qui ont connu une forte augmentation de leurs coûts d'exploitation du fait des moyens d'information mis en place (environ 100 millions de dollars de dépense supplémentaires selon le *New York Times* du 23 octobre 2001), les pertes sont estimées à plus de 700 millions de dollars (compte non tenu de la reconstruction des émetteurs détruits). Le *New York Times*, qui a dû redéployer certains de ses bureaux, connaît un surcoût de plusieurs millions de dollars.

En contrepartie, le téléthon organisé par tous les médias au bénéfice des victimes des attentats a connu une audience historique et rapporté plus de 150 millions de dollars.

Tourisme

Le tourisme a perdu 1 milliard de dollars pour la seule région de Chicago. L'aéroport O'Hare, un des plus grands des Etats-Unis avec 2 600 vols quotidiens, est durement touché. De nombreux hôtels sont quasiment vides et plusieurs centaines d'emplois ont été supprimés. A fin septembre, la chute du taux de réservation était de 26 % en moyenne (52 % de taux d'occupation des hôtels contre 78 % habituellement). 1,9 million de chambres d'hôtel sont restées vides chaque jour (au lieu de 1,3 million l'année précédente). L'hôtellerie de luxe est également touchée avec des baisses de 20 à 30 % en Europe et des chiffres plus catastrophiques en Amérique du Sud ou en Asie.

Les chauffeurs de taxis ou de limousines sont en chômage technique un peu partout aux Etats-Unis. Les locations de véhicules ont baissé d'environ 40 % depuis le 11/09. Walt Disney a réduit d'office le temps de travail de 15 000 employés et s'attend à une baisse de 30 % de ses revenus pour l'année (4 000 emplois pourraient être supprimés). Les cours de bourse de Accor (– 12 %), Club Med (– 18 %) ou Holiday Inn (– 14,8 %) ont lourdement chuté après les attentats. Accor réalise un quart de son activité aux Etats-Unis.

A Disneyland Paris, après une chute immédiate en septembre, l'activité a repris normalement. A New York, le musée Guggenheim a perdu 60 % de sa fréquentation ; le Metropolitan 30 %. De nombreuses expositions ont été annulées. Des centaines d'emplois, supprimés.

Les réservations de voyage par le système international Amadeus ont baissé de près de 30 % entre le 11 et le 14 septembre. Aux Etats-Unis les réservations se sont effondrées de 50 % en moyenne. Las Vegas, Orlando, Hawaï sont particulièrement touchées. Plus de 240 congrès et expositions ont été annulés ou reportés pour la seule ville de Las Vegas. En Floride, le taux moyen d'occupation des hôtels est de 25 %. Le secteur représentait plus de 580 milliards de dollars de chiffre d'affaires en 2000. Durant la guerre du Golfe, le nombre de touristes était passé de 280 millions à 266 millions selon la World Tourism Organization. En France, les réservations restent inférieures de 50 % à la moyenne des années précédentes. Les tours opérateurs estiment à − 40 % le recul de leur activité sur la fin 2001.

Aux Antilles françaises, une chute ancienne (− 10 % en 1999, − 6 % en 2000, − 10 % en tendance avant les attentats en 2001) a été amplifiée par la désaffection des touristes américains et la faillite d'une grande compagnie de croisières.

Transport aérien

Les attentats du 11 septembre ont coûté 150 millions d'euros à Air France. 150 000 suppressions d'emploi chez Continental, United, American, US airways, Northwest, America West, American Trans Air, Delta ont été annoncées depuis le 11 septembre. Les compagnies américaines ont obtenu plusieurs milliards de dollars de subventions ou de prêts garantis du gouvernement américain, ce qui ne les a pas empêchées d'annoncer des résultats trimestriels catastrophiques[1]. La compagnie Midway a cessé son activité. Les cours de bourse des principales compagnies américaines ont chuté de 40 à 65 %.

Afin de compenser la hausse du coût des assurances pour le secteur aérien, les gouvernements européens ont pris en charge directement une partie des surprimes imposées aux compagnies (50 millions de dollars pour Air France). Les assureurs ont également fortement réduit les plafonds de garantie (de 10 à 40 fois moins).

British Airways, Virgin, Air Canada, SAS, Lufthansa, KLM, Alitalia, Austrian Airlines, Ibéria,... ont annoncé la suppression de plusieurs milliers d'emplois. 4 000 pour Lufthansa et 3 400 pour Alitalia, notamment. Swissair déjà

---

1. United 1,8 milliard de dollars de pertes malgré 391 millions de dollars d'aides, American − 964 millions malgré 508 millions, Delta − 482 millions malgré 104 millions, etc. Seule Southwest, compagnie à bas prix, reste bénéficiaire.

moribonde et engagée dans des opérations déficitaires en France (AOM, Air Liberté, Air Littoral) et en Belgique (Sabena) est en faillite. Le gouvernement suisse a dû injecter 2 milliards d'euros pour refonder un transporteur aérien national. Le gouvernement belge a dû prêter 125 millions d'euros pour Sabena sans empêcher sa faillite. La filiale de restauration de Lufthansa a annoncé la suppression de 30 % de son personnel aux Etats-Unis. KLM annonce une perte de 50 millions d'euros pour septembre 2001. De fortes incertitudes règnent sur le sort d'Air Lib. Air France a perdu pour la même période 60 millions d'euros (le marché américain représente un quart de son activité).

Plus d'une centaine d'avions ont été retirés du service. Selon la Commission européenne, le coût supporté par le transport aérien européen reviendrait à 3,6 milliards d'euros.

En octobre 2001, le trafic aérien américain était encore inférieur de 34,5 % pour US Airways, de 29 % pour NorthWest, de 28,7 % pour United, de 27,9 % pour American, de 23,7 % pour Delta. La demande avait baissé de 75 % aux Etats-Unis en septembre, de 15 à 30 % en Europe. Malgré les réductions de capacité et de flotte, le coefficient de remplissage des avions continue de baisser d'environ 10 points. British Airways a connu une baisse de 24,7 % de son trafic (revenu moyen par passager) et une baisse de coefficient de 8 %. KLM a accusé une baisse de 18 %. Air France n'a connu qu'une baisse d'environ 10 % en octobre.

A titre de comparaison, lors de la guerre du Golfe en 1990-1991, le PIB mondial avait perdu plus de 2 points de progression et le trafic aérien s'était contracté de 5 % pour les passagers et de 1 % pour le fret. Le nombre de sièges disponibles avait été réduit de 10 % (moins de vols) et les revenus par passager de plus de 20 % (selon l'IATA qui regroupe 275 compagnies aériennes). Sur la période 1990 à 1994 les pertes des compagnies ont représenté plus de 20 milliards de dollars. Les vols intérieurs avaient à l'époque été relativement peu touchés. Les pertes totales du secteur, estimées avant le 11 septembre à 2 milliards de dollars, devraient dépasser les 11 milliards selon les analyses révisées le 12 novembre par l'IATA.

En 2000, 750 millions de passagers ont voyagé sur les lignes intérieures américaines pour 294 millions sur l'international (utilisant 22 000 vols quotidiens). 93 millions de passagers passaient par New York en 2000.

Boeing annonce 30 000 suppressions d'emploi, de même que 4 000 pour le canadien Bombardier. Airbus annonce le gel de toutes les embauches, annule son alliance avec Finameccanica et des inquiétudes se font sentir sur le programme de l'A380. Selon l'Association des industries aéronautiques américaines, les ventes se contracteraient de 2 milliards de dollars en 2001, de 6 milliards en 2002 et de 7 milliards en 2003. Seule une éventuelle augmentation des ventes militaires pourrait moduler le recul.

Près de 1 000 avions pourraient être retirés du service et rejoindre les 1 100 appareils déjà stockés (la plupart étant des moyens porteurs Boeing ou MD). La valeur de revente des appareils a baissé de 10 à 20 %.

Loisirs et spectacles

Hollywood a dû modifier une quarantaine de sorties de film et interrompre des tournages. *Collateral Damage* a été reporté par Warner Bros. De même que *Big Trouble*, *Bad Company* ou *Tick Tock* par Touchstone-Disney. *Men in Black 2* sera modifié par Sony Pictures de même que *Spider Man* ou *Last Castle* par Dreamworks. ABC, NBC et CBS ont annulé les nouvelles programmations de séries télévisées. Fox a annulé la diffusion d'*Independance Day*. De même ABC a annulé la diffusion de *Peacemaker*. Toutes ces productions comportaient des scènes d'explosions ou intégraient les tours du WTC dans les tournages.

Le box-office du week-end du 21 septembre a été le plus mauvais de l'année. De nombreuses tournées musicales ont été annulées.

Immobilier

Si globalement le secteur immobilier est stable, notamment en raison de la forte demande à New York, il subit des fluctuations importantes ailleurs. Ainsi à Houston, siège de Continental Airlines où plus de 3 000 emplois ont été brutalement supprimés sur 20 000 (après 5 000 suppressions chez Compaq au printemps 2001), le nombre de transactions s'est effondré.

En France, l'activité a été stoppée net en septembre et reprend médiocrement depuis.

Commerce et luxe

La fréquentation des *malls*, les grandes galeries commerciales américaines, a baissé d'environ 50 % depuis les attentats. Après une contraction de 2,2 % en septembre, le marché a brutalement rebondi en octobre (+ 7,1 %) soutenu par d'intenses efforts de promotion.

Le marché du luxe est sensiblement touché. 26 % de l'activité de LVMH est réalisé aux Etats-Unis.

Télécoms

20 000 suppressions de postes chez Nortel, 3 000 chez Alcatel Optique et fibres.

Banques

50 % d'opérations de fusions et acquisitions en moins sur les neuf premiers mois de 2001 aux Etats-Unis, le pire trimestre depuis 1998. Plusieurs annulations pour « faits de guerre » depuis le 11 septembre. Environ 10 000 opérations suspendues selon Bloomberg. 20 opérations pour 16 milliards d'euros annulées après le 11 septembre. – 65 % en France. Citygroup a annoncé des pertes de 500 millions de dollars du fait de la fermeture des marchés américains pendant quatre jours. Enfin, American Express a supprimé 6 000 emplois.

Autres secteurs

Kodak a annoncé 3 500 licenciements.

Le secteur du conseil aux entreprises indique avoir subi l'annulation de plusieurs centaines de millions de dollars de contrats.

La gestion d'immeubles comme les techniques de construction des immeubles de grande hauteur connaissent des mutations importantes. La sanctuarisation des espaces est généralisée. Le questionnement sur les normes de sécurité se développe aux Etats-Unis. De même, les techniques tout acier refluent devant le béton, même si les techniques sont encore différentes.

Chômage

Le chiffre des demandeurs d'emplois aux Etats-Unis est le plus mauvais depuis dix ans avec 450 000 demandes d'allocation chômage (58 000 de plus du 11 au 22 septembre) et un taux qui est brutalement passé de 4 % en début d'année à plus de 5 % et qui pourrait atteindre les 6 % en fin 2001. 1 million d'emplois a été perdu, pour l'essentiel en octobre 2001 (Blancs 4,8 % de taux de chômage, Noirs 9,7 %, Hispaniques 7,2 % ; moins de 20 ans 4,8 %, jeunes [16-19 ans] 15,5 %). Tous les secteurs non agricoles sont touchés (25 000 emplois dans les télécommunications, 25 000 dans les secteurs technologiques, 49 000 dans l'industrie, 150 000 dans le transport aérien, 2 000 dans les médias et la publicité).

Quelques nouvelles moins noires

Pétrole

Alors que les prix du brut de référence fluctuaient entre 23 et 27 dollars le baril depuis l'été (plus haut à 30 dollars en octobre 2000), le cours a brutalement chuté à moins de 20 dollars depuis les attentats.

Automobile

Alors que les principaux fabricants automobiles américains estimaient la chute de ventes selon les constructeurs entre − 16 et − 30 % pour le mois de septembre 2001 (en 2000 les ventes avaient atteint 17,4 millions de véhicules. La récession entraînée par la guerre du Golfe avait fait chuter le marché de 16 à 12,3 millions de voitures vendues), le marché est resté relativement soutenu. La chute globale du marché américain a atteint − 13 % en septembre. Mais le rebond en octobre a été spectaculaire : + 24,4 %. Des mesures particulièrement coûteuses en termes financiers (prêts à 0 %) ont soutenu le marché aux Etats-Unis, malgré une baisse sensible sur l'année 2001 par rapport à 2000.

En France, les résultats sont exceptionnellement bons (+ 7,6 % en octobre ; + 5,9 % sur les 10 premiers mois de l'année 2001).

Métiers de la sécurité

La demande s'est considérablement accrue. Recrutement de vigiles ou équipements de sécurité pour les grandes entreprises ou les aéroports se sont multipliés. De même, les mesures de sécurité se sont renforcées dans tous les lieux publics (sites touristiques, hypermarchés...) ou sites sensibles (usines pétrochimiques, nucléaires, etc.). Le marché américain de la sécurité estimé à 50 milliards de dollars par an (18 milliards pour le gardiennage, 8 milliards pour l'informatique, 6,5 milliards pour la détection et l'alarme, 4,7 milliards pour les systèmes de contrôle d'accès, 1,5 milliard pour la vidéosurveillance...) par le Centre College, connaît une très forte progression de tous les secteurs. Le cours des entreprises de sécurité a augmenté d'environ 100 % à Wall Street depuis les attentats.

Des dizaines de milliers de postes d'agents de sécurité sont en cours de recrutement par la Federal Aviation Authority aux Etats-Unis (mesures estimées à 3 milliards de dollars). Air France a annoncé le recrutement de gardes sur une trentaine de vols quotidiens sensibles pour un coût estimé de 1,5 million d'euros par mois.

En matière de sécurité informatique et de mise en place de bureaux de secours, le marché, déjà fortement sollicité, s'emballe. Il était de 6 milliards de dollars en 2000 et pourrait tripler en 5 ans selon IDC.

La plupart des grands groupes de conseil en sûreté sont submergés de demandes.

Télécommunications

Le secteur de la vidéoconférence connaît une demande sans précédent qui devrait devenir structurelle.

Solidarité

Les actions de soutien et de solidarité aux victimes des attentats ont recueilli plus de 600 millions de dollars en septembre 2001.

Principaux dons reçus par la Croix-Rouge aux Etats-Unis

Attentats septembre 2001	200 millions de dollars
Ouragan Andrew 1992	104 millions
Ouragan Mitch 1998	041 millions
Ouragan Hugo 1989	024 millions
Attentat Oklahoma City 1995	010 millions

PERSPECTIVES

Les Etats-Unis entre crise, récession et déflation

L'économie américaine, déjà touchée par l'effondrement de la net-économie, connaît une mutation structurelle. Outre le retour imprévu au déficit budgétaire (impensable sous une administration républicaine il y a seulement quelques semaines, le budget devrait progresser de près de 10 % en dépenses sur l'exercice et se solder par un déficit estimé entre 8 et 70 milliards de dollars au lieu des 236 milliards de 2000 et des 121 milliards de 2001), la baisse des prix (– 1,6 % en octobre) engage le pays dans une déflation potentielle. Le taux de croissance est ainsi passé de plus de 5 % en 2000 à la récession en 2002. Le PIB a chuté de 1,1 % au troisième trimestre 2001. Les commandes de biens durables ont chuté de 8,5 % en septembre et de 21,6 % sur l'année. Selon le *Financial Times* du 17 novembre 2001, il s'agit de la plus longue récession industrielle depuis les années 30. Et en septembre 2001, les importations aux Etats-Unis ont baissé de 14 % ; et les exportations de ce pays ont, elles, baissé de 8 %.

Selon Standard & Poors, les bénéfices des entreprises américaines devraient se contracter de 40 % en 2001/2002.

La situation économique des villes et des Etats américains s'est fortement dégradée. La Conférence nationale des législatures d'Etat indique une forte augmentation des dépenses dans quarante-quatre Etats sur cinquante. Vingt-huit vont réviser leurs budgets.

De nombreux investissements aéroportuaires sont suspendus ou annulés, pour des montants estimés à 16 milliards de dollars. 94 % des projets prévus sont touchés.

Dépenses publiques aux Etats-Unis après le 11 septembre

55 milliards de dollars pour l'effort de guerre, la reconstruction et le soutien aux compagnies aériennes américaines.

75 milliards de dollars pour le soutien à l'économie américaine.

1,6 milliard de dollars pour la recherche contre le bio-terrorisme.

2 milliards de dollars pour protéger les services postaux du bioterrorisme.

2,6 milliards de dollars pour la sécurité aérienne.

Baisse du taux directeur interbancaire américain à 1,75 % (le plus bas depuis 1961).

En France, entre optimisme de façade et inquiétudes allemandes

Selon l'INSEE, le PIB français se contracterait de 1,3 % en 2001 (2,1 de croissance au lieu de 3,4 % en 2000) avant les attentats. La croissance selon le FMI serait de 1,3 % (au lieu de 2,1 prévus antérieurement et de 2,5 % annoncés par le gouvernement). Selon l'OCDE, la crois-sance de la zone s'est « arrêtée » au troisième trimestre 2001. Pour la France, l'INSEE estime la croissance (pour le premier trimestre 2002) à zéro. L'investissement connaî-trait une baisse d'environ 4 % renouant avec la grande déprime de 1993. Selon le ministre des Finances, cité par *La Tribune* du 6 novembre : « Entre l'hypothèse où Oussama Ben Laden est arrêté aujourd'hui et celle de l'enlisement de la guerre pendant des mois, il est évident que l'impact sur l'économie ne sera pas le même. » Difficile d'être plus éloquent sur les effets économiques à long terme des attentats.

En septembre 2001, les importations se sont contractées de 9,4 % et les exportations de 10,9 %. La récession industrielle est engagée. Le marché du travail français, atypique en Europe, s'est brusquement aligné sur la situation des autres pays de l'Union.

Si les effets secondaires de la récession américaine sont difficiles à estimer, la récession allemande, premier partenaire économique de la France, entraînera automatiquement l'économie nationale.

Le coût pour l'économie mondiale

Certes l'économie mondiale était déjà en voie de ralentissement avant les attaques contre le World Trade Center et le Pentagone. Les bourses enregistraient un krach doux, étalé sur près d'une année. Un 1929 *light* qui avait vu plusieurs centaines de milliards de dollars ou d'euros d'argent virtuel disparaître dans la chute des valeurs technologiques et des métiers de la communication. Le FMI a annoncé, le 15 novembre, le risque d'une récession mondiale en 2002. Les effets sur 2001 des attentats sont estimés à 0,2 % du PIB mondial pour l'année en cours.

Bourse de Paris
6 000 points en février 2001 — 5 000 en juillet-août 2001 — 4 000 en septembre 2001 — 3 900 après les attentats (– 7,4 % le 11/09).

Euro Stoxx 50

4 700 points en février 2001 — 4 000 en mars 2001 — 3 200 en septembre 2001 — 2 800 après les attentats (– 6 % le 11/09). A noter les chutes de 8,5 % de Francfort, de 5,7 % de Londres, de 7,8 % de Milan, de 4,5 % de Madrid.

Dow Jones

11 000 points en février 2001 — 9 500 points en mars 2001 — 11 500 points en juillet 2001 — 10 000 points en septembre 2001 — 8 300 points après les attentats.

Nikkei

14 000 points en février 2001 — 11 900 points en mars 2001 — 14 500 points en juillet 2001 — 12 500 points en août 2001 — 9 500 points après les attentats.

En moyenne les bourses américaines et européennes ont chuté de 10 % et celle de Tokyo de 5 % dans les jours qui ont suivi les attaques. Les bourses asiatiques ou sud-américaines ont été beaucoup plus touchées (240 milliards de dollars de perte pour les bourses asiatiques selon Reuters soit presque l'équivalent de la grande dépression de 1997). La bourse des valeurs de Chicago a perdu plus de 55 milliards de dollars de capitalisation. 500 points de chute à Paris la semaine des attentats, 550 points à Londres, 400 points à Francfort, 700 points à Tokyo, 1 300 points pour le Dow Jones après réouverture.

Au total, 3 500 milliards d'euros de capitalisation boursière ont disparu entre le 10 et le 20 septembre 2001.

Selon le Fonds monétaire international, un ralentissement « sensible » sera enregistré en 2001 et 2002, frappant plus durement encore les économies des pays pauvres.

Les principales crises du PIB américain depuis les années 70

1975 choc pétrolier	– 3 %
1982 choc pétrolier	– 4 %
1991 guerre du Golfe	– 1 %
2001/02 attentats	– 2 %

Selon un rapport du Centre For Economics and Business Research publié le 25 septembre, le PIB mondial devrait chuter de 2,2 % en 2002, soit près de 700 milliards de dollars. 2002 sera la pire année pour l'économie mondiale depuis 1945, selon *L'Expansion*.

Dépenses internationales publiques de soutien aux marchés

Banque centrale du Japon : 9 milliards d'euros

Banque centrale européenne : 110 milliards d'euros

Banque centrale du Canada : 650 milliards de dollars US

Dépenses militaires nationales

Allemagne : 350 millions d'euros

France : 250 millions d'euros (estimation)

Etats-Unis : 4 milliards de dollars

On le voit : cataclysme pour l'économie et la finance mondiale, y a-t-il bel et bien eu. D'autant plus grave que l'attaque a cueilli le monde à froid. Que l'événement du 11 septembre a détoné dans la société humaine comme un coup de tonnerre dans un ciel bleu. Que ce jour-là, le totalement imprévu, le parfaitement incroyable s'est produit. Comment ? Pourquoi ?

3

L'inévitable tragédie

Après cette description des dégâts dans la finance et l'économie, voyons quelles furent les réactions immédiates à l'attaque. Dès que l'Amérique et le monde prennent conscience de l'énormité de l'acte, de son aspect proprement historique, surgit une question centrale. Comment cela a-t-il été possible ? Comment une opération préparée sur trois continents, des années durant, par quelques dizaines d'individus entourés de centaines de complices a-t-elle bien pu pour l'essentiel rester secrète ? Comment n'a-t-elle pas été prévenue, déjouée, par l'appareil de collecte du renseignement de loin le plus vaste et le plus perfectionné au monde, doté du pharamineux budget annuel de 34 milliards d'euros ?

C'est naturellement le point crucial. Que l'Amérique l'envisage avec pertinence et profondeur et elle sait comment éviter qu'un nouveau 11 septembre se produise, d'une façon ou d'une autre. Mais tenter d'y répondre impose de dépasser le seul domaine des services de renseignement — même de l'ensemble de l'appareil de défense des Etats-Unis. Répondre à cette question décisive nécessite d'inclure dans l'étude, de radiographier, la société américaine, dans ses interactions avec son système de défense. Car dans une société ouverte, les services spéciaux, l'armée, ne vivent pas dans un impénétrable bunker. Ces appareils de l'Etat reflètent la vie civile ; ils sont modelés par celle-ci ; ils subissent ses pressions — ses modes parfois, ses caprices ou ses lubies. Pourquoi l'échec ? Nous abordons successivement ci-après ses causes immédiates, techniques ; puis sociales et enfin politiques, pour tenter de comprendre l'origine du drame terrible subi par l'Amérique le 11 septembre 2001 — le plus grave de l'histoire sur son sol même.

DÉFENSE ET SERVICES SPÉCIAUX, LE DÉFAUT ET LES MANQUES

Etudier l'origine d'un drame nécessite de revenir sur ses précédents. Ici, de voir si, dans le passé récent, les instances de renseignement et de répression de la superpuissance américaine ont su déceler précocement des dangers radicalement nouveaux. La réponse est non.

— Au début de la décennie 70, des témoins privilégiés affirment que la CIA n'a pas décelé — en tout cas pas avant le carnage — la terrible originalité des Khmers rouges ; n'a pas su décoder leur sanglante doctrine. Pour eux, les hommes de Pol Pot n'étaient que des Viêt-cong Khmers, marionnettes des généraux de Hanoi et rien d'autre.

— Dans la décennie 80, il fallut cinq ans — et 1 500 meurtres — au FBI pour réaliser que les Yardies — gangs jamaïquains d'une férocité inouïe[1] — avaient

---

1. Voir *Violence politique et narcotrafic : les Yardies jamaïquains et le PKK*, Notes & Etudes de l'Institut de Criminologie, octobre 1996. Ce texte (et nombre d'autres sur le terrorisme et le crime organisé) figure sur le site Internet du Département de recherches sur les menaces criminelles contemporaines : <www.u-paris2.fr/mcc>.

débarqué aux Etats-Unis pour y mettre la main, pistolet-mitrailleur Uzi au poing, sur le marché du « crack ».

Plus généralement et s'agissant maintenant de la répression du terrorisme international issu du Moyen-Orient, l'Amérique n'a jamais été très efficace. 307 Américains ont péri (attentats, enlèvements, etc.) du fait de ce terrorisme-là, depuis l'attentat visant en avril 1983 l'ambassade des Etats-Unis à Beyrouth — et avant même le début du jihad anti-américain d'Oussama Ben Laden. Aujourd'hui, combien de terroristes sont-ils détenus aux Etats-Unis du fait de ces meurtres ? Un seul[1]. Et encore, ce ne s'agit même pas de l'homme qui, en matière de terrorisme islamiste, est un pionnier, et le prédécesseur direct de Ben Laden, le chi'ite libanais Imad Mugniyeh.

Reportons-nous au début des années 80. La guerre civile fait rage au Liban. Au sein des services spéciaux de la milice chi'ite dite *Hezbollah* (Parti de Dieu) un « département des opérations spéciales » (lire : en charge des enlèvements et attentats) est fondé. Imad Mugniyeh (né en 1962) le dirige. En cinq ans, l'homme provoque la mort de 250 Américains, la prise en otage de 11 Occidentaux — enfin, le départ précipité des G.I.'s du Liban. A son « actif » : les « missions de sacrifice » sur l'ambassade des Etats-Unis à Beyrouth (avril 1983, 63 morts)[2] ; celles sur les casernements des marines américains et des parachutistes français en octobre 1983 (± 250 morts au total). Toujours de son fait, la capture et l'assassinat au Liban d'un officier de renseignement américain, Richard Higgins et du chef de poste local de la CIA William Buckley ; le détournement d'un avion (vol TWA 847) sur l'aéroport de Beyrouth (un nageur de combat américain présent à bord est assassiné).

---

1. A Beyrouth, les attentats visant l'ambassade des Etats-Unis (avril 1983) et la caserne des Marines (octobre 1983) ont fait ensemble 257 morts. Ils n'ont provoqué nulle poursuite judiciaire et de ce fait, aucune condamnation.

2. Parmi les 63 victimes, une dizaine de cadres régionaux de la CIA en réunion dans l'ambassade au moment de l'attentat.

Au bilan d'Imad Mugniyeh enfin, les attentats perpétrés à Buenos Aires (Argentine) contre l'ambassade d'Israël (mars 1992, 29 morts) et contre un bâtiment communautaire juif (juillet 1994, 85 morts). Or, dix-huit ans après le début de ses sanglants exploits, Imad Mugniyeh est toujours vivant, et libre.

De même, depuis août 1998 et les attentats contre les ambassades américaines de Nairobi et Dar es-Salaam, tous les efforts de la CIA pour capturer Oussama Ben Laden, notamment au Pakistan avec l'aide du gouvernement de Nawaz Sharif, ont-ils été vains, ce jusqu'au 11 septembre 2001.

Une CIA myope et bureaucratisée

Le motif le plus direct de cette incapacité prolongée à dévoiler, déjouer et réprimer les opérations terroristes réside en un engourdissement intellectuel de la CIA, laquelle, au fil des années, est toujours plus prisonnière des bienséances et modes en vigueur dans la société américaine, notamment celle du *politically correct* — et s'éloigne d'autant du réel.

Mais, avant d'expliquer pourquoi l'échec, prenons conscience de sa tragique ampleur.

Dans les années 80, le jihad contre l'Union soviétique est en cours en Afghanistan. A Peshawar, Oussama Ben Laden s'exprime ainsi devant des assemblées de moudjahidines — et devant des journalistes : « aujourd'hui nous combattons l'URSS, mais nos ennemis principaux sont Israël et les Etats-Unis ». Ces propos sont rapportés par des journalistes de télévision du Golfe, témoins privilégiés présents sur place de longue date. La CIA les ignore — et pour cause. Comme le dit en effet un de ses ex-officiers[1] :

---

1. « Ben Laden n'avait rien à craindre de la CIA », *Courrier international*, 20/09/01.

« Tout au long de la guerre soviéto-afghane (1979-1989) la Direction des opérations (service "action") ne s'est jamais dotée d'un groupe d'experts afghans... l'Afghanistan est devenu le centre d'endoctrinement et d'entraînement du terrorisme islamiste dirigé contre les Etats-Unis, mais le service des opérations clandestines de la CIA continue pourtant de changer ses agents sur le dossier afghan tous les deux ou trois ans. » Pire encore, la CIA déserte à peu près l'Afghanistan à la fin de la décennie 80, pour ne s'y réintéresser qu'en 1998. Un « trou » de huit ans sur un secteur qu'il fallait au contraire, et sans trêve, surveiller comme le lait sur le feu...

Fin 2000, la CIA n'imagine même pas qu'al-Qaïda a la capacité de tuer des milliers d'Américains, par voie d'attaques coordonnées sur le sol même des Etats-Unis. De même n'a-t-elle pas suivi la montée en puissance de la nébuleuse Ben Laden, ni été avertie à temps de sa décision de porter la guerre en Amérique même.

La CIA croit que les volontaires pour les « missions de sacrifice » sont de jeunes simplets, issus de villages reculés et ayant subi un lavage de cerveau. Or les 19 « bombes humaines » du 11 septembre sont toutes issues de milieux bourgeois ; ayant fait des études universitaires en Occident ; parlant couramment deux langues, voire plusieurs ; et disposant de métiers réels. Leur projet terroriste est préparé de longue date et exécuté sans faiblir.

Erreur d'appréciation psychologique inverse sur les dirigeants Talibans, ou ceux d'al-Qaïda. On les croit capables de négocier, d'écouter, on leur envoie des émissaires, on tente de les amadouer en faisant du business avec eux. Mais les supposés « partenaires » sont des guerriers fanatisés, des fauves survivants de vingt ans de guerre — de libération d'abord, civile ensuite — ou de combat terroriste clandestin. La direction des Talibans est une collection de mutilés de guerre. Mollah Omar est borgne ; deux de ses « ministres » n'ont qu'une jambe. Le commandant Taliban de Mazar-i-Sharif était, lui, cul-de-jatte.

Incarcéré après l'assassinat d'Anouar el-Sadate, Aynan al-Zawahiri a été affreusement torturé durant trois ans.

Après le 11 septembre enfin, l'étendue de la toile d'araignée d'al-Qaïda en Amérique du Nord abasourdit les dirigeants du FBI. Fin 2000 encore, ces hauts responsables de la police fédérale avaient déclaré au président Clinton avoir les réseaux d'al-Qaïda aux Etats-Unis « sous contrôle ».

Pourquoi ces erreurs, surtout dans la période récente ? En 1995, John Deutch (alors patron de la CIA) soumet le recrutement de tout informateur soupçonné de crimes à l'approbation de l'état-major. Sur le terrain, le recrutement d'un agent tourne pour l'officier de renseignement à la galère bureaucratique. Les instructions sur ce point (« *assets validation system* ») sont consignées en un manuel, imposant cahier de quarante pages grand format... Ainsi en pratique, le recrutement d'agents issus d'un milieu criminel ou d'une mouvance terroriste (« *human rights violators* ») est découragé — sinon formellement interdit. A l'état-major, la commission chargée de valider — ou de rejeter — les agents douteux est plus pathétique encore. Comme le dit (sous le couvert de l'anonymat et en riant jaune) un ex-cadre de la CIA « cette commission ne comptait à peu près que des gens n'osant pas venir le soir dîner à Washington, de peur de la délinquance »...

Bref, l'officier de la CIA devient par nécessité interne un gratte-papier rédigeant dans son bureau des rapports qu'une centrale submergée lit de moins en moins. Un tel système décourage les hommes d'action, les audacieux, pour ne retenir que les ronds-de-cuir et les prudents.

Autres confidences d'un ancien cadre de la CIA, sur le désengagement de son service du terrain du Moyen-Orient et de l'Asie centrale[1] : « En 1999 encore... aucun projet prévoyant l'infiltration de clandestins dans une organisation fondamentaliste islamique n'avait été mis en

---

1. *Courrier international*, 20/09/01, *op. cit.*

œuvre... La CIA n'a probablement pas un seul agent arabophone vraiment qualifié, originaire du Moyen-Orient, susceptible d'incarner un fondamentaliste crédible, prêt à passer des années de sa vie à bouffer de la merde et à vivre sans femmes dans les montagnes d'Afghanistan. Enfin bon Dieu ! La plupart des agents vivent dans des banlieues résidentielles de Virginie. On ne leur fait pas faire ce genre de trucs. » Avant de conclure ironiquement « les opérations comportant un risque certain d'attraper la diarrhée ne figurent pas au programme ».

Les postes dont parle cet ex-cadre de la CIA s'appellent « *non official cover* », ou NOC. Ces officiers de renseignement ne sont pas basés en ambassade, sous une couverture type « deuxième consul » ou « attaché agricole », mais doivent évoluer « dans le privé » à leurs risques et périls. Des risques majeurs : dans le chaos mondial, finis les échanges de gentlemen-espions de la Guerre froide, sur un pont, dans la brume d'une aube berlinoise. Aujourd'hui, de Peshawar à Medellin en passant par Lagos, se faire repérer, c'est être un homme mort.

Plus technique maintenant — mais tout aussi grave. Que fait la CIA pendant la décennie 90, en matière de lutte contre le terrorisme ? Elle développe une pratique dont elle est très fière : « *disruption* »[1]. C'est la désorganisation des réseaux, le sabotage antiterroriste. Telle est la mission du « *Global Response Center* », un centre (*Hi-tech* bien sûr) créé à cet effet au sein de la CIA. Il s'agit de gêner clandestinement les terroristes, de les empêcher de monter des opérations. D'intervenir de façon précoce — sans jamais se révéler, par le biais de polices ou de services alliés dans la zone — pour briser cellules et réseaux, compliquer, voire interdire, les déplacements des terroristes, la circulation de leur argent et de leur matériel.

Oui mais, voilà, la mission essentielle, vitale, de tout

---

1. Voir « CIA's secret antiterrorist weapon : disruption » (Associated Press-TDN, 2/03/1999).

service de renseignement est d'abord... de recueillir du renseignement. S'amuser à détruire des « tuyaux terroristes » est ainsi bel et bon, si lesdits tuyaux ne sont pas aussi ceux où circulent des informations vitales... D'où le développement au sein de la CIA d'un « syndrome de Pénélope », des équipes s'acharnant à couper ces mêmes tuyaux, dont d'autres ont un urgent besoin en matière de collecte d'informations — et laissent de ce fait se recoller, quand ils ne mettent pas la main à la pâte.

Résultat de cet éloignement de la réalité terroriste, de cette incapacité à concevoir des stratégies efficaces et non, contre-productives, deux mois et plus après les attentats du 11 septembre :

— On ne sait toujours pas vraiment si Oussama Ben Laden est le chef réel, le « cerveau » d'al-Qaïda, ou seulement son porte-parole et sa star médiatique.

— On ne sait toujours pas qui a conçu l'attaque du 11 septembre, comment le groupe des « bombes humaines » s'est constitué et comment il est passé à l'acte.

— On ne sait toujours pas quelle était la hiérarchie parmi les « bombes humaines », quels étaient leurs itinéraires personnels vers le terrorisme et sur quels réseaux logistiques ils se sont appuyés, aux Etats-Unis d'abord et dans le reste du monde.

— On ignore toujours les dates de naissance de 12 des 19 « bombes humaines du 11 septembre (15 Saoudiens, 2 Emirati, 1 Egyptien, 1 Libanais).

— Et enfin, sommes-nous même sûrs que l'entité présentée comme « al-Qaïda » existe bien, sous la forme généralement admise ?

Les causes de cet éloignement des réalités terroristes se comprennent. Et la faute n'incombe pas aux officiers de renseignement — qui ont souvent et par nécessité professionnelle, le nez sur le guidon —, mais au pouvoir politique, dont l'une des missions majeures consiste à réformer à temps, en cas de changement du monde, les outils et les armes dont il a besoin. Là, manifestement, à la CIA, le cœur n'y était plus depuis la fin de l'ordre bipolaire du monde. Elle avait été configurée pour la Guerre froide. Celle-ci était gagnée : mission accomplie. La CIA était fatiguée, vieillie — saturée de technologies et gavée d'informations sur un monde nouveau qu'elle comprenait mal. Au cours de la parenthèse historique 1989-2001, elle perd toujours plus sa capacité à déceler, à diagnostiquer, à pénétrer — ne serait-ce qu'intellectuellement — les systèmes adverses. Tel est le premier élément — mais ce n'est pas le seul — du drame du 11 septembre.

Fascination pour le virtuel et fétichisme technologique

Durant toute la parenthèse historique 1989-2001, la réflexion américaine sur les nouvelles menaces s'est pour l'essentiel partagée en deux écoles. De l'une on pourrait dire qu'elle tirait trop long, et l'autre, trop court.

Dans un registre oscillant entre le mysticisme et la science-fiction, la première école[1] développait l'idée qu'il était alors quasi impossible de penser la société de demain, dans laquelle l'« infosphère » serait la force motrice. De là, ils tiraient l'idée qu'il était absolument impossible d'imaginer les périls qui s'y feraient jour.

Après les mystiques, les sceptiques. Pour eux, l'affaire était au contraire prosaïque. En position de force, les Etats-Unis connaissaient une pause stratégique. Une ère de calme commençait[2]. Bien sûr, « le sujet des menaces nouvelles est compliqué » et « les violences ethniques, religieuses ou sectaires nous procureront une suite ininterrompue de Somalie, de Haïti, de Yougoslavie » mais bon. Pas de quoi s'affoler : « Veillons à ne pas gâcher une telle

---

1. « The war after byte city », Michael Vlahos, *The Washington Quarterly*, printemps 1997.

2. Les citations qui suivent sont prises dans « A new millenium and a strategic breathing place », *The Washington Quarterly*, printemps 1997. L'auteur, Russell E. Travers, est analyste à la Defense Intelligence Agency.

opportunité stratégique [la pause] en paniquant sur des menaces en réalité inexistantes. Lesdites menaces n'étaient après tout que poux dans la crinière du lion. Que faire cependant ? » « Les Etats-Unis auront besoin d'un solide appareil de renseignement, capable d'analyser le monde et de signaler précocement les dangers que présentent ces menaces fort complexes. » Au-delà : « Les stratèges américains devront songer à restructurer les appareils de défense et de sécurité, mal adaptés au monde d'aujourd'hui. »

Dans le domaine des programmes d'armement, on constatait alors le même décalage entre le long et le court, entre les mirages du futurisme et les exigences parfois prosaïques du terrain. On peut même dire stricto sensu qu'alors, les Etats-Unis avaient la tête dans les étoiles *Hi-tech* et les pieds dans une glèbe aussi *lo-tech* que possible. Tandis que le Pentagone commandait des bombardiers furtifs d'un coût unitaire de plus de deux milliards d'euros — sans savoir vraiment à quoi ils serviraient[1] — la 1re division blindée US mettait trois semaines de l'année 1995 à franchir une rivière bosniaque en crue, ce sans qu'elle ne subisse le moindre feu ennemi... Or la tendance dominante des guerres réelles d'aujourd'hui est le chaos. Et dans un affrontement chaotique, le matériel sophistiqué n'est pas forcément le plus efficace. De même que les simulations et autres « *wargames* » reproduisent mal la réalité du terrain.

Souvenons-nous de la guerre du Golfe. Même si ce n'est pas ce que montrait alors CNN, la réalité de cette guerre fut fort *lo-tech*. Selon le colonel le plus décoré pour faits de guerre de l'armée américaine[2] (guerre de Corée, trois séjours dans les forces spéciales au Vietnam, des reportages sur tous les fronts de la « guerre chaotique » depuis 1990 ; il n'a jamais été démenti sur ce point), 97 % des bombes larguées sur l'Irak étaient les mêmes, en fer-

---

1. Voir « The Pentagon is hooked on fancy weapons it doesn't need », William Pfaff, *Herald Tribune*, 22/05/97.

2. *Hazardous duty*, colonel David H. Hackworth, US Army (ret.) Avon Books, New York, 1997.

raille, que celles qui pleuvaient sur Hanoï trente ans plus tôt, les « armes intelligentes » ne représentant que 3 % des projectiles utilisés [1]. Et l'arme la plus dévastatrice, la plus terrifiante, pour l'armée de terre irakienne voici dix ans, comme pour les Talibans afghans d'aujourd'hui ? C'est le bombardier B 52, quasi-antiquité en service dans l'armée américaine depuis près de cinquante ans.

C'est ce qu'ont bien compris les entités dangereuses du désordre mondial. La sophistication des systèmes d'armes des grands pays développés s'accroissant, les attaques *lo-tech* permettent seules de « punir » l'ennemi technologiquement développé. Selon la définition de Clausewitz, toujours d'actualité (*De la guerre*, 1832) la guerre est ainsi « une lutte consistant à sonder les forces morales et physiques de l'ennemi, au moyen de ces dernières ».

Résultat, la guerre « classique » devenue impraticable — même dans l'espace par robots interposés —, les affrontements de demain rappelleront sans doute le XIXe siècle, quand de petites troupes européennes bien entraînées et armées affrontaient des hordes équipées de lances et de boucliers. C'est ce que constate le colonel Hackworth [2] : « Face à nous, de petits bonshommes avec leurs Kalashnikov, leurs explosifs grossiers — et leur rage. Pour les vingt ans qui viennent, c'est eux que nous allons combattre. Pour ce faire, nous devons rééquilibrer nos dépenses. Car pour l'instant, nous dépensons mille fois trop pour des armes de science-fiction — et pas même le minimum vital pour les équipements de base : de meilleures bottes, de meilleurs fusils d'assaut, de meilleurs gilets pare-balles. »

Un utile rappel à une réalité que les Israéliens ont longtemps éprouvée dans la « bande de sécurité », sur leur frontière nord, au Liban. Là, au milieu des collines couronnées de pommiers, un millier de soldats d'Israël et trois

---

1. Les experts font cependant remarquer que ces 3 % d'armes « intelligentes » ont été irremplaçables pour mettre hors d'usage les centres névralgiques ou stratégiques irakiens.

2. *Hazardous duty, op. cit.*

mille supplétifs de l'Armée du Liban-sud (ALS) ont combattu dix ans durant, trois à quatre cents moudjahidines du Hezbollah. Ces derniers disposaient d'un armement rustique : fusils M. 16, mortiers de 82 mm, missiles anti-tanks, bombes enterrées le long des routes. Face à eux, une armée dotée d'un matériel de surveillance électronique *Hi-tech* ; contrôlant une nuée d'espions et d'informateurs ; accédant à l'imagerie satellitaire américaine. Chaque année cependant, les pertes israéliennes étaient plus lourdes. La décision politique de se retirer de la « bande de sécurité » fut prise à la fin 1997. Durant la période janvier-septembre de cette année-là, le Hezbollah avait eu 48 tués, l'armée d'Israël 34 et l'ALS, 13 : un quasi « match nul » en termes de victimes d'abord, mais aussi entre le *Hi-tech* et le *lo-tech*.

Dans ce contexte, et toujours dans la parenthèse historique 1989-2001, quelle était la tendance dominante dans le complexe militaro-industriel américain, ou pour dire les choses autrement, quelle était alors la mode au Pentagone ? Elle allait diamétralement à l'inverse des réalités ci-dessus exposées. Les sphères supérieures de la défense et du renseignement des Etats-Unis cédaient à la fascination du virtuel ; souffraient de fétichisme technologique.

La fascination du virtuel[1]

Par fascination du virtuel, nous entendons une disposition d'esprit collective rendant toujours plus difficile la discrimination intelligente entre le réel et l'imaginaire, entre l'homme et le robot. Une conception des choses oublieuse du fait qu'on ne combat pas des machines, mais des hommes.

Durant la parenthèse historique 1989-2001 en effet, la mode des « *wargames* » se développe au point d'obnubiler absolument l'imagination de l'institution militaire. Le Pen-

---

1. Lire sur ce point *Virtuous wars : mapping the military-industrial-media-entertainment network*, James Der Derian, Westview Press, Boulder Colorado, 2001.

tagone raffole de la modélisation, de la simulation, des « *wargames* ». Or le jeu guerrier virtuel de l'époque souffre d'un défaut rédhibitoire : conçu en une ère de « *political correctness* », il ne *nomme* tout simplement pas l'ennemi. Le joueur s'oppose à des abstractions creuses : des « bleus », des « bruns », des « forces opposantes », des « pouvoirs régionaux » et autres « menaces émergentes ». Les pays en cause sont également fictifs ; voici qui l'on combat : *Krasnovians, Sumarians, Hamchuks, Sowenians, Vilslakians, Juralandians.* Alliés ou ennemis s'appellent *Freedonia* ou *Ruritania.* Comme le dit sobrement un informaticien militaire : « *We don't do countries.* » Avant d'ajouter que pour de tels jeux, les menaces asymétriques sont « difficiles à imaginer ».

Car le *wargame* n'est qu'un scénario, un exercice, une expérimentation — un subterfuge — mais pas innocent du tout. Il est tout au contraire désastreux à l'usage, car il fait littéralement disparaître l'ennemi réel de l'écran : l'attaque du destroyer *Cole* à Aden (Yémen, octobre 2000) n'avait ainsi jamais été envisagée par un *wargame.* Car en effet quelle est la vue du monde, l'idéologie — la philosophie — de ceux qui conçoivent ces simulacres ? De ceux qui les commandent ? Ne faut-il pas *plaire* aux commanditaires ? Donc s'adapter à leur mentalité ? Ne pas les choquer ? Le résultat est un infaillible cas d'intoxication circulaire — de « réification » diraient les sociologues — dans lequel on commande un jeu modélisé, pour découvrir ensuite à l'usage et avec bonheur qu'il fonctionne exactement comme on l'entendait...

Le fétichisme technologique

Durant la parenthèse historique 1989-2001, et dans un pays aussi religieux que les Etats-Unis, la haute technologie avait finit elle aussi par faire l'objet d'un culte[1] ; le *Hi-tech* militaire n'échappant naturellement pas à la règle.

---

1. Voir *The Religion of Technology*, David Noble, Knopf, New York, 1998.

Dans ce domaine, le concept opérationnel était, et reste en grande partie, la « *revolution in military affairs* », qui revient à construire une machine militaire d'avant-garde — mais purement du registre du curatif — combinant :

— Un appareil de renseignement et de surveillance ultra-perfectionné.

— Un système de communications pertinentes, étanches, instantanées.

— Une panoplie d'armes de haute précision.

Voici comment un rapport du Pentagone sur les conflits de l'avenir[1] présentait alors cette guerre *Hi-tech* : « Un style nouveau de combat prédominera dans les futures guerres de niveau secondaire [ni mondiales, ni continentales]. Désormais, la technologie et notre puissance militaire nous permettent de répondre aux exigences de l'opinion américaine : remporter des victoires décisives, défaire un ennemi où que ce soit au monde, en un temps raisonnablement bref ; l'ère des guerres prolongées est donc close. Grâce à la technologie, notre appareil militaire nous permet de combattre en limitant nos pertes au minimum. La technologie nous permet aussi d'écraser l'ennemi tout en préservant — si tel est notre vœu — son pays, ses richesses nationales et sa civilisation. »

On l'a compris : les problèmes relèvent alors du *Hi-tech* et les solutions, de plus de *Hi-tech* encore. Avec au sommet de l'édifice et comme concept global de sécurité pour les Etats-Unis, la « guerre de l'information » — réponse du Pentagone à une réalité, elle, indiscutable, la révolution de l'information.

Dès l'orée de la décennie 90, cette réponse de l'institution militaire américaine prend ainsi une tournure purement technologique[2]. S'édifient alors des architectures

---

1. Un rapport datant de 1993, cité dans *The information revolution and national security, dimensions and directions*, Stuart Schwartzstein, CSIS, Washington DC, 1996.

2. Lire sur ce point « Information warfare : time for some constructive scepticism ? », John Rothrock, *in Athena's camp, Rand*, 1997.

militaires informatisées incroyablement complexes, fragiles et coûteuses, face à des adversaires réels aussi *lo-tech* que possible — voire purement *no-tech*. On se souviendra que durant la catastrophique expédition somalienne *Restore Hope* (1993), la milice tribale hostile de Mohamed Farah Aïdid communiquait par coureurs à pied ou signaux codés de tam-tam...

Or à l'usage et pendant que Pentagone et services spéciaux s'abandonnent à l'ivresse technologique, négligent le renseignement humain et rangent les terroristes au rang des sous-hommes (*Neandertals*) nullement menaçants au niveau stratégique, deux défauts majeurs se révèlent dans la conception même de la « guerre de l'information » :

— Dans le domaine quantitatif — et dans le champ du renseignement —, l'option du tout-technologique conduit à la suffocation. Sur les millions de courriers électroniques, de communications téléphoniques, d'ordres de transfert d'argent, interceptés chaque jour par l'espionnage américain, celui-ci ne peut matériellement en examiner qu'à peu près 10 %. En l'an 2000 et pour les seuls Etats-Unis, les communications téléphoniques cellulaires représentaient ainsi 2,58 milliards de minutes, 75 % de plus qu'en 1999. En 2000 toujours, le seul réseau du fournisseur d'accès AOL transmettait chaque *jour* 225 millions de courriers électroniques et 1,1 milliard de messages instantanés.

— Dans le domaine de l'immatériel, de l'irrationnel : la technologie ne peut mesurer, par exemple, l'amour, la haine, l'envie, l'avidité. La technologie ne révèle rien des intentions de l'ennemi. Elle ne peut faire face à elle seule à une détermination. Elle peut permettre d'avoir conscience d'un problème, mais pas d'acquérir un savoir — encore moins de comprendre. Dans le domaine militaire, elle n'offre en conclusion que des *capacités*, non des *victoires*.

Bref, la technologie ne peut fonder une doctrine. La laisser remplir ce rôle « équivaut à demander à votre société de télécoms de vous installer le téléphone, puis

d'attendre d'elle qu'elle vous dicte votre conversation »
(John Rothrock, *op. cit.*). On verra plus bas que, suivant
une formule philosophique célèbre, « la science ne pense
pas ». La technologie, encore moins. Pendant de celle qui
enfla durant la décennie 90 dans le domaine internet-*dot-
coms*, une jolie bulle technologique gonflait aussi dans le
complexe militaro-industriel américain. Toutes deux rele-
vaient en dernière analyse de la pensée magique, vendaient
du mirage technologique. Toutes deux ont longtemps servi
de pompes à finances. Toutes deux ont fini par crever —
celle qui nous intéresse, le 11 septembre 2001. Tel est le
second élément — mais ce n'est pas le dernier — de ce
drame.

La parenthèse historique 1989-2001

Engourdissement du renseignement opérationnel,
mirages du virtuel et de la technologie : au sommet du gouvernement des Etats-Unis, la réalité des territoires et situations dangereux finit par s'estomper dans la brume. Durant
la parenthèse historique 1989-2001, les deux maillons
essentiels de la chaîne terroriste — le lieu partant duquel elle
pouvait éclater (l'Afghanistan), le système même qui,
l'ayant conçu et vu sa genèse, permettait éventuellement de
le contrôler ou de l'atteindre (le pouvoir saoudien) — lui
glissent des mains. Plus largement : nulle doctrine d'ensemble de la guerre terroriste — englobant et dépassant
l'immédiate menace Ben Laden — n'est alors élaborée.

La famille al-Saud [1]
A la fin du mois d'août 2001. Quelques lignes du
bulletin officiel saoudien apprennent au monde que le

---

1. Lire « Friend or foe ? A beginner's guide to the inner workshops of Saudi
Arabia's 3000 member royal family », Simon Henderson, *Wall Street Journal*,
24/10/01.

prince Turki bin Faycal a été « démis de toutes ses fonctions » le 25 août, sur demande du prince-héritier (et de facto régent) Abdallah bin Abdelaziz (78 ans) ; le décret est signé par le roi Fahd bin Abdelaziz al-Saud (80 ans) [1]. L'information est explosive : c'est la première fois en vingt ans qu'un prince royal est démis de ses fonctions — et Turki dirige depuis vingt-cinq ans l'Istakhbarat, ou Direction générale du renseignement (DGR) saoudien, service analogue à la DGSE ou la CIA. On comprend vite pourquoi, durant l'été 2001, Abdallah promène partout avec lui son demi-frère, le prince Nawaf bin Abdelaziz, jusqu'alors éloigné du centre de pouvoir : il remplace bientôt Turki à la tête de la DGR.

A Washington, on savait que, depuis cinq ans au moins, un sérieux conflit opposait au sein du pouvoir saoudien, Turki bin Faycal et son oncle, le puissant prince Nayef bin Abdelaziz (68 ans), son supérieur théorique comme ministre de l'Intérieur et chef du service de sécurité intérieure du royaume. Le conflit couvait depuis que Nayef, plutôt distant avec Washington, avait peu coopéré à l'enquête suivant l'attentat anti-américain de Khobar (juin 1996, 19 morts). Turki, lui, est plus arrangeant : durant la présidence Clinton notamment, il joue un rôle majeur de « démineur » antiterroriste pour le compte des Américains. Plus important encore et depuis 1979, Turki tient seul le dossier afghan. Notamment, Turki connaît Oussama Ben Laden depuis la fin des années 70, alors que ce dernier était encore étudiant. Cela, l'ancien chef de la DGR le reconnaît après son renvoi — de façon oblique certes, avec des nuances — mais ne le nie pas : « Je l'ai rencontré plusieurs fois [O. Ben Laden] quand il était l'un des moudjahidines ayant quitté leur pays pour combattre l'Union

---

1. Fahd, Abdallah, Sultan (soixante-dix-sept ans, ministre de la Défense) et Nayef font partie des « sept frères Soudaïri », fils du roi Abdelaziz al-Saud, fondateur du royaume (en 1932) mort en 1953 en laissant 44 fils derrière lui, et de Hassa bint Soudaïri, son épouse favorite. Nawaf est fils d'Abdelaziz et d'une autre mère. Turki est fils du roi Faycal, l'un des successeurs d'Abdelaziz.

soviétique en Afghanistan. » Turki nie en revanche que Ben Laden ait eu « des relations avec le gouvernement saoudien ou l'un de ses services[1] ». Une relation personnelle, en quelque sorte...

Mais pour les « saoudologues » (comme on disait jadis « soviétologues ») et plus largement, pour l'opinion américaine, le renvoi abrupt de Turki est une surprise. Or ce renvoi est exigé, toutes affaires cessantes, par le patron de la CIA au début du mois d'août 2001. Il faut que Turki parte sur-le-champ. Une exigence d'autant plus fâcheuse que l'Amérique n'a pas de mémoire collective de l'affaire afghane ni de la salafiya. Sur place et durant tout le jihad, ses agents n'ont fait en réalité que jouer à « tournez manège »... La CIA à Peshawar ? Trois petits tours et puis s'en vont. Le seul homme qui sache *tout* de l'affaire dans la profondeur historique et depuis l'origine de la guerre, en 1979, c'est Turki bin Faycal.

Au-delà des querelles de princes enfin, nul à Washington n'imaginait encore récemment qu'à part Oussama Ben Laden lui-même, considéré comme un très exceptionnel lunatique, d'autres jeunes Saoudiens pourraient avoir la tentation du terrorisme et du sacrifice, au nom d'une version fanatisée de l'islam. Or c'est le cas.

Parmi les 19 « bombes humaines » du 11 septembre, 15 Saoudiens, souvent originaires de la très fondamentaliste région occidentale du royaume, tous salafistes. 11 d'entre eux proviennent des camps d'entraînement afghans d'al-Qaïda. Parmi eux, Nawaf et Salem al-Hamzi, frères d'un officier supérieur de la police saoudienne, et Majid Moqed, fils du chef de la tribu Bani Auf. Dans les proches de ce dernier, l'un des fanatiques ayant occupé la grande mosquée de La Mecque en novembre 1979, ébranlant gravement le régime saoudien. Là encore, nous voilà loin d'une génération spontanée de terroristes. En Arabie saou-

---

1. *Gulf News* du 8/11/01, interview du prince Turki sur la chaîne de télévision moyen-orientale MBC.

dite — et à l'insu total des services américains —, une sourde révolte islamiste couvait depuis longtemps.

Le terrain afghan

« Dès que Bélisaire eut débarqué sur l'île, il montra de l'irritation, car il était dans l'embarras. Ce qui le tourmentait, c'était d'ignorer le genre d'hommes que représentaient les Vandales contre qui il marchait, leurs capacités guerrières, la manière dont il devait les combattre et le lieu même d'où il lui fallait lancer ses attaques. »

(Procope dans *La Guerre contre les Vandales*.)

L'aube se lève sur ce glacial 15 février 1989. Tout au nord de l'Afghanistan, les ultimes blindés soviétiques quittent Mazar-i-Sharif et gagnent la frontière de l'URSS, distante de 60 kilomètres. Les chars traversent l'Amou Daria sur le majestueux « Pont de l'Amitié ». Les voici en Ouzbékistan. Le 21 février 1917 se créait l'« Armée rouge des ouvriers et des paysans » — soixante-douze ans plus tard à la semaine près, le sort de l'empire soviétique est scellé. En novembre, le Mur de Berlin tombe. Un an encore et l'URSS aura disparu. Le soir de ce fameux 15 février, William Webster, nouveau directeur général de la CIA, offre le champagne à son état-major. Il n'aurait pas dû.

Car, partant de là, le gouvernement des Etats-Unis se désintéresse pour l'essentiel de l'Afghanistan. En tant qu'Etat, il n'a nulle stratégie, nul plan de fin de partie. Rien de positif qui concerne l'étape suivante : la paix et la reconstruction. Dès lors, le dossier Afghan est, cinq longues années durant, sous-traité pour l'essentiel au condominium Pakistan, qui dirige la manœuvre — Arabie saoudite, qui la finance. Alors, la frustration des moudjahidines grandit. Pour eux, pour tous les clans et tribus engagés dans le jihad, qu'ils soient Pashtouns, Hazaras, Ouzbeks ou Tadjiks, cet abandon est une trahison. Dans le monde où ils évoluent, dominé par les valeurs de l'honneur et de la vengeance, on ne laisse pas tomber un frère d'armes comme cela.

Le tandem Pakistan-Arabie saoudite a son plan pour mettre fin à la guerre civile qui dès le départ du dernier Soviétique, déchire l'Afghanistan : la mise du pays sous la tutelle d'un pouvoir neuf, pashtoun — l'ethnie majoritaire — et salafiste : ce seront les Talibans. Quand en 1994, partant du sud du pays, cette milice nouvelle émerge et commence à gagner province après province de l'Afghanistan, l'ambassade des Etats-Unis à Islamabad se réjouit : ces jeunes gens-là ne sont pas mal : « pro-occidentaux », et surtout anti-chi'ites, donc hostiles à l'Iran. Sur le plan religieux, ils sont bien un peu rigides, mais bon, ce sont sans doute des sortes de « *born-again muslims* », pas si éloignés que cela des « *born-again christians* » de la *Bible-belt* de l'Amérique profonde. Entre croyants, on pourra toujours s'entendre... Un seul exemple, mais significatif : les Talibans s'emparent-ils de Kaboul ? Toute l'Asie (à l'exception du Pakistan) s'inquiète. Mais c'est un « développement positif » pour Washington.

Et puis il y a le pétrole et surtout, le gaz d'Asie centrale. Pétrole plus charia — on est sur un terrain familier. Pour exporter vers les mers chaudes (mer d'Oman, océan Indien) les hydrocarbures d'Asie centrale, l'Afghanistan est idéal. Justement, un pétrolier américain, *Unocal*, a un projet nommé Centgas. Il s'agit d'un pipe-line traversant le pays, pour amener à Multan, au Pakistan, 50 millions de m^3/jour de gaz turkmène. Un projet de 2 milliards de dollars. Les royalties que laissera sur place le pipe-line financeront et stabiliseront ces jeunes Talibans. C'est la « vision pétrolière de l'histoire » chère à Washington : après la formule Séoud plus Aramco dans les années 30, pourquoi pas Taliban plus Unocal dans les années 90 ? Entre 1995 et 1997, les Talibans et des émissaires américains se rencontrent donc pour parler business : Kandahar puis Kaboul, Peshawar et Islamabad, Washington et New York. En janvier 1998, le projet Unocal est accepté par la direction Taliban.

Mais le projet pakistanais-saoudien dépasse largement les limites étroites de l'Afghanistan — et même de la politique pétrolière américaine. Car vers 1995 et derrière toutes sortes d'événements dispersés entre Maghreb et Asie centrale, se sent ainsi comme une vaste *combinazione* bénie par l'administration Clinton, visant à rendre à ses amis et alliés (Arabie saoudite, Pakistan) le contrôle du courant islamiste-activiste sunnite qui lui échappe depuis la guerre du Golfe. Une superbe opération pour les trois partenaires — à condition qu'elle réussisse :

Le Pakistan peut ainsi se débarrasser enfin du fardeau des réfugiés afghans (1,5 million à l'époque). Et avec un Afghanistan pacifié et allié, Islamabad récupère une profondeur stratégique cruciale face à l'Inde et un accès direct — donc une influence — sur l'Asie centrale.

L'Arabie saoudite règle, par Talibans interposés, ses comptes avec l'Iran et reprend la haute main sur l'activisme sunnite dans l'arc immense allant du sous-continent indien au Caucase. Sa puissance financière (la carotte), plus l'autorité spirituelle qu'elle exerce alors sur les pieux Talibans (le bâton) : voilà l'Arabie saoudite prête à jouer un rôle majeur sur la scène pétrolière majeure du siècle prochain, celle qui s'étend de la Caspienne au cœur d'une l'Asie centrale, justement terrifiée par la montée en puissance des Talibans.

Enfin, les Etats-Unis :

— L'opération les place en bonne position en Algérie, où alors, de fait, leurs ressortissants souffrent peu des attaques des fanatiques du GIA (pas un Américain sur les 120 étrangers assassinés en Algérie par les Salafistes[1]).

— Le gaz turkmène est acheminé au Pakistan, via l'Afghanistan. Ce qui veut dire l'Iran contourné — et

---

1. Octobre 1993-juin 1996 : ± 120 étrangers assassinés, dont 40 Français. Des meurtres à l'aveuglette ? Non justement. Nationalité des étrangers abattus : Europe occidentale : Belgique, Espagne, France, Grande-Bretagne, Italie (des pays dans lesquels des réseaux islamistes ont été démantelés) ; monde arabe : 1 Tunisien, 1 Palestinien ; ex-Europe communiste : Biélorussie, Roumanie, Russie, Ukraine (pays orthodoxes, pro-Serbes), ainsi que des Croates de Bosnie (à l'époque, en guerre contre les musulmans, à Mostar) ; continent américain : 1 Canadien. Pas un seul Américain, pas un seul Japonais, pas un seul Allemand. Coïncidence ?

confronté en prime aux Talibans, brûlant de haine anti-chi'ite.

— Le chaos afghan, hantise de Washington, finit par être purgé par les Talibans du plus gros du narcotrafic.

C'est sur ce dernier point que l'affaire se gâte : à propos de la production afghane d'opium, transformée ensuite en héroïne à la frontière Afghanistan-Pakistan. Or en 1997, loin de régresser, la production d'opium progresse au contraire fortement. Dans le sud du pays, sous contrôle Taliban depuis près de trois ans, la production d'opium est passée de ± 950 tonnes en 1994, à ± 2 000 tonnes en 1996... Une première indication que, pour les Talibans, promesses et discours à la galerie sont une chose — et la réalité du business, autre chose encore.

Et puis ces hauts cris que le puissant lobby féministe américain pousse toujours plus fort, devant le traitement réservé par les Talibans aux femmes afghanes...

Les choses se gâtent définitivement après les attentats d'août 1998 sur les ambassades américaines de Nairobi et Dar es-Salaam. Les Talibans ont d'abord hébergé Oussama Ben Laden — et refusent maintenant énergiquement de le livrer aux Etats-Unis. Douche froide à Washington et début d'autocritique (en privé). Sans bien s'en rendre compte, Washington s'est laissé entraîner par Ryad et Islamabad dans l'un de ces jeux complexes où excelle l'orient musulman — mais dans lesquels les Etats-Unis ont toujours pataugé. Un jeu « à la libanaise » dans lequel une communauté rusée — baptisons-la A — s'allie à B, puissance plus considérable (mais plus naïve) qu'elle ; l'alliance ayant pour seul but de contraindre B à régler les comptes de A. Disons, familièrement, de contraindre B à sortir les patates chaudes du feu, en lieu et place de A. En l'occurrence, affaiblir — sinon détruire — ce centre de pouvoir chi'ite qu'est l'Iran. Pendant ce temps-là l'Amérique, aveuglée par sa phobie anti-iranienne et sous le charme des « experts ès-islamisme » saoudiens et pakistanais, ne voit pas plus la salafiya monter en force qu'elle n'avait vu hier venir la révolution islamique à Téhéran, confiante qu'elle était à l'époque en la science des « experts » de la Savak, les services spéciaux du shah.

En fait, à l'échelle afghane, l'opération Taliban n'était que la plus récente édition d'un jeu afghan classique entre tous, qui voit au bout du compte le « sponsor » extérieur attiré dans le jeu, puis berné et dépouillé. Et à l'échelle internationale, l'ex-allié Ben Laden incarnait désormais un islamisme plus violent, plus intraitable encore que ceux connus à ce jour, et dont le GIA algérien n'aurait été qu'une pâle ébauche.

La grandiose manœuvre américano-saoudo-pakistanaise s'échoue donc sur l'écueil Ben Laden. Réveil pénible pour Washington (dans la posture de l'arroseur arrosé) qui finit par s'apercevoir vers 1998 que ces sunnites fanatiques haïssent les Etats-Unis. La morale de l'histoire, c'est Burhanuddin Rabbani qui nous la donne. Dans une interview donnée dès 1996[1], l'ex-président de la république afghane, lui-même islamiste bon teint, prédisait : « Islamabad comme Washington auraient dû y regarder à deux fois avant de concevoir un monstre du type Frankenstein qui pourrait bientôt se retourner contre eux... » Le monstre, c'était bien sûr les Talibans. Mais au-delà, la réflexion valait aussi pour les jeux compliqués que certains ont longtemps joués avec la salafiya — du moins avec ses éléments les plus virulents.

POLITICAL CORRECTNESS
ET PENSÉE UNIQUE

« Les doctrines de la souveraineté nationale et de la non-interférence [dans les affaires intérieures des Etats] apparurent à la fin de l'affreuse guerre de Trente ans, pour interdire la

---

1. *Politique internationale*, n° 74, hiver 96-97.

> répétition des horreurs du XVIIe siècle, durant lesquelles 40 %
> peut-être de la population de l'Europe centrale périt au nom de
> versions opposées de la Vérité Universelle. Si se répand aujour-
> d'hui la doctrine de l'intervention universelle et si des vérités
> contradictoires s'affrontent en son nom, risque d'apparaître un
> monde dans lequel, pour citer G. K. Chesterton, la vertu sera
> devenue folle. »
>
> (Henry Kissinger)

Parfois, l'Amérique s'offre un caprice. Ce peut être
une lubie de gosse de riches (les Hippies) ou encore une
vague de moralisme, un grand élan de pureté. A l'intérieur
du pays, cela donne la Prohibition[1]. Cas célèbre de « moralisme social » cette Prohibition avait pour objet fort moral
de supprimer l'alcoolisme, désastreux pour les familles, la
santé publique, etc. Or son seul résultat tangible fut d'offrir
au crime organisé le marché de l'alcool en Amérique — à
l'époque 2 milliards de dollars par an : « Ses partisans
pensaient que la Prohibition supprimerait tous les maux
sociaux de l'Amérique. Tout au contraire, suscita-t-elle des
maux nouveaux sans supprimer les anciens[2]. » L'opération
« morale » profita surtout à la mafia, depuis lors quasi
indéracinable aux Etats-Unis.

A l'extérieur et depuis la fin de la Guerre froide,
l'Amérique a un nouveau hochet, appelé « *nation building* », sorte de boîte à outils destinée à remettre en forme
les « Etats effondrés ». Tentative initiale, l'opération *Restore Hope* en Somalie en 1992, première grande crise internationale de la présidence Clinton. Madeleine Albright est
alors ambassadeur des Etats-Unis à l'ONU. Elle définit
ainsi cette action de « multilatéralisme volontariste »
devant le Conseil de sécurité des Nations-Unies : « Une
entreprise sans précédent visant à rien moins qu'à la restauration d'un pays entier comme membre fier, fonctionnel

---

1. La Prohibition dura du 16 janvier 1920 (18e amendement et *Volstead act*)
au 5 décembre 1933 (21e amendement).

2. *The Mafia Encyclopedia*, 2nd edition, Checkmark books, New York, NY,
1999.

et viable de la société des nations. » De type « Meccano », l'opération « *nation bulding* » vise à « la reconstruction des institutions politiques et de l'économie de la Somalie ». Dix ans plus tard où en est le « fier membre somalien de la société des nations » ? Insister serait cruel.

La scène se répète au Kosovo où la présence de plus de 40 000 militaires de l'alliance occidentale à partir de l'été 1999, plus une nuée de fonctionnaires internationaux[1], n'empêche pas la mafia albanaise de réaliser la seule vraie « grande Albanie » qui lui tient à cœur : la grande Albanie criminelle. L'idée de départ était de « débarrasser le Kosovo de la drogue et des armes ». Là aussi, où en est-on, deux ans après la mise de cette province sous tutelle internationale ?

Au point qu'au plus fort du choc post-11 septembre, le grand sociologue Amitai Etzioni avertit[2] : « Les Etats-Unis surestiment grandement leur capacité à exporter la démocratie et le développement vers des pays qui n'en ont guère l'expérience — ou le goût. » Ainsi, « construire des écoles laïques » en Afghanistan, ou bien y « restaurer [? !] les droits des femmes », comme le prévoit le plan Bush ; ou bien « garantir la stabilité du pays » ; ou enfin y « établir un gouvernement d'union nationale » sont de pures vues de l'esprit. Conclusion d'Etzioni : « les hommes cessent de se combattre quand le massacre a assez duré, et non quand des gens comme nous sifflent la fin de la partie et essaient de jouer les arbitres ». Mais l'écoutera-t-on plus que le sénateur du Texas Kay Bailey Hutchinson qui, dès le début de l'an 2000, s'inquiétait de voir l'administration Clinton créer[3] « des gouvernements qui ignorent les réalités historiques, tribales et nationales », sans que son avertissement n'ait servi à grand-chose ?

---

1. Voir sur ce point *La Mafia albanaise*, Xavier Raufer et Stéphane Quéré, Favre, 2000.

2. « Attention à l'ingénierie sociale », *USA Today-Courrier international*, 25/10/01.

3. *International Herald Tribune*, 27/03/01.

La libre circulation des idées est impérative dans la société. Toutes les hypothèses et propositions doivent pouvoir être exprimées sans obstacle ni censure. Mais le rôle d'un Etat conscient de sa mission fondamentale doit être de protéger ses instruments les plus sensibles — défense, renseignement — des ravages provoqués par les lubies, modes, idéologies et autres diktats bienséants nés du demi-monde intellectuel et véhiculés par les médias. Car insistons : dans une société ouverte, l'armée, les services spéciaux ne vivent ni dans une impénétrable forteresse, ni dans la stratosphère — leurs officiers tirent au contraire la grande majorité des informations qu'ils intègrent, non de notes ou de rapports secrets mais de médias, qui ne jouent pas toujours dans ces affaires un rôle positif. Quelques exemples de théories pernicieuses — ou d'ignorances fâcheuses — tirés de la médiasphère :

— La médiasphère n'a qu'une explication pour le crime ou le terrorisme : c'est la misère qui les provoque. Cent études indiscutablement scientifiques ont été produites au long des deux dernières décennies, montrant que dans le domaine du crime, il n'en est rien. Bienséante autant que romantique, l'affirmation est tout simplement fausse. Mais rien n'y fait. Et pour le terrorisme ? Après le 11 septembre, le serpent de mer des misérables sombrant dans le fanatisme refait surface — ce qui est grotesque. Voici le cas de Mohamed rashid Daoud al-Owhali, exécutant de l'attentat contre l'ambassade des Etats-Unis à Nairobi (Kenya) en août 1998 (213 morts)[1]. Il est né à Liverpool (Angleterre) en 1977, dans une famille saoudienne très aisée. Il a fait ses études supérieures à l'Université Mohamed bin Saud à Ryad, Arabie saoudite, d'où il a gagné un camp afghan d'al-Qaïda. Au-delà : Oussama Ben Laden est-il né dans un bidonville ? Ses parents sont-ils des exclus ? 15 des 19 « bombes humaines » du 11 sep-

---

1. Voir « Suicide bomber who funked martyrdom », *Financial Times*, 29/11/01.

tembre sont des Saoudiens. Or le PNB de l'Arabie saoudite dépasse les 9 500 euros par an. Tout Saoudien dispose d'un logement confortable, de toute la nourriture nécessaire, des soins les plus complets — gratuitement. Un rêve de social-démocrate scandinave. Où sont les damnés de la terre ?

— Comment même *penser* le contexte afghan en censurant impitoyablement — pour ne pas choquer telle ou telle minorité — tout ce qui révèle la nature tribale ou clanique de la société dans ce pays ?

— Dans notre société où l'information, la communication, jouent un rôle si important, des entités immenses et dangereuses passent parfaitement inaperçues — et longtemps, encore. Tel est le cas de la salafiya, l'un des deux grands courants activistes-islamistes sunnites transnationaux avec l'Ikhwan (Frères musulmans). Prenez les grands quotidiens anglo-saxons, ceux-là même qui consacrent des pages entières au terrorisme d'Etat iranien, ou aux attentats du Hamas palestinien : après les attentats d'août 1998 à Nairobi et Dar es-Salaam, Oussama Ben Laden, nouveau public ennemi numéro 1, y est illustre, mais la coalition activiste sur laquelle il s'appuie (salafiya, réseau des milliardaires islamistes, etc.) est parfaitement ignorée — en tout cas en tant qu'entité hostile. Ce n'est qu'après l'arrestation de terroristes islamistes sur le sol des Etats-Unis en décembre 1999, que ces grands médias commencent à évoquer le phénomène salafiste.

De fait, le « brouillard médiatique » — comme Clausewitz parlait de « brouillard de la guerre » — rend-il les phénomènes de fond de tableau invisibles aux systèmes d'information et de renseignement des Etats-nations, ou les laisse percevoir bien trop tard.

Seconde conséquence : l'appareil d'Etat perd sa capacité à déceler les menaces. Exposé sans protection et sans antidotes au bombardement du moralisme ou du *politically correct,* un appareil de défense ou de renseignement s'engourdit, perd sa capacité à déceler et diagnostiquer, s'égare dans le brouillard médiatique — finit par quémander l'approbation de CNN avant même de lever le petit doigt. Or toute société humaine affectée d'une telle perte de sa capacité de prévision ne peut plus compter que sur une intelligence de l'événement à peu près purement rétrospective. Ce qu'on a vu le 11 septembre 2001.

Soyons clairs, perdre sa capacité à déceler n'est pas devenir inconscient, ni idiot, c'est se trouver dans l'incapacité de discriminer, d'écarter l'inutile, de sélectionner le pertinent, face à une masse d'informations, de théories, de faits de toute sorte ; de surcroît en constante et rapide évolution.

Car aux Etats-Unis, les instruments intellectuels, les concepts, permettant de dévoiler à temps une menace terroriste existent, bien sûr. Mais ils sont noyés dans le bruit de fond médiatique. Leurs utilisateurs potentiels ne les voient pas. Ils n'ont pu les utiliser pour forger une doctrine de l'alerte précoce. Un exemple. On verra plus bas qu'une des formes de guerre chaotiques les plus dangereuses, de la Somalie à l'Afghanistan, en passant par la Tchétchénie, est dite « guerre des essaims », « *swarming* » en anglais. Or cette théorie (américaine, imaginée à la Rand corp.) repose sur des études sociologiques, américaines elles aussi, remontant à l'année 1970 ! C'est cette année-là en effet que Luther Gerlach et Virginia Hine publient *People, Power, Change : Mouvements of Social Transformation*[1], ouvrage décrivant en détail un mode d'association humain de type cellulaire, formé de cellules polycentriques, qu'ils baptisent SPIN (Segmented, polycentric, ideologically integrated Network). De tels outils sont naturellement cruciaux pour comprendre les entités terroristes post-Guerre froide, pour devancer leurs mouvements. Or avant le 11 septembre, « *swarming* » faisait à Washington l'objet d'une attention marginale et SPIN était totalement oublié.

---

1. Bobbs-Merrill, New York, 1970.

On notera enfin que ni la défense, ni la CIA ne sont inconscientes du danger terroriste représenté notamment par Oussama Ben Laden :

— Le Pentagone publie en l'an 2000 le rapport de la « US Commission on national security in the 21st. Century », où l'on peut lire ceci : « L'Amérique va devenir plus vulnérable à des attaques hostiles sur son territoire même et sa supériorité militaire ne l'en protégera pas entièrement. »

— La CIA lui consacre même un bureau entier, et une équipe à plein temps, depuis 1996. En février 2001 encore et devant le Congrès, le directeur général de la CIA, George Tenet, définit Ben Laden comme « la plus immédiate, la plus grave menace terroriste pour les Etats-Unis ».

Mais être conscient d'un problème ne donne pas toujours le moyen de le résoudre. Et à l'aube du XXIe siècle, les études qui sortent alors comme champignons après la pluie, et qui dominent le débat sur le terrorisme, sont en grande majorité dominées par la pensée unique, le culte du *Hi-tech* et éloignées du réel.

— En février 2000, l'US Army War College, le Triangle Institute for Security Studies et l'Université Duke organisent ensemble une grande conférence sur les menaces transnationales. Il en est évoqué de toutes sortes : usage terroriste des armes de destruction massive, « cybermenaces », dangers présentés par le crime organisé international ; etc. Des menaces qui plaisent au média. Sur des attaques visant le sol américain et usant de méthodes *lo-tech* (style 11 septembre) ? Rien.

— Le National Intelligence Council est une instance consultative de recherche sur les problèmes de renseignement, formée de quinze intellectuels et universitaires ; elle est installée par le directeur général de la CIA. En décembre 2000, ce conseil publie un document de soixante-huit pages intitulé *Global trends 2015 : a dialogue about the future with nongovernmental experts*. Y figurent de grands discours sur les ressources naturelles, la surpopulation, les sciences et technologies de l'information, la mondialisation. On y parle abondamment de la prolifération des armes de destruction massive et de leur emploi possible par des Etats ennemis, ou des terroristes. La « formation d'une coalition terroriste internationale » est noyée au milieu de huit autres risques et estimée « peu plausible, mais possible ». Or à l'époque, une telle coalition existe depuis six ans déjà. Le 23 août 1996, elle a publié un manifeste intitulé de façon fort explicite *Déclaration de guerre contre les Américains occupant la Terre des deux Lieux Saints*. Un texte de vingt-cinq feuillets dactylographiés, sous-titré « Un message d'Oussama Ben Laden à ses frères en islam du monde entier, notamment ceux de la péninsule arabe ». Depuis cette date, cette coalition a frappé l'Amérique à Nairobi, Dar es-Salaam et Aden. Mais non : « peu plausible, mais possible ».

Enfin, pendant la parenthèse historique 1989-2001, la volonté de déceler s'est perdue à Washington, au point que les programmes gouvernementaux d'apprentissage des langues étrangères, d'éducation aux cultures du monde — hier parmi les meilleurs en la matière et indispensables pour pouvoir traduire et comprendre la pensée des autres — sont, depuis une décennie, réduits à la portion congrue. Jusqu'au 11 septembre, les crédits affectés à ces programmes diminuaient chaque année.

ÉTAT, LA CONFUSION ET L'OUBLI

Ainsi et de proche en proche, l'appareil d'Etat américain en vient à oublier ce qu'est le terrorisme réel et actuel. Le terme « oubli » n'est pas polémique : lors des deux débats-fleuve télévisés de la campagne présidentielle de l'an 2000, les candidats Al Gore et George Bush n'évoquent ni l'un ni l'autre la menace terroriste. Comme le reste de la classe politique américaine, ils s'abritent en réalité derrière une ligne Maginot intellectuelle. On a fait une liste des groupes terroristes, une autre des Etats-terroristes ; il existe une doctrine, une politique de communication sur le terrorisme en direction des médias ; on multiplie rapports et conférences sur le sujet. Bref, il ne manque pas un bouton de guêtre. Sauf que là n'est pas l'essentiel. Et que le gouvernement des Etats-Unis ne voit pas le vrai terrorisme d'aujourd'hui dans sa lunette, mais l'éclat lointain d'une étoile morte.

D'abord, le concept même de terrorisme est devenu flou. Hier en Afghanistan, Oussama Ben Laden était un « combattant de la liberté » face à l'armée soviétique ; aujourd'hui, c'est le terroriste n° 1 au hit-parade des Etats-Unis. En décembre 1998 encore, le Département d'Etat américain qualifiait l'Armée de Libération du Kosovo (UCK) de « groupe terroriste » ; trois mois plus tard, voilà la même UCK composée de « héros combattant la barbarie serbe », tandis que sur le terrain, l'OTAN lui sert de facto de force aérienne. Plus fort encore et plus récent : le 27 juin 2001, le président Bush signe un décret contenant une liste d'individus pratiquant la « violence extrémiste dans la Macédoine ex-yougoslave et autres secteurs des Balkans occidentaux ». L'action de ces individus, dit le décret, présente une « menace extraordinaire pour la sécurité et la politique étrangère des Etats-Unis ». Suite à ce décret, les fonds appartenant aux individus et groupes ainsi dénoncés sont gelés aux Etats-Unis même, et toute quête ou mouvement de fonds en leur faveur sont désormais interdits en Amérique. Au sommet de la liste, un dénommé Ali Ahmeti, né le 4 janvier 1959 à Kicevo, Macédoine, et chef militaire de l'UCK (Armée de libération nationale) albano-macédonienne, sœur jumelle de l'UCK du Kosovo. Notons qu'un mois plus tôt, Lord George Robertson, le secrétaire général de l'OTAN, définissait cette même UCK-Macédoine comme une « bande d'assassins occupés à détruire la démocratie en Macédoine ». Violence extrémiste... Assassins... Paroles, paroles : dès la fin août 2001, l'OTAN contraint le président macédonien Boris Trajkovski à signer un accord avec la même UCK — brutalement revenue en grâce et désormais considérée comme un interlocuteur parfaitement distingué.

Enfin et un peu plus loin à l'est : un guérillero Kurde est-il un « *freedom fighter* » en Irak quand il affronte les soldats de Saddam Hussein, le même homme devenant un terroriste lorsqu'il passe la frontière turque et tire sur des militaires d'une armée de l'OTAN ?

Ce flou dans la définition du terme — on peut même parler d'incohérence — finit par plonger les analystes américains dans la confusion : dans le numéro d'avril 1997 de la revue américaine *Security management*, l'expert Larry Johnson développe ainsi le thème de la fin du terrorisme, tandis qu'un autre spécialiste, Stefan Leader, s'alarme, lui, de sa montée en puissance. En réalité ces deux analyses sont *statiques*, chacune s'obnubilant sur une face de la même pièce (déclin des terrorismes de la Guerre froide / montée des nouvelles menaces), sans voir que l'autre existe et sans saisir la logique de « vase communicant » qui provoque et explique les deux mouvements croisés.

De ce fait, la plupart des rapports de commissions d'experts ne peuvent être que médiocres. Ne *dévoilant* pas la menace, n'indiquant ni sa nature, ni son ampleur, ni sa proximité, ils se contentent d'abord d'une minimale génuflexion devant la pensée unique, puis retournent au confort du toujours plus — plus de technique, plus de juridique. Un bon exemple de cette pauvreté d'analyse, de cette absence de dévoilement du danger réel se trouve dans *Countering the changing threat of international terrorism,* document publié fin août 2000. Il s'agit du travail d'une commission nationale sur le terrorisme mandatée par le Congrès des Etats-Unis. La synthèse de six mois d'auditions, d'entretiens et d'enquêtes. Un document intellectuellement pauvre — mais justement intéressant dans sa façon de l'être. Que relève-t-on en effet à sa lecture ?

— Ignorance du changement d'ordre mondial.

— Aucune distinction entre les changements de *nature* de ceux de *degrés*.

— Vision du terrorisme abstraite, lointaine, confuse.

— Conception purement pragmatique, tactique et immédiate de la lutte anti-terroriste, ne voyant que les dangers manifestes, majeurs, avérés.

— Aucune réflexion stratégique ou simplement autocritique (Ben Laden : aurions-nous par hasard réchauffé une vipère dans notre sein...).

— Aucun intérêt manifesté pour les terroristes eux-mêmes, leurs organisations, l'univers où ils évoluent (ce qui revient à former un diagnostic sans avoir ausculté le malade, ni ordonné le moindre examen radiologique ou biologique) ; juste au passage une réflexion pincée sur ces étrangers parlant des idiomes compliqués, mais hélas pas l'anglais...

— Focalisation sur des individus (Ben Laden), ou sur des « menaces » suscitées par le continuum lobbies-médias (NBC, cyberterrorisme), pour le sensationnel ou les profits.

— Désintérêt en revanche total pour ce qu'on trouve derrière le même Ben Laden (Salafiya, Ikhwan, « réseaux des milliardaires », etc.).

— Culte de la technologie (ordinateurs, technologies de la communication).

— Obsession sur le renseignement comme arme anti-terroriste, mais sans mode d'emploi (tout sur *regarder* mais rien sur *où* regarder et *qui* regarder). Rien non plus sur la *nature* même des services de renseignements (pourtant encore très marqués par la Guerre froide).

Les recommandations maintenant ? Elles relèvent d'une médecine purement symptomatique, pas le moins du monde étiologique. Du prévisible, du purement réactif et des poncifs :

— Forger des lois nouvelles.

— Moderniser la quincaillerie.

— Rendre plus flexible la bureaucratie fédérale.

Au total : des lois, un système, des technologies encore plus lourds. Surtout, une incapacité certaine à imaginer même l'univers de l'improgrammable, de l'incalculable, de ce qui, selon Martin Heidegger, « ne se laisse pas retenir dans une thématisation ».

Troisième conséquence : une difficulté concrète à désigner l'ennemi : est-ce Oussama Ben Laden et al-Qaïda ? Ou les Talibans ?

S'appuyant sur un socle aussi fragile, le gouvernement des Etats-Unis ne peut qu'éprouver de réelles difficultés, même à désigner l'ennemi. Jusqu'à la fin de l'année 1995 — et de l'aveu même de l'homme qui était à l'époque ambassadeur des Etats-Unis à Khartoum — l'indifférence de l'administration Clinton pour Oussama Ben Laden (qui vit alors au Soudan) est totale. Pas une fois, le cas Ben Laden n'est évoqué entre l'ambassadeur et des dirigeants islamistes soudanais. Six ans plus tard, al-Qaïda attaque les Etats-Unis même. Le lendemain du 11 septembre, le vice-président des Etats-Unis, Dick Cheney, déclare alors : « ce que nous allons faire, c'est rechercher aussi agressivement que possible M. Ben Laden et tous ses complices ». Mais le 8 novembre 2001, le général Tommy Franks, commandant en chef du « *central command* » de l'armée US — et qui dirige donc à ce titre la guerre contre le terrorisme —, dit à l'inverse « Nous n'avons pas dit qu'Oussama Ben Laden est une cible de l'action entreprise. Ce que nous cherchons, c'est la destruction du réseau al-Qaïda et des Talibans. »

ACTUALITÉ, LES SIGNES AVANT-COUREURS ET L'AVEUGLEMENT

« La prochaine fois, ce sera très précis et le World Trade Center continuera d'être une de nos cibles aux Etats-Unis, si nos demandes ne sont pas satisfaites. »
(Nidal Ayyad, militant islamiste, lors de son procès à New York en février 1993 [1].)
« Pour chacun d'entre nous blessé ou tué dans cette lâche attaque, au moins cent Américains seront tués. Je serai peut-être mort quand ça se produira, mais souvenez-vous de mes paroles. »
(Un moudjahid du Harakatul Mujahideen blessé dans le bombardement par missiles de croisière du camp d'entraînement terroriste de Khost, en Afghanistan après les attentats visant les ambassades américaines en Afrique, août 1998 [2].)

Cet appauvrissement de la pensée sur le terrorisme — cet oubli même de la menace immédiate et concrète durant la parenthèse historique 1989-2001 — est d'autant plus étonnant que le désordre mondial s'installe durant ces mêmes années, alors que se multiplient les avertissements prémonitoires, les signes précurseurs ; tout un ensemble d'actes et d'événements révélant l'émergence d'un terrorisme nouveau, infiniment plus sanguinaire, plus chaotique et plus sauvage que celui de la Guerre froide. Voici quelques-uns de ces signes :

Nouveaux terrorismes et « basse-technologie »

Février 1993 à New York. Une voiture piégée explose sous le World Trade Center : un cratère de 50 mètres de haut. 6 morts, plus de 1 000 blessés et

---

1. *United States of America vs Mohammad A. Salameh & al.,* S593CR.180 (KTD). Voir aussi *Summation Statement of Henry J. DePippo, Prosecutor, USA vs Muhammad A. Salameh & al.,* S593CR.180 (KTD), 16 février 1994, pp. 8479-8484.
2. *News*, (quotidien pakistanais), 7/03/1999.

630 millions d'euros de dégâts. Cet attentat marque l'apparition d'un terrorisme nouveau. Finies les organisations permanentes et hiérarchisées. Place aux petits noyaux flous, temporaires, mobiles, fanatisés. Et résolument « *lotech* » : la bombe qui ravage le World Trade Center a coûté moins de 3 000 euros. Elle est bricolée à partir d'éléments achetés dans un supermarché.

Terrorismes hybrides, brutaux et sanguinaires

— *Mars 1993*, Bombay, Inde : voitures, motos et valises piégées explosent le même jour, à midi, dans le quartier des affaires. Une hécatombe : 320 morts, 1 200 blessés. Or les auteurs du carnage ne sont pas des terroristes « classiques » mais des gangsters locaux, aux ordres d'un « parrain » recruté par des agents pakistanais pour venger les massacres de musulmans au Cachemire. Signe éclatant que la frontière entre terrorisme et banditisme est de plus en plus floue et qu'existent, à mi-chemin, des entités hybrides nouvelles, mal connues des services spéciaux.

— *Avril 1995*. L'attentat-massacre d'Oklahoma City (168 morts) révèle la vulnérabilité du cœur même des Etats-Unis. En effet, face à la violence aveugle de noyaux terroristes aux motivations irrationnelles, à quoi bon les porte-avions, les cuirassés, le dispositif de guerre des étoiles, les flottes aériennes ? Et même les satellites-espions ?

— *Roubaix, fin 1995-début 1996*. Le nord de la France connaît plusieurs vols à main armée sanglants, brouillons, d'un grand amateurisme. Les auteurs sont de jeunes Français convertis à l'islam, associés à des « beurs » réislamisés. Leurs « braquages » financent la cause islamiste, notamment le jihad bosniaque. Les mentors des « gangsterroristes » de Roubaix sont des imams extrémistes de Bosnie, proches de la Jama'a islamiya égyptienne — aujourd'hui incluse dans la nébuleuse Ben Laden.

« Bombes humaines » à bord d'avions de ligne

— En *décembre 1994*, quatre moudjahidines du Groupe islamique armé détournent à Alger un Airbus d'Air-France, avec 283 passagers à bord. Leur objectif : faire sauter l'avion sur Paris, ou le précipiter sur l'un des grands monuments de la capitale. Un scénario précisément de type World Trade Center. Mais lors d'une escale à Marseille, le GIGN, unité spéciale de la gendarmerie nationale, donne l'assaut et abat les quatre terroristes.

Un précurseur du 11 septembre 2001 : l'« Opération Bojinka »

Imaginé et mis sur pied par Ramzi Youssef (concepteur et maître d'œuvre du premier attentat visant le World Trade Center de New York en février 1993) ce plan est découvert en janvier 1995, à Manille, Philippines. Il s'agit de faire exploser 11 avions de ligne appartenant à de grandes compagnies américaines (United Airlines, Northwest, Delta) et reliant l'Asie à la Californie, donc survolant le Pacifique. Victimes prévues : quatre mille morts en quarante-huit heures.

Le 5 janvier 1995, un incendie éclate dans un appartement loué par un certain « Naji Haddad [1] » dans le quartier Donna Josepha de Manille. L'appartement est occupé par deux Pakistanais : Ramzi Youssef et Abdul Hakim Murad. Ils manipulent des explosifs dans leur cuisine lorsque le mélange s'enflamme. Une épaisse fumée envahit l'immeuble. Les deux hommes s'enfuient avant l'arrivée des pompiers et se réfugient dans un bar Karaoke du quartier. La nuit venue, Ramzi Youssef envoie Murad chercher les documents compromettants laissés sur place. Ce dernier est arrêté par une souricière de la police. Sur-le-champ, Ramzi Youssef fuit les Philippines pour le Pakistan.

---

1. Il s'agit en fait d'une des fausses identités utilisées par Ramzi Youssef.

Sur l'ordinateur portable de Ramzi Youssef, la police découvre un complot terroriste sans précédent : « l'opération *Bojinka* ».

Moyens : 11 bombes à « assembler » et à équiper de minuteurs ; 11 avions de ligne gros porteurs reliant l'Asie à l'Amérique et faisant escale en Asie ; 5 hommes.

Pour cette opération, Ramzi Youssef a conçu une bombe quasi indétectable, portable en toute discrétion dans un avion de ligne. Ainsi, ses éléments sont-ils assemblés après le décollage. L'explosif est un dérivé de la nitroglycérine (un gel stable-TNT liquide) que Ramzi Youssef sait fabriquer. Il en emplit un flacon censé contenir une solution pour lentilles de contact. Dans l'avion, il associe après le décollage la nitroglycérine à un autre explosif extrêmement puissant et équipe le tout d'un minuteur fabriqué avec une montre à affichage digital.

En décembre 1994, Ramzi Youssef teste sa bombe dans des conditions réelles lors d'un essai grandeur nature. Le 11 décembre 1994, une bombe explose dans un gros porteur de Philippines Airlines reliant Manille à Tokyo *via* Cebu.

Peu auparavant, Ramzi Youssef a pris un billet (au nom d'Amaldo Forlani) pour Cebu. Après le décollage, Youssef assemble la bombe et la place sous son siège en classe économique. A Cebu, Youssef quitte tranquillement l'appareil et reprend un vol pour Manille. L'avion repart pour Tokyo, la bombe explose en plein vol. Un passager japonais est tué, 10 autres blessés — mais l'avion parvient à se poser en catastrophe à Okinawa. Peu après l'attentat, est revendiqué par le groupe Abou Sayyaf.

L'opération Bojinka elle-même

Chaque terroriste a sa mission précise, dotée d'un nom de code : il doit introduire une bombe dans deux (ou trois) avions en vingt-quatre heures. Les bombes doivent exploser au-dessus du Pacifique en quarante-huit heures.

La mission accomplie, les terroristes doivent rejoindre Karachi, au Pakistan.

— Mission *Mirqas* (2 bombes) : un terroriste prend un vol Manille / Los Angeles, dépose sa bombe et quitte l'avion à l'escale de Séoul (la bombe explose plus tard au-dessus du Pacifique) ; à Séoul, il reprend un vol Séoul / Bangkok, laisse la bombe dans l'avion et descend à Taipei ; la bombe explose peu après au-dessus de la Chine. A Taipei il reprend un vol pour Singapour, puis pour Karachi.

— Mission *Markoa* (2 bombes) : un terroriste prend un vol Manille / Chicago, dépose sa bombe et quitte l'avion à Tokyo (la bombe explose plus tard, au-dessus du Pacifique) ; à Tokyo il reprend un vol Tokyo / New York, laisse la bombe dans l'avion et descend à Hong Kong où il reprend un vol pour Singapour, puis pour Karachi.

— Mission *Obaid* (2 bombes) : un terroriste prend un vol Singapour / Los Angeles, dépose sa bombe et quitte l'avion à l'escale de Hong Kong (la bombe explose plus tard au-dessus du Pacifique) ; à Hong Kong, il reprend un vol Hong Kong / Singapour, laisse la bombe dans l'avion et descend à Singapour. La bombe explose après que l'avion est reparti pour Hong Kong. A Singapour, il prend un vol pour Karachi.

— Mission *Majbos* (2 bombes) : un terroriste prend un vol Taipei / Los Angeles, dépose sa bombe et quitte l'avion à l'escale de Tokyo (la bombe explose plus tard au-dessus du Pacifique) ; à Tokyo, il reprend un vol Tokyo / New York, laisse la bombe dans l'avion et descend à Hong Kong. Là, il reprend un vol pour Singapour, puis pour Karachi.

— Mission *Zyed* (3 bombes) : un terroriste prend un vol Bangkok / Los Angeles, dépose sa bombe et quitte l'avion à Tokyo (la bombe explose plus tard près de Los Angeles) ; à Tokyo il reprend un vol Tokyo / Taipei, laisse la bombe dans l'avion et descend à Séoul ; à Séoul, il embarque sur un vol Séoul / Bangkok et laisse une nouvelle bombe dans l'avion... Après quoi, il reprend un vol pour Singapour, puis pour Karachi.

Parmi les cinq terroristes :
Ramzi Youssef, pakistanais, 27 ans (en 1995). Le « cerveau » de l'attentat contre le World Trade Center (WTC) en 1993. Arrêté en février 1995 au Pakistan. Extradé vers les Etats-Unis. Condamné à la prison à perpétuité aux Etats-Unis, suite à un procès tenu à la fin 1996.
Abdul Hakim Mourad, pakistanais. Arrêté en janvier 1995 à Manille. Extradé vers les Etats-Unis en avril 1995.
Wali Khan Amin Shah (alias Asmoraï), irakien (?). Toujours en fuite. Sa tête est mise à prix 2 millions de dollars aux Etats-Unis.
Adel Anoon, pakistanais, voyage avec un passeport irakien.
Le cinquième homme est le frère de Ramzi Youssef. Arrêté en décembre 1995 à Manille.

Ce même mois, l'arrestation d'Abdel Hakim Murad et les perquisitions effectuées à l'appartement de Donna Josepha, permettent à la police d'arrêter quinze « Afghans » liés à Ramzi Youssef et à Cheikh Omar Abdelahman (guide spirituel de la Jama'a islamiya, condamné à perpétuité aux Etats-Unis, notamment pour son implication dans le premier attentat visant le World Trade Center). Ces hommes sont Pakistanais, Irakiens, Soudanais ou Saoudiens. Leur chef est Mohammad Anees, Pakistanais (arrêté en décembre 1995 à Manille).
Sur l'ordinateur de Ramzi Youssef, d'autres projets d'attentats sont découverts, dont deux de type « Bojinka » ou 11 septembre 2001 ; ils devaient être exécutés dans les premiers mois de l'année 1995 :
— Attentats à la bombe simultanés contre deux Boeing 747, l'un arrivant de New York et l'autre de Singapour, au-dessus de l'aéroport Kaï Tak de Hong Kong. Mêmes types de bombes que dans l'opération *Bojinka*.

— Un jeune Pakistanais disposant d'un brevet de pilotage devait s'écraser avec un avion de tourisme sur le quartier général de la CIA, près de Washington.

Fanatisme. Motivations irrationnelles — au moins pour qui vit dans un Etat de droit. Volonté de massacre. Fascination pour l'avion de ligne en tant qu'arme de guerre. Hybridations, *lo-tech* et nature protoplasmique : toutes les composantes de l'attaque du 11 septembre ne sont-elles pas réunies ?

DE LA CATASTROPHE À LA TRAGÉDIE

Voici donc pourquoi la première grande attaque de la guerre terroriste n'a pas été prévue. Tout au long de la parenthèse historique 1989-2001, dans un contexte toujours plus menaçant, alors que se multiplient les signes prémonitoires, une CIA myope et bureaucratisée finit par ne plus pouvoir collecter du renseignement vraiment opérationnel. Un appareil de défense obnubilé par le virtuel et le technologique perd peu à peu contact avec le réel. Nées dans la société américaine, la bienséance et la *political correctness* finissent par infecter le continuum renseignement-défense et par l'engourdir. La classe politique finit par se faire du terrorisme une idée confuse et trouble, par l'oublier en tant que menace grave et immédiate « *clear and present danger* ». Partant de là, tout va très vite :

— Sans s'en apercevoir, l'Amérique a d'abord perdu sa capacité à déceler les menaces de façon précoce, ce qui lui interdit de les prévenir ou de les déjouer.

— Sans soupçonner les conséquences d'une telle négligence, l'Amérique a encore perdu sa capacité de s'informer et d'agir sur le terrain afghan, comme dans la famille régnante d'Arabie saoudite, les al-Saoud.

— A la veille d'une guerre terroriste qu'elle n'imagine même pas, le gouvernement américain a enfin perdu ce fondamental privilège du souverain : désigner l'ennemi. Qui est-il vraiment cet ennemi ? D'où un flottement persistant dès la guerre survenue : l'Amérique combat-elle un individu (Oussama Ben Laden) ? Un protoplasme (l'entité nommée al-Qaïda) ? Une vague confédération de bandes guerrières pashtounes présentée comme le gouvernement d'un Etat-nation (les Talibans) ?

Toutes les conditions permettant le drame sont maintenant réunies. Il ne lui reste plus qu'à survenir, le 11 septembre 2001, alors que débute une belle matinée de début d'automne.

A la fin de notre introduction, nous affirmions que l'attaque du 11 septembre n'était pas une *catastrophe*, mais une *tragédie*. En effet, une catastrophe est un événement désastreux, inopiné, involontaire, imprévisible. Au contraire, la tragédie découle des actes (volontaires ou non) accomplis par un ou plusieurs individus. Le déroulement tragique dépend de ce qu'il, ou ils, ont fait ou négligé de faire ; de ce qu'ils ont vu ou refusé de voir ; de ce qu'ils ont pris en compte ou laissé de côté. Leur destin tragique est le fruit de leurs passions ou de leurs aveuglements. Ce destin inspire la pitié ou la terreur. Oui, dans tous les sens du terme, l'attaque terroriste du 11 septembre, qui met fin à la parenthèse historique 1989-2001, est bien une tragédie.

Cette attaque marque également le début d'un nouveau type de guerre. Après les guerres de religions, les guerres nationales, voici le premier épisode de la guerre terroriste ou criminelle. D'abord : quels en sont les combattants ?

4

Les forces en présence

A la fin de l'année 2001, le premier épisode de la guerre terroriste oppose principalement deux ensembles totalement hétérogènes : d'un côté l'appareil de défense américain, organisé, hiérarchisé et au service d'un Etat-nation ; de l'autre une entité protoplasmique et à proprement parler amorphe, composée du réseau al-Qaïda et de ce qui gravite dans son orbite. Certes, ce conflit d'un type nouveau opposera peut-être demain des adversaires différents. Il n'empêche : les forces en présence sont aujourd'hui celles-là et il convient d'abord de les présenter et de les définir. C'est l'objet de ce chapitre.

LES ÉTATS-UNIS D'AMÉRIQUE, UNE RÉPUBLIQUE

Atouts [1]

Pour l'année 2002, le budget de la défense des Etats-Unis sera (hors annexes au titre d'autres ministères, mais contribuant à l'ensemble défense) de ± 360 milliards d'euros, en augmentation de 7 % sur 2001, soit 3 % de son PIB. Là-dedans, 34 milliards d'euros pour le renseignement. En 2000, le budget militaire de la Russie oscillait entre 45 et 72 milliards d'euros ; celui de la Chine était de 41 milliards d'euros.

Sur la terre, la supériorité militaire des Etats-Unis est écrasante, surtout dans le domaine aérien. Sa technologie, sa logistique sont inégalées. L'armée dispose en Amérique même de 64 000 kilomètres carrés de territoire propre (la Belgique fait 30 500 km²). Elle compte 1,4 million de militaires en service actif, 1,3 million de Garde nationale et de réserves, 672 000 civils. L'armée des Etats-Unis possède 250 000 véhicules, 15 000 aéronefs, 1 000 vaisseaux de haute mer et 150 satellites. En décembre 2000, cette armée déployait 263 000 hommes à l'étranger : 50 000 à bord de navires, le reste dans 138 pays, en majorité dans d'importantes bases en Allemagne, au Japon et en Corée du Sud.

La guerre terroriste actuelle coûte aux Etats-Unis 1,4 milliard d'euros par mois (en sus du budget ordinaire de temps de paix). A ce jour, le Congrès a approuvé pour cette guerre un budget de 45 milliards d'euros, dont la moitié pour les opérations militaires proprement dites ; le reste pour réparer les dégâts causés à New York et Washington, secourir les victimes, etc. Rappelons que la guerre du Golfe coûta 68 milliards d'euros.

---

1. Lire notamment : « The new american way of war », *New York review of books*, juillet 2000 et « Peace is hell », *The Atlantic Monthly*, octobre 2001.

Handicaps

Colossale, la puissance militaire américaine est de conception classique (c'est-à-dire configurée durant la Guerre froide) et repose surtout sur une technologie hors pair. De façon claire, mais peu étonnante, elle est en revanche mal à l'aise face à un ennemi sans adresse. L'Etat-voyou, passe encore — Kadhafi, Noriega, Saddam Hussein, Milosevic avaient une adresse — mais le voyou sans Etat ? Notons que les stratèges de Washington sont conscients de cette faiblesse : le 25 juin 1997, le général Bob Dees, alors directeur délégué à la planification opérationnelle à l'état-major interarmes [1], présentait un texte de prospective « Joint vision 2010 / the concept for future operations ». Voilà ce qu'il disait déjà : « Quand je parle de menaces [*threats*], je n'évoque pas forcément celles d'hier, avant ou durant la Guerre froide, mais aussi les menaces asymétriques : éléments criminels équipés d'armes de destruction massive, mélangeant concepts terroristes archaïques et outils technologiques de l'ère de l'information. Ces menaces asymétriques sont très dangereuses et nous devrons nous en soucier sérieusement à l'avenir. C'est face à de telles menaces, à l'œuvre sur un registre très étendu, qu'il nous faut placer nos forces. » En janvier 2001 encore, une commission du Pentagone définit le terrorisme comme une menace majeure pour l'armée américaine — et plus généralement, comme un risque grandissant pour l'Amérique, à l'étranger bien sûr, mais aussi sur son sol même.

Oui mais insistons : avoir conscience d'un problème n'est pas forcément savoir le résoudre. Sur la voie de la résolution du problème — adapter l'outil militaire US aux « menaces asymétriques » — plusieurs redoutables obstacles. Le premier est psychologique et concerne d'ailleurs

---

1. « Acting director of operational plans and interoperability on the joint staff. »

toute élite dirigeante — ici, en l'espèce, l'élite militaire des Etats-Unis.

Dans l'ensemble des Etats-nations fonctionnels, l'Etat — surtout dans ses activités régaliennes — tolère mal le regard critique extérieur, que ce soit sur ses analyses ou sur ses entreprises. Ce regard extérieur étant ici d'autant plus utile que défense et renseignement relèvent de l'activité d'humains, non de robots. C'est là qu'entre en scène le concept de *dissonance cognitive*. En français usuel, la *dissonance cognitive* c'est la difficulté qu'éprouve tout homme — surtout dans sa maturité, quand il exerce des responsabilités importantes — à voir les changements s'opérant dans le réel des choses ; la peine qu'il ressent à admettre ses torts. Même fort intelligent, fort expérimenté, l'être humain peine, à concevoir, imaginer, des esprits, des individus, très différents de lui-même. Ici par exemple, à pénétrer dans une culture terroriste.

Ainsi, les hauts responsables de la défense de l'Etat ont souvent une tendance inconsciente à voir des terroristes, des criminels, pensant et réagissant comme eux-mêmes. Ils n'imaginent pas combien ces terroristes, ces mafieux, vivent dans un autre univers. Sans effort intense d'imagination — car ce n'est pas d'intelligence, mais bien d'imagination, qu'il s'agit ici — ces individus sont pour eux quasi indéchiffrables. Bref : ces responsables ont d'énormes difficultés — insistons, c'est normal, il ne saurait en être autrement — à entrer dans la peau de ceux qu'ils doivent combattre.

Parfois — là c'est plus gênant — on a aussi le sentiment que, ce qu'est cet autre, ils ne veulent pas le savoir. Et que, passant d'un extrême à l'autre, ils nient l'humanité même de ceux qui les défient ou les attaquent. C'est ainsi que pendant la parenthèse historique 1989-2001, des experts militaires américains vont, de façon fort darwinienne, jusqu'à comparer les guérillas et réseaux terroristes à des « hommes de Neandertal », sub-humains — et bien sûr voués à disparaître devant « homo sapiens » (entendre, l'armée américaine).

Souvent dans l'histoire récente des Etats-Unis, des décisions importantes furent ainsi prises, des lois furent votées, sur la base d'idées reçues, de croyances, de malentendus ou d'illusions.

Second obstacle, technologique celui-là : le *Hi-tech* militaire ne convient pas aux conflits chaotiques, ne permet pas de parer aux menaces asymétriques — types de conflits pour lesquels et de longue date, la défense américaine n'éprouve d'ailleurs nul appétit. En effet, depuis la fin de la Seconde Guerre mondiale et les premières guerres de guérilla, l'aristocratie du Pentagone (hauts gradés et états-majors) a constamment renâclé devant les conflits à basse intensité, qualifiés avec mépris de « menaces molles » pour la sécurité de l'Amérique[1]. Rien n'y a fait, ni l'insistance des politiques (comme J. F. Kennedy, voir *infra*, p. 175), ni les efforts de militaires non conformistes. Deux exemples suffiront à montrer l'inadaptation du *Hi-tech*, chouchou financier et médiatique du Pentagone, aux guerres terroristes ou criminelles.

Hi-tech militaire et guerre du Kosovo

Commençons par citer un peu longuement un merveilleux article publié en septembre 2000 dans la *New York Review of Books* sous le titre « Kosovo : was it worth it ? ». Un monument d'ironie glaciale signé Timothy Garton Ash.

> « Climat, ruse paysanne et leurres grossiers ont mystifié les armements *Hi-tech* de l'OTAN (payés des milliards de dollars) censés repérer et détruire les blindés serbes au Kosovo. On comprit vite que les bombes guidées au laser "voient" mal à travers les

---

1. Lire à ce propos *Learning from conflict : the US military in Vietnam, El Salvador and the drug war*, Westport CT, Praeger publishers, 1998.

nuages. Or au Kosovo, le printemps est nuageux. Des missiles de croisière d'avant-garde savent cibler les radars des batteries anti-aériennes ? Les Serbes branchent leurs radars deux secondes pour les éteindre aussitôt et les pauvres missiles, tout désorientés, s'égarent jusqu'en Bulgarie. On en retrouva un dans des toilettes, à Sofia. Les Serbes construisent de faux ponts en plastique — l'OTAN les détruit *illico*. Les Serbes disposent dans la nature des poêles au tuyau simulant l'affût d'un canon ? L'OTAN les frappe avec une exquise précision. Les Serbes placent des bûches peinturlurées à l'arrière de simples camions ? L'OTAN se rue dessus... On n'ose songer aux vies sauvées en Afrique avec l'argent gaspillé à de telles sottises. La guerre finie, l'OTAN prétendit avoir détruit 120 tanks serbes, 220 véhicules blindés de transport de troupes et 45 pièces d'artillerie. Mais selon un rapport de l'US Air Force, elle n'a détruit à coup sûr que 14 chars, 18 véhicules et 20 canons. »

Hi-tech militaire et « guerre à la drogue »

En juin 1996, une longue enquête du *Los Angeles Times*[1] révélait que depuis 1990, le seul Pentagone avait dépensé 6 milliards d'euros à édifier et entretenir une « barrière électronique *Hi-tech* » à hauteur de l'Amérique centrale, pour interdire l'afflux par voie aérienne des stupéfiants au nord du continent. Une barrière cruciale : pour la Drug Enforcement Administration américaine (DEA), 70 % de la cocaïne latino-américaine (à 95 % destinée au marché nord-américain) traverse le Mexique.

Cette « barrière » intégrait radars ionosphériques[2]

---

1. « Cocaïne traffic to US finds holes in Hi-tech fence », *Los Angeles Times*, 9/06/96.

2. Les radars ROTHR (relocatable over the horizon radars) sont installés à Chesapeake (Virginie) et Kingsville (Texas) Ils ont coûté 137 millions d'euros à construire et balayent 2 500 km d'espace aérien, 24 heures sur 24, quel que soit le temps ou l'altitude de l'aéronef, au sud de la frontière mexicaine et dans les Caraïbes.

(1 200 euros pièce, l'heure de fonctionnement), satellites-espions, radars de marine, AWACS et avions-espions P3 Orion — même un sous-marin nucléaire d'attaque de la flotte du Pacifique (coût, 1 milliard d'euros). Cependant, la disponibilité, la pureté et le prix de la cocaïne n'ont pas diminué aux Etats-Unis. Or l'efficacité d'une telle barrière se mesure objectivement : pour qu'elle soit efficace (selon la banale loi économique de l'offre et de la demande) il faut et il suffit que les narcotiques ciblés soient significativement plus chers et plus rares *après* son installation qu'*avant*. Or c'est l'inverse qui s'est produit :

Prix de détail moyen d'1 g de cocaïne aux Etats-Unis (en monnaie constante) :

En 1982 : ± 400 euros

En 2000 : moins de 100 euros

Le tonnage de cocaïne disponible sur le marché américain étant en 1996, au minimum analogue, sans doute supérieur, à ce qu'il était en 1982.

En Afghanistan et en 2001, on en est toujours au même point, ou presque. Pour bombarder de nuit les moudjahidines cachés dans des grottes, l'aviation américaine use de systèmes d'imagerie thermique sophistiqués. Les islamistes, eux, placent un troupeau de moutons dans une première caverne. Et se réfugient dans la seconde, après avoir placé des draps trempés d'eau glacée sur les trous d'aération, rendant ainsi quasi imperceptibles les émissions de chaleur. Résultat : un très coûteux carnage d'ovins [1]...

Un dernier obstacle à l'adaptation de l'outil militaire US aux « menaces asymétriques » est l'enfermement physique de l'armée américaine à l'étranger dans des bases toujours plus impénétrables, au nom de la doctrine dite de « force de protection », face passive de celle du « zéro mort ». Après les graves attaques visant les militaires américains dans la péninsule arabique (Khobar, Arabie saou-

---

1. Voir « Une garde prétorienne affûtée », *Courrier international*, 22/11/01.

dite, juin 1996, 19 morts ; Aden, Yémen, octobre 2000 attaque du destroyer *USS Cole*, 17 morts), le Pentagone a conçu une phobie des attentats et consigné ses troupes dans d'impénétrables bastions. Physiquement enfermée, l'armée américaine se condamnait ainsi à l'isolement intellectuel — voire à l'autisme. Une disposition d'esprit qui n'est pas la meilleure pour concevoir une nouvelle stratégie de sécurité nationale, ni pour imaginer des parades militaires offensives au terrorisme.

BEN LADEN ET AL-QAÏDA, L'ESSENCE DU TERRORISME

Impossible d'imaginer ennemis plus étrangers l'un à l'autre que la défense américaine et la nébuleuse al-Qaïda.

D'un côté, une *mécanique* : une gigantesque organisation, hiérarchisée, nationale, rigidement et logiquement structurée, statique. Dotée d'un colossal arsenal conventionnel et nucléaire, cette machine est conçue selon les canons séculaires de la guerre à l'européenne (troupes en uniformes, port des armes apparentes, respect (au moins théorique) des lois et conventions sur la guerre, etc. Avant le 11 septembre, cet ensemble est plutôt englué dans la routine technologique et prisonnier d'une « culture des situations moyennes ».

De l'autre, une *entité biologique* : un protoplasme flexible, amorphe, mobile, nomade, transnational (mondialisé, même) et déterritorialisé, dynamique et imprévisible. Une entité privée de directions générales, départements et états-majors, mais dotée en revanche de pseudopodes, de satellites, d'affidés, de tout un ensemble de groupes ou d'individus, eux-mêmes peu ou pas structurés — en tout cas, pas à l'occidentale.

Protoplasme à vrai dire anonyme : le qualificatif al-Qaïda pour désigner l'ensemble des réseaux ayant fait, tout ou partie, à plein temps ou partiellement, obédience à Oussama Ben Laden est une pure et simple invention de la justice américaine, qui ne pouvait poursuivre une entité anonyme. C'est ainsi qu'un terme générique « la base », comme un sportif dirait « le vestiaire » ou un syndicaliste « le local », est abusivement devenu un nom de marque. Preuve de la réalité du tour de passe-passe : les experts présents sur le terrain afghan à la fin novembre 2001 et qui étudient de près les documents trouvés dans les bases de... « la base », trouvent parfois le terme « al-Qaïda » désignant un noyau activiste-terroriste parmi d'autres — mais qui jamais ne qualifie une superstructure d'ensemble — d'autres documents pourtant stratégiques ne mentionnant tout simplement pas « al-Qaïda ».

Comment *vit* cet innommé protozoaire terroriste ? L'entité connue sous le nom d'al-Qaïda — que nous nommons ensuite al-Qaïda par commodité — est une fraternité, une confédération d'entités grandes et petites, toutes fanatiquement sunnites, unies par une commune « culture » du jihad et du martyre. La commune vue du monde de ces entités est tribale, médiévale, absolutiste et messianique. Ses cadres et dirigeants sont (au sens strict du terme) *aguerris* par des années passées dans les divers jihad du globe (Afghanistan, Cachemire, Tchétchénie, Bosnie, sud des Philippines, etc.) ; des années de clandestinité, de pratique du terrorisme. Nombre de ces cadres ont expérimenté la prison et la torture. Tous possèdent une capacité poussée de conspiration, une science consommée du silence et du secret. Le noyau central de cet ensemble est capable d'audace et d'imagination ; il peut déployer une « pensée des grandes circonstances ».

Pour les meilleurs experts, ce système primitif donc efficace — car rustique et indécelable par voie de *Hi-tech* — est un savant mélange d'ancien et de moderne (que l'on retrouve par ailleurs dans des structures mafieuses comme les Triades ou Cosa Nostra). Les « satellites » ou groupes coordonnés sont les « franchises commerciales » du centre (le moderne) ; les chefs de ces entités périphériques étant liés au centre par un fort médiéval serment d'allégeance (*bayat*).

Le « franchiseur » (al-Qaïda) apporte fonds et logistique à des groupes constitués et implantés de par le monde, reconnaissant la suzeraineté d'Oussama Ben Laden et suivant ses directives générales. Les experts estiment que la cellule de Mohamed Atta (qui pourrait avoir été le « cerveau » des attaques du 11 septembre) a fonctionné ainsi, comme « franchise » d'al-Qaïda, en une opération dont Atta avait sans doute l'initiative. Un tel système permet au noyau central de conduire simultanément et de façon cloisonnée plusieurs opérations majeures, d'avoir plusieurs fers au feu ; de pousser ici, de ralentir là, suivant un calendrier conçu en fonction d'impératifs politiques ou médiatiques.

L'idéologie d'al-Qaïda

Al-Qaïda est une entité salafiste. Dans ses structures, la Salafiya n'a rien à voir avec une multinationale, ni avec une « internationale » comme le Komintern. C'est un ensemble flou regroupant dans la souplesse, à travers pays et continents, des réseaux d'hommes de toutes provenances (certains violents, d'autres, non) partageant la même foi et luttant, parfois jusqu'au sacrifice de leur vie, pour restaurer l'islam chimiquement pur des origines. Pour ses fidèles, la *salafi dawa* (la prédication salafiste) est pure et parfaite. Elle seule est capable d'unifier toute l'*oumma* sur la base d'une adhésion littérale au Coran et à la *sunna* (la tradition), telle qu'elle fut transmise par « Salaf as-Salihin », ces pieux ancêtres dont il faut suivre la juste voie. La *salafi dawa* repose sur trois principes fondamentaux :

Tawhid : absolue unicité de Dieu, exigence formelle du monothéisme,

Tazkiya : purification permanente de l'âme par l'adhésion absolue aux commandements de Dieu : impératif de l'intégrité, de la droiture, de la justice, horreur de la corruption et de l'hypocrisie,

Ittiba : nécessité de suivre au plus près le modèle coranique, l'exemple du Prophète, tels que transmis par les deux sources indiscutables de l'islam : Coran et *sunna*.

Les salafistes incarnent ainsi un courant réactionnaire, activiste et puritain, souvent populaire dans le monde musulman, dans un « arc social » allant du lumpen-proletariat à la petite bourgeoisie commerçante. Prônant un islam pur, sans additions, soustractions, altérations, ni innovations (*bid'a*, que les salafistes ont en horreur), les salafistes se placent dans la filiation des « pieux ancêtres », premiers disciples et compagnons du Prophète (compagnons = *sahaba* ; voir plus bas Sepah-i-Sahaba Pakistan). Exécrant également le nationalisme, le socialisme et la démocratie, les salafistes prônent que le cadre de vie idéal pour un musulman est l'oumma, conduite par un calife, dans une société reproduisant fidèlement le modèle indépassable constitué par les cités de Médine et La Mecque, gouvernées par le Prophète.

Les principales références intellectuelles des salafistes sont : (dans l'histoire) Ibn Taymiyyah[1] et Mohamed bin Abdulwahhab[2] ; (dans la période contemporaine), Abdulaziz bin Baz (précédent grand mufti d'Arabie saoudite aujourd'hui décédé) et Mohamed Nasiruddin al-Albani[3].

---

1. Syrien, 1263-1328. Doctrinaire fondamentaliste célèbre pour son interprétation littérale du Coran et son horreur des innovations et des hérésies. Précurseur du courant wahhabite.

2. Originaire d'Arabie, 1703-1787. Fondateur du courant fondamentaliste, austère et puritain dominant depuis lors en Arabie, grâce à l'adhésion de la dynastie des Séoud. Pour les wahhabites, tous ceux qui n'adhèrent pas à leurs dogmes sont des hérétiques et des apostats.

3. L'un des grands prêcheurs salafistes aujourd'hui décédé. Jordanien, malgré son nom (« l'Albanais »). Figure centrale de la société « al-Quran wa's-Sunnah ».

Prêchant le retour aux fondements de l'islam, le courant salafiste s'oppose aux sectes, aux écoles religieuses. Poussant à l'extrême le concept d'apostasie, il prétend purifier la religion musulmane de toute trace de polythéisme ou d'idolâtrie, de toute innovation, de toute pollution par des philosophies non islamiques. De ce fait, les salafistes haïssent l'ésotérisme des chi'ites et le mysticisme des soufis. Ils vomissent aussi les partis politiques islamiques à l'occidentale (la « Nation de l'islam » américaine, par exemple). Soufis, chi'ites et politiciens de l'islam sont pour les salafistes d'abominables hérétiques, dont le culte n'a rien à voir avec l'islam.

Notons enfin que le message salafiste, aussi clair que simple : l'islam du Prophète, rien de plus, rien de moins, attire les convertis de fraîche date, comme ceux que tente la conversion à l'islam.

Ainsi donc et partant de cette doctrine, et maintenant que l'on voit mieux comment *vit* al-Qaïda — que *pense-t-elle* ? A long terme, al-Qaïda prône un califat islamique mondial rassemblant tous les pays musulmans et obéissant à la charia (loi islamique). Ce califat s'exercerait à partir de l'Arabie saoudite, en tant que terre de la prophétie. A court terme et de ce fait, l'Arabie saoudite — terre qui, selon l'interprétation littérale du Coran, n'est pas un « pays » mais l'intérieur d'une vaste mosquée — doit être débarrassée de la présence impie et blasphématoire des Américains (chrétiens ou juifs), de leurs « femmes à demi-nues » et de leur alcool. Cette libération permettra à la terre de la prophétie de retrouver son rayonnement islamique, de reprendre son rôle de moteur de la communauté des croyants.

« La base » au Pakistan

C'est un point fondamental à étudier : l'entité al-Qaïda est périssable, mais le modèle de structure qu'elle a, non pas inventé, mais développé et poussé à un niveau jamais atteint jusqu'alors, est, lui, durable. Et sera dans l'avenir, imité et adapté.

Al-Qaïda (la base) est tout, sauf le sommet d'une pyramide. Ainsi, les graphiques vus dans la presse, pour lesquels cette entité serait pyramidale, avec des moudjahidines à la base et Oussama Ben Laden au sommet, trahissent-ils une profonde incompréhension de la nature même de ce qu'est en général une organisation hors du monde occidental, spécifiquement ici, dans la culture islamique fondamentaliste.

Il y a donc, au centre de tout, un ensemble nucléaire-biologique et non linéaire-mécanique, un noyau rassemblant les concepteurs du projet général al-Qaïda. Assurant le bon fonctionnement de ce noyau, des cellules adjacentes spécialisées dans la sécurité, la logistique, la communication, les finances, etc. En contact direct avec ce noyau et en fonction de nécessités géographiques et politiques, des émirs conduisant sur le terrain afghan les milices de *jihadis*, combattants islamistes arabes ou issus du monde musulman (turcs, bosniaques, philippins, etc.).

Dans un premier cercle d'affidés, on trouve les adhérents du Front islamique de lutte contre les juifs et les croisés, révélé au monde par un communiqué du 23 février 1998, suite à une réunion tenue à Peshawar, Pakistan. L'ont approuvé : Amin Dhaouahri, chef militaire du jihad islamique d'Egypte, Rifat Ahmad Taha, dirigeant de la Jama'a islamiya d'Egypte, Abdessalam Mohammad, émir du jihad islamique du Bangladesh, cheikh Mir Hamza, émir du Jamiat-I-Ulema Pakistan (JUP), et Maulana Fazlur Rehman, en tant qu'émir de la guérilla alors nommée Harakat-al-Ansar (regroupant des islamistes armés pakistanais et cachemiris) et désormais baptisée Harakatul Mujahideen. En décembre 1999, Maulana Fazlur Rehman déclarait à l'AFP : « Nous sommes liés à Oussama Ben Laden et avons signé sa fatwa en février 1998. »

L'ensemble al-Qaïda plus premier cercle baigne, soulignons-le, dans ce véritable « plancton militant » que constituent les quelque 10 à 15 000 moudjahidines non-afghans ou pakistanais passés, dans la décennie 90, par les camps d'entraînement d'al-Qaïda en Afghanistan.

Le second cercle autour du noyau central, c'est la profondeur stratégique d'al-Qaïda, son poumon extérieur. C'est — non pas le Pakistan en tant que pays, la logique des islamistes est tout sauf nationale — mais ce qu'on y trouve d'entités islamistes dures, immense et complexe ensemble de réseaux de mosquées et de madrassas (écoles coraniques), de groupes violents, de milices ou de structures carrément terroristes. Il nous paraît ici important de dépeindre cet univers un peu en détail, tant il est peu connu — et a été par exemple constamment sous-estimé, voire ignoré, par les experts américains officiels au cours des deux dernières décennies.

L'existence de ce second cercle est confirmée par la meilleure source possible : Oussama Ben Laden en personne. L'un des auteurs de cette étude a une longue pratique du dialogue avec des islamistes durs, salafistes ou Frères musulmans. Il peut assurer que, si ces fanatiques dissimulent fort bien — jusqu'à l'existence de leurs propres organisations — ils mentent peu et que donc, leurs déclarations sont toujours à prendre très au sérieux.

Que déclare Oussama Ben Laden à la télévision Al-Jazira, en décembre 1998 ? :

« Grâce à Dieu, nous avons rencontré au Pakistan des personnes sympathiques et généreuses. Leur sympathie à notre égard a même dépassé toutes nos attentes. Que Dieu les bénisse. Pour l'amour de Dieu, nous recevons de ces chers amis, et d'autres fermes soutiens du jihad, des renseignements sur ce que font les Américains. Le peuple du Pakistan a clairement montré la haine qu'il éprouve pour l'arrogance que manifeste l'Amérique contre le monde islamique. Au Pakistan, il existe des groupes sympathisants de l'islam et du jihad. »

Le Pakistan, en chiffres ronds, c'est 120 millions de sunnites, 30 millions de chi'ites. Plus d'armes par tête d'habitant qu'aux Etats-Unis, plutôt lourdes (mitrailleuses, lance-roquettes, etc.). Et surtout : de 10 à 30 000 madrassas privées, 4 à 5 000 d'entre elles enseignant un islam fondamentaliste ultra-sectaire, et... le maniement des armes (la formule « Coran plus Kalashnikov »). Financées souvent depuis l'étranger, ces « deeni madrassas » incontrôlées sont en réalité de parfaites « couveuses à fanatiques », où les Talibans ont recruté toutes leurs troupes.

Le fond (idéologique-spirituel) de ces ensembles mosquées-madrassas provient, à l'échelle du sous-continent indien, de deux centres de rayonnement islamique : l'école Deobandi (fondée en 1867 à Deoband, Uttar Pradesh, Inde) et l'école Ahle Hadith (« les gens de la tradition ») fondée en 1864 à Patna, Bihar, Inde (moins importante que les Deobandi). Notons qu'à ce niveau, il s'agit de tendances islamiques, de courants de pensée, animant des milliers de mosquées dans tout le sous-continent indien, et autant de madrassas, ou écoles coraniques, dont les élèves sont des « talaba ». Au singulier « talib », mot dont on a fait *Taliban*, barbarisme associant à un mot arabe, un pluriel perse. De ces deux centres de rayonnement sont issus tous les groupes salafistes, ou proto-salafistes de la région.

Un cran en dessous (activiste-politique), on trouve au Pakistan des partis ou organisations islamistes d'orientation salafiste (plus ou moins durs), tous pro-Ben Laden, du moins en paroles.

Jamiat-I-Islami Pakistan. Président : Qazi Hussein Ahmad. Créé en 1941 à Lahore par Maulana Abdul Ala Maududi (1903-1979). Deobandi, mais un peu plus « ouvert » que le courant salafiste proprement dit : on n'y pratique pas la rhétorique anti-chi'ite, on y a conscience d'une nécessaire modernisation de la société. Le JIP n'est ni un rassemblement de dignitaires religieux (oulema), ni un parti de masse ; il regroupe une élite de cadres issus des couches supérieures de la société civile (ingénieurs, juristes). Surtout implanté au Penjab et dans la Province de la frontière du nord-ouest (PFNO, capitale, Peshawar). Le JIP contrôle un réseau de mosquées et madrassas, un important syndicat étudiant, plusieurs grands syndicats de salariés, des organes de presse ; un réseau de dispensaires, des centres d'alphabétisation, des écoles, des bibliothèques. Plusieurs centaines de milliers de Pakistanais sont dans sa mouvance immédiate. En octobre 1998 par exemple, le JIP a rassemblé 250 000 de ses partisans, sous la garde d'une milice (fortement armée) de 10 000 hommes. Au Cachemire, le JIP contrôle la guérilla « Hizbul Mujahideen ».

Jamiat Ahle Hadith (JAH, association pour le respect de la parole du Prophète, mouvement religieux créé en 1930) a suscité en 1986 Markaz-i-Dawat-wal-Irshad (DWI, devoir d'obéissance aux ordres divins), avec l'aide appuyée de l'Arabie saoudite. Le DWI est salafiste pur et dur, très antichi'ite et antisoufi. D'abord implanté au Penjab, où il contrôle un réseau de mosquées et madrassas, un mouvement étudiant, etc. Dirigé par l'émir Hafiz Mohamed Said, DWI prône ouvertement le jihad et l'action violente et est lié à l'ultra dangereux Sepah-I-Sahaba (voir plus bas). Des moudjahidines du DWI ont combattu en Bosnie, Tchétchénie, Philippines, etc. En novembre 1997, le DWI réunissait 30 000 moudjahidines fanatisés dans son fief de Muridke (non loin de Lahore, Penjab). En novembre 1998, ils étaient 200 000 ; un an plus tard encore, la convention annuelle de DWI rassemblait 300 000 fidèles pendant trois jours...

JAH dispose d'une guérilla très active au Cachemire (Lashkar-I-Tayyaba, l'armée des purs), également dirigée par Hafiz Mohamed Said. Selon les services pakistanais, Lashkar-I-Tayyaba aurait en réserve 400 volontaires pour le martyre, dans ses camps d'entraînement militaire d'Afghanistan et du Cachemire.

Jamiat Ulema-I-Islam, JUI, fondé en 1945 à Calcutta (Inde). C'est le principal courant salafiste au Pakistan. Le JUI est très organisé et structuré, à l'échelle du Pakistan tout entier (mais son encadrement est plutôt Pashtoun). C'est au sein de l'ensemble JUI qu'est apparue la milice armée la plus redoutable du Pakistan, Sepah-I-Sahaba (voir plus bas). Le JUI contrôle le plus vaste réseau de mosquées et de madrassas du pays et c'est dans ces dernières qu'ont été recrutées, vers 1993, les premières vagues de Talibans lancées à la conquête du pouvoir en Afghanistan (plus de 20 000 hommes). Intolérant et fanatique, le JUI est divisé en deux branches plus ou moins associées, plus ou moins rivales, selon l'époque.

Fondée par Maulana Fazlul Rehman (mis en résidence surveillée début octobre 2001) la branche JUI-F (F pour Fazlul) est aujourd'hui dirigée par Maulana Abdul Ghani. L'autre branche JUI-S (S pour Samiul) a pour émir Samiul Haq (également interpellé début octobre 2001).

Notons qu'en 1993-1994, le JUI était allié à Benazir Bhutto et financé par la « caisse noire » de Babar Khan, son ministre de l'Intérieur. Dès avril 1999, à Khairpur (Sind), le maulana Abdul Ghafoor Hyderi, secrétaire général du JUI, menaçait du pire le gouvernement pakistanais de Nawaz Sharif s'il aidait les Américains dans leur lutte contre Oussama Ben Laden.

Sur la scène du Cachemire, le JUI contrôle le « Harakatul Mujahideen »[1] (HUM, Brigade des combattants du jihad) dont le fondateur est Syed Salahuddin et l'actuel émir, Sajjad Shahid. Le HUM compte plusieurs milliers de combattants répartis entre le Cachemire et l'Afghanistan : pakistanais, cachemiris, afghans ou arabes *jihadis*.

C'est au sein de cette guérilla qu'est apparu en février 2000 le groupe scissionniste, lui proprement terroriste,

---

1. Fondée en 1994 sous le nom de Harakatul Ansar, la guérilla a changé de nom en 1997, après avoir été incluse par Washington, sous son ancien nom, dans la liste des groupes terroristes internationaux les plus dangereux.

d'abord connu sous le nom de « Jaish Mohamad » (JM, l'armée de Mahomet). Le chef de Jaish Mohamad est Maulana Massoud Azhar, libéré de la prison où il se trouvait en Inde depuis 1994, après qu'un avion d'Indian Airlines eut été capturé en décembre 1999 par des moudjahidines de JM sur l'aéroport de Kandahar, Afghanistan. Amusante coïncidence : Kandahar se trouve être aussi le fief des Talibans et le siège de leur « gouvernement »...

Après une « mission de sacrifice » contre le parlement du Jammu-et-Cachemire (octobre 2001, 38 morts) et son inscription sur la liste américaine des groupes terroristes les plus dangereux, « Jaish Mohamad » a pris le nom de « Tehrik-uk-Forqan » (Mouvement de ceux-qui-savent-discriminer-entre-le-bien-et-le-mal). Peu après, JM perpètre le massacre dans une église chrétienne de Bahawalpur (Pakistan, 16 morts). Bahawalpur est la ville natale de Massoud Azhar, et le fief de JM.

Un cran en dessous encore, les bandes armées semi-légales et les groupes terroristes clandestins, eux aussi fort actifs au Pakistan. Ces entités recrutent pour la plupart dans la masse des 80 000 Pakistanais (la plupart, pashtounes) ayant combattu aux côtés des Talibans, ou s'étant au minimum entraînés avec eux.

Les bandes tribales. Dans la zone indistincte entre l'Afghanistan et le Pakistan (marquée « agences tribales » sur les cartes). Prolifèrent ainsi depuis 1998 dans cette « zone grise » les bandes armées tribales pashtounes se disant « Talibans pakistanais », exerçant un pouvoir de fait, rendant la « justice » et multipliant les autodafés d'« objets du démon » (postes de télé, cassettes et DVD, radios, CR-rom, etc.). Sur les cartes politiques, ces territoires sont « pakistanais », mais en réalité, ils sont entièrement sous contrôle de tribus pro-Taliban. Parmi ces milices ou armées privées, celle du chef tribal Sufi Mohamed, qui contrôle la région autonome du Makaland, à la tête de plusieurs milliers d'hommes en armes. Et aussi

« Tehrik Nifaz-i-sharia Mohamedi » (Mouvement pour l'application de la loi de Mahomet), milice de 10 000 hommes. C'est également dans la PFNO qu'évolue la milice Jamiat ul-Moujahidin de Cheikh Abdulwahid Qasmi, également implantée en Afghanistan et au Cachemire.

Sepah-I-Sahaba Pakistan (SSP, armée des disciples du Prophète) créé en 1984 à Jhang (Penjab) par l'émir provincial du JUI, Maulana Haq Nawaz Jhangvi. Le SSP regroupe des hommes jeunes, tous entraînés au maniement d'armes de guerre, issus de madrassas JUI. Parti du Penjab, le SSP est désormais implanté dans tout le lumpen-proletariat des métropoles pakistanaises, à commencer par Karachi. Dès 1994 et selon ses dirigeants, le SSP disposait de 14 000 groupes armés de base, chacun doté de son propre arsenal et formé à la guérilla urbaine. Pour la direction du SSP, les Talibans sont « les seuls musulmans qui œuvrent à l'établissement d'un Etat islamique ». En septembre 1998, à Hyderabad, Maulana Muhammad Ibrahim, secrétaire général adjoint du SSP du Sind, déclarait : « Taliban et SSP sont deux synonymes... un grand nombre de membres du SSP combattent en Afghanistan. » Les dirigeants du SSP apportent un soutien sans failles à Oussama Ben Laden.

Le SSP a pour programme un Pakistan purement sunnite et fondamentaliste et une alliance extérieure revendiquée : l'Arabie saoudite. Notons qu'à ce jour, les deux dirigeants suprêmes du SSP ont été assassinés : Maulana Haq Nawaz Jhangvi, le 22 mars 1990, dans sa ville de Jhang, devant sa porte, par des tueurs à moto chi'ites de Sipah-I-Mohammad. Son successeur, Maulana Zia-ur-Rahman Farooqi, le 18 janvier 1997. Un véhicule piégé explose devant le palais de justice de Lahore, où Farooqi devait être entendu : 26 morts (dont Farooqi et 19 policiers), 100 blessés. Enfin et bien qu'il s'en défende, le SSP dispose également d'un bras armé terroriste, lui clandestin, le « Laskhar-I-Jhangvi ».

Lashkar-I-Jhangvi Pakistan (LJP, armée de Jhangvi, en référence au maulana Jhangvi). Organisation clandestine et terroriste fondée vers 1990 par des moudjahidines du SSP de retour d'Afghanistan. Coupable de centaines d'assassinats de religieux chi'ites et de diplomates et citoyens iraniens. Son fondateur Riaz Basra (en fuite) est condamné à mort pour 119 meurtres (dont celui d'un diplomate iranien) et 54 attentats. Le LJP compterait plus de 200 terroristes aguerris, dont des moudjahidines arabes, eux aussi issus du jihad afghan.

Tout cet ensemble activiste ou terroriste salafiste rassemble des dizaines, voire des centaines de milliers de moudjahidines, entre le Pakistan, l'Afghanistan, le Cachemire — même au Sinkiang chinois. Avec d'importantes bases logistiques et financières dans les pays du Golfe, où les Pakistanais tiennent nombre de petits commerces. Ces organisations sont financées par le racket de leurs diasporas ; par des trafics (or, êtres humains, contrebande) sur l'axe Peshawar-Karachi-Golfe-Angleterre ; enfin par des dons, publics ou privés de pétro-monarchies (Arabie, Emirats, Koweït, Bahrein, Qatar) et aussi Libyens, dans le cas du JUI.

Il existe encore des partis, milices, groupes pakistanais ne se réclamant pas de la Salafiya, mais cependant fort activistes — et parfois même associés à al-Qaïda. Prenons le cas du Jamiat-I-Ulema Pakistan (JUP). Sa doctrine islamique est dite « Barelvie », supposée modérée. Cette école a été fondée en 1900, par Ahmad Riza Khan, à Bareilly, Uttar Pradesh, Inde. D'inspiration soufie, elle professe un islam plutôt moderniste et admet le culte des saints. Donc, en théorie, modérée. Mais dans la pratique les choses sont différentes.

Le JUP (fondé en 1948) a pour chef actuel Maulana

Noorani et pour président Maulana Niazi. Ce mouvement contrôle (comme tous les autres partis religieux) un réseau de mosquées et madrassas, un mouvement étudiant, etc. Il dispose aussi d'une bande armée terroriste fort virulente, le Sunni Tekrik (fondé vers 1992), coupable de nombreux assassinats de chi'ites et autres « hérétiques » ; qui plus est Sunni Tehrik (implanté au Penjab et à Karachi) est étroitement lié au milieu criminel. En février 1998, à Peshawar, le secrétaire général du JUP, cheikh Mir Hamza, a participé à la fondation, par Oussama Ben Laden, du « Front islamique de lutte contre les juifs et les croisés »

Coiffant l'ensemble de ces plus de trente partis, milices et groupes, un « Conseil de défense de l'Afghanistan et du Pakistan », créé début 2001 pour tenter de défendre le régime des Talibans, et présidé par Maulana Samiul Haq, émir du JUI-S.

Hors du sous-continent indien, le troisième et dernier cercle est celui des organisations de même orientation qu'al-Qaïda, mais ne lui ayant pas fait allégeance : Groupe islamique combattant libyen, Groupe islamique armé et Groupe salafiste pour la dawa et le jihad (Algérie), Front islamique tunisien ; sur lesquels al-Qaïda peut parfois compter, ne serait-ce qu'au coup par coup ; moins dans leur pays d'origine que dans l'émigration (comme on l'a vu par exemple au Canada). Au-delà encore, des noyaux sympathisants existent dans nombre de pays musulmans, au premier rang desquels le Bangladesh, l'Inde, l'Indonésie, le Nigeria et les Philippines, pays mentionnés (sans doute pas par hasard) par Oussama Ben Laden lui-même dans une interview du début novembre 2001 à Al-Jazira.

5

Un protoplasme mondialisé

Au-delà du Pakistan et de ses alentours immédiats, voici maintenant la « toile d'araignée » al-Qaïda / Ben Laden, dépeinte par le menu, dans son incroyable diversité. Tous les continents et pays où son activité a été décelée, tous les groupes militants connus, entre lesquels elle tisse ses fils ; tout le kaléidoscope des nationalités, ethnies, âges et professions de ses fidèles. Au total une entité d'une ampleur, d'une envergure, d'une variété que nul ne soupçonnait voici encore un an. Et qui, dans le secret, a crû à un rythme tel et s'est montrée si dramatiquement « efficace » dans la terreur qu'on ne peut plus désormais penser ces terrorismes-là en terme de répression — mais de guerre. Guerre non pas faite à une armée classique et organisée, mais à un vivier, à des noyaux, à des groupes instables et temporaires, à des individus vivant dans le secret et la clandestinité. Au total un ensemble d'allure biologique, à la fois informe et protoplasmique — si ce n'est, pour tout compliquer encore, acéphale.

LES HOMMES

Question. Quel point commun y a-t-il entre : le fils d'un garçon boucher de Haute-Savoie, un cheikh aveugle professant dans une mosquée de Brooklyn, un père de famille installée en Floride, un marchand de pneus texan, un ex-footballeur professionnel à la retraite vivant en Belgique ?

A priori, aucun.

Pourtant il y en a au moins un : ce sont tous des « Afghans », même si aucun de ceux que nous venons de citer n'est né en Afghanistan. Alors pourquoi les appelons-nous ainsi ? Parce que tous ont séjourné (à un moment ou à un autre, une ou plusieurs fois, plus ou moins longtemps) en Afghanistan pour : combattre aux côtés des moudjahidines pendant la guerre contre l'Union soviétique — les plus âgés — ou suivre un stage (de quelques semaines ou de quelques mois) dans les camps d'entraînement militaire — les plus jeunes.

Voilà donc l'origine de cette dénomination, « les Afghans ». Cependant, là n'est peut-être pas l'essentiel ; car, imaginons — on peut toujours imaginer : demain, tous les camps d'entraînement afghans (quelques centaines au minimum sur tout le territoire[1]) sont fermés, même ceux situés dans les régions les plus reculées, dans des territoires où les seigneurs de guerre, les chefs de tribus, ex-Talibans ou nouveaux moudjahidines et malfrats de tout poil s'arrangent entre eux pour imposer leur loi. Si nous prenons cette hypothèse, nos volontaires ne pourront plus s'entraîner en Afghanistan, ils iront donc tout simplement ailleurs : au Soudan, au Yémen[2], en Somalie ou dans d'autres territoires, hors contrôle, de la planète.

---

1. A la fin des années 80 : plus de 180 camps d'entraînement sur tout le territoire ; ils ont été financés par une vingtaine d'Etats (Etats-Unis, Grande-Bretagne, Soudan, Egypte, Pakistan, Malaisie, Iran, Libye, Pakistan, monarchies du Golfe...).

2. Les zones tribales au nord du Yémen, mal contrôlées, abritent centres religieux, écoles coraniques et camps d'entraînement militaire.

Le plus important est sans doute cet autre point commun : ils sont tous musulmans (de naissance ou convertis) et adhèrent à une interprétation ultra-fondamentaliste de l'islam. Ils veulent restaurer la pureté originelle de la religion et prônent le retour à l'islam du Prophète et de ses successeurs immédiats. Ce commun désir de retour aux *salafs*, les grands ancêtres, conduit à désigner du terme de *salafiya* la tendance générale qu'ils représentent. Depuis le milieu des années 90, le premier objectif de ces hommes est de chasser les impies — et en premier lieu les Américains et les Israéliens — de la Terre sainte.

Revenons à nos exemples du début :

Le Savoyard, Jérôme Courtailler, a été arrêté à Rotterdam en septembre 2001. Converti à l'islam à Londres, il effectue plusieurs stages en Afghanistan, fait des séjours en Espagne, en Belgique... Cet « Afghan » est inculpé pour son appartenance à une cellule terroriste qui préparait un attentat contre l'ambassade américaine à Paris (réseau Beghal).

Le mufti aveugle, Sheik Omar Abdul Rahman, a été condamné à la prison à perpétuité pour son implication dans l'attentat du World Trade Center en 1993. Chef de la Jama'a islamiya (un des groupes terroristes islamistes les plus dangereux au monde), il a recruté de nombreux volontaires dans tous les Etats-Unis. Au moment de son arrestation (1993), il s'apprêtait à lancer une campagne massive d'attentats à New York. Ces terroristes visaient : un immeuble des Nations-Unies ; le bâtiment du FBI à Federal Plaza ; deux tunnels sous Hudson River (entre New York et le New Jersey : « The Lincoln » et « The Holland ») ; un pont, « The George Washington Bridge » et « The Diamond district » (quartier juif de Manhattan). Autres cibles : le président égyptien Moubarak, le secrétaire des Nations-Unies Boutros Boutros-Ghali et le président du Sénat des Etats-Unis.

Le père de famille installé en Floride ? C'est Abdulaziz al Omari, pilote, Saoudien : un des kamikazes qui se trouvaient dans l'avion qui s'est écrasé le 11 septembre 2001 sur la tour nord du World Trade Center à New York.

Le marchand de pneus texan ? C'est Wadih el Hage, américain (d'origine libanaise), 41 ans, marié, 7 enfants : recruté à Brooklyn, formé en Afghanistan ; connu comme un des secrétaires personnels d'Oussama Ben Laden au Soudan, directeur d'*Help African People* (ONG active dans toute l'Afrique)... Fin 1997, il rentre aux Etats-Unis et ouvre une entreprise de pneus à Forth Worth (près d'Arlington). En septembre 1998, il a été arrêté aux Etats-Unis pour son implication dans les attentats contre les ambassades américaines en Afrique.

L'ex-footballeur ? C'est Nizar Trabelsi, arrêté en Belgique en septembre 2001, il appartient également au réseau de Djamel Beghal (voir infra).

Le chirurgien égyptien ? C'est Ayman al-Zawahiri, chef du Jihad islamique (Egypte), le bras droit d'Oussama Ben Laden.

Le sous-officier des forces spéciales américaines ? C'est Ali Mohammed, la cinquantaine, connu comme un lieutenant d'Oussama Ben Laden, arrêté aux Etats-Unis en 1998.

Décennie 80, débuts des années 90 : « Les Afghans » (la première génération)

Au départ il s'agit donc de volontaires venus combattre en Afghanistan pendant la guerre contre l'Union soviétique.

Entre 1980 et 1992, on estime au total que 30 000 à 40 000 volontaires étrangers ont combattu aux côtés des moudjahidines. Ils sont pour l'essentiel Arabes, originaires (par ordre décroissant) : d'Arabie saoudite (± 10 000), du Yémen (6 à 7 000), d'Algérie (2 à 3 000 — dont 16 %[1]

---

1. D'après un échantillon de 900 Afghans identifiés par la sécurité algérienne (*El Watan*, 25/10/01).

venant de la seule ville d'El-Oued, sud de la frontière tunisienne), d'Egypte, de Tunisie, d'Irak, de Jordanie. Dans leurs rangs, les pertes sont sévères.

Après le retrait des Soviétiques on considère que 11 000 à 20 000 de ces premiers « Afghans » vont continuer le jihad sur d'autres fronts :

La majorité d'entre eux rentrent dans leurs pays et créent de nouveaux mouvements armés dont le premier but est de combattre le pouvoir en place — impie : ainsi en Egypte[1] (voir *infra* Organisations — Moyen-Orient, Jama'a islamiya et Jihad islamique), en Algérie, en Jordanie, etc.

Par exemple, en Algérie : Mahfoud Nahnah reconnaît publiquement avoir envoyé au début de la décennie 80 « une trentaine de petits groupes algériens », dont la plupart des combattants étaient âgés de vingt ans à peine. A leur retour au pays, 45 % de ces « Afghans-Algériens » sont montés au maquis[2].

En Jordanie, l'existence de groupes « d'Afghans-Jordaniens » menant des actions terroristes sur le territoire est révélée par une série de procès ; ils se sont baptisés : *Armée de Mahomet* (apparaît en 1991), *Avant-garde islamique* (1992), *Cadets de Mu'tan* (1993), *Front de l'action islamique* (1992), *Parti de la libération islamique* (1992).

D'autres restent en Afghanistan ou le plus souvent s'installent au Pakistan (environ 3 000 hommes qui vont constituer un véritable réservoir du terrorisme islamiste international).

Ainsi, par exemple, en juin 1994 un attentat contre le mausolée de l'Imam Reza à Machhad (nord-est de l'Iran)

---

1. De 1992 à 1999, les « violences islamiques » ont fait plus de 1 300 morts en Egypte. Depuis cette date : 119 condamnations à mort ont été prononcées, 82 exécutées.

2. Depuis 1992, la guérilla islamiste a fait plus de 60 000 morts en Algérie.

fait 25 morts et plus de 70 blessés. En mars 1995, les 6 responsables de cet attentat sont arrêtés au Pakistan : ce sont des « Afghans » salafistes — et donc violemment anti-chi'ites (2 Soudanais, 1 « présumé » Iranien, 2 Pakistanais[1]) installés à Peshawar (Province de la Frontière du Nord-Ouest).

D'autres encore partent combattre loin de leur pays d'origine : au Cachemire, en Bosnie-Herzégovine, en Tchétchénie, au Tadjikistan, au Yémen, en Chine (Xinjiang), aux Philippines...

Par exemple, au Yémen : 3 000 « Afghans-Yéménites » et plus de 6 000 « Afghans-étrangers » (Algériens, Egyptiens, Afghans, Irakiens, Jordaniens, Somaliens, Soudanais, Syriens) combattent aux côtés des forces nordistes. Depuis, certains groupes islamistes ont des représentants officiels au Yémen, ainsi le Jihad islamique (Egypte), le Hamas ou le Jihad islamique palestinien. La Jama'a islamiya (Egypte) ou le Groupe islamique armé (Algérie) peuvent ici compter sur de nombreux sympathisants. Un certain nombre d'« Afghans » ont par ailleurs été récompensés en obtenant des places de choix dans l'ombre du nouveau pouvoir, ou des postes dans la police ou l'armée (pour les combattants de base). Fin 2000, on estime qu'il y a environ 3 000 « Afghans » au Yémen.

Enfin, un certain nombre gagne l'Europe et les Etats-Unis pour recruter et tirer parti des « commodités » du monde occidental (accès aux médias, liberté de création d'associations, facilités pour se déplacer d'un pays à l'autre...). Au départ, il s'agit surtout des cadres des grandes organisations égyptiennes (Jama'a islamiya — JI, Jihad islamique — JIs). Ainsi par exemple, au début des années 90, les deux revues *Al Morabitoune* (organe du GI)

---

1. Abdul Shakoor, Pakistanais, avoue que l'attentat a été organisé par Ramzi Youssef (voir *infra* Opération Bojinka).

et *Al Moujahidine* (organe du JIs) sont conçues et imprimées au Danemark. Les leaders basés en Grande-Bretagne ont pour mission de s'adresser à la presse ; ils font des déclarations en leur nom propre dans un autre magazine du JI nommé *Al Itissam* et fondent un centre de recherche islamique.

Décennie 90

A partir des années 90, de nouveaux « volontaires » sont formés en Afghanistan : ils ont été recrutés en Europe, en Afrique, en Amérique... Ils viennent de tous les continents : ils sont Turcs, Bengalis, Français, Américains, Somaliens, Philippins, Chinois, Canadiens...

Dans ces camps ils reçoivent une formation complète, ils apprennent ainsi : à utiliser des armes et des explosifs bien sûr, mais aussi les techniques de guérilla, les méthodes pour falsifier des papiers, les sommes qu'il convient de payer à des agents corrompus pour passer une frontière sans encombre, tous les « bons tuyaux » pour obtenir le statut de réfugié politique dans un pays, la manière de se fondre dans la population, etc.

En 2001, on estime qu'au moins 11 000 hommes ont été formés dans les camps afghans au cours des cinq dernières années, dont environ 3 000 sont considérés comme « durs ». Des sources officielles allemandes estiment même (à la mi-novembre 2001), lors d'une conférence de travail avec le FBI américain, que les hommes passés par les camps afghans ont pu approcher le nombre de 70 000, en provenance de 50 pays divers.

Après cette formation, certains partent ensuite faire la guerre dans les Balkans, en Tchétchénie, dans l'archipel des Moluques (Philippines), etc. Sur ces champs de bataille de nouvelles solidarités se créent.

Exemple : au début des années 90, de 3 à 5 000 « Afghans » (originaires des pays arabes, mais aussi de Turquie, d'Iran, du Pakistan et d'Europe) rejoignent la Bosnie. Ils sont regroupés au sein de la « 7e brigade » intégrée au « 3e corps d'armée » bosniaque. Sont ainsi passés par la Bosnie : une partie des membres du gang de Roubaix (Lionel Dumont alias « Abu Hamza », Français toujours en fuite ; Christophe Caze, chef du réseau, Français tué en 1996 lors de l'interpellation du gang) ou Soleiman Abu Ghaith (Koweïtien, connu comme le porte-parole d'al-Qaïda). Après les accords de paix de Dayton-Paris (décembre 1995) la « 7e brigade » est officiellement dissoute et les « Afghans » sont invités à quitter le pays.

Jusqu'en octobre 2001, ceux d'entre eux qui sont restés, se sont montrés plutôt discrets : ils ont acquis la nationalité Bosniaque, se sont installés dans des villages au centre de la Bosnie (autour de Zénica), ils se sont mariés localement, ont fondé une famille, un certain nombre travaillent pour des organisations humanitaires (islamiques bien sûr). Les ONG ont en effet proliféré dans le secteur (elles sont égyptiennes, soudanaises, pakistanaises, yéménites etc.). Officiellement, elles fournissent des soins médicaux, participent à la construction de mosquées, d'écoles (coraniques)... Si elles assistent effectivement les plus âgés, elles prennent surtout en charge les plus jeunes : des centaines d'adolescents ont ainsi été envoyés dans les madrassas (écoles coraniques) pakistanaises pour recevoir une formation complète.

En 2001, on retrouve encore de petits groupes d'« Afghans » actifs qui combattent aux côtés des Albanais en Macédoine. Fin 2001, les experts estiment que « la Bosnie est devenue une petite base arrière, un endroit où l'on peut se procurer relativement facilement des armes, des faux papiers et des moyens de circulation ». Pour les services de renseignement albanais « l'infiltration de terroristes dans les pays européens s'effectue à partir de l'Albanie ». En revanche, nous n'avons aucune estimation, même approximative, sur le nombre d'« Afghans » qui résident clandestinement dans les Balkans en 2001 [1].

D'autres créent de petites cellules terroristes en Europe, aux Etats-Unis, en Afrique...

En vingt ans, des réseaux (parfois « dormants ») ont été mis en place aux quatre coins de la planète (des groupes d'« Afghans » sont actifs dans au moins cinquante pays). Ainsi par exemple en Europe (voir plus bas les cellules démantelées en Espagne, en Italie et en France en 2001).

Les « Afghans » sont très difficiles à traquer : ils se déplacent beaucoup, changent d'identité « comme de chemises », traversent les frontières avec des faux papiers (volés à des particuliers européens de souche, récupérés dans des administrations étatiques [2], falsifiés, contrefaits par d'autres cellules spécialisées dans cette activité). Ils se fondent dans la population (rasés de près, ils vont en discothèque, ne fréquentent pas les mosquées... ils sont « comme tout le monde »).

---

1. Juste quelques indications : *Pour la Bosnie :* — D'après les chiffres officiels, 12 000 personnes ont acquis la nationalité Bosniaque pendant ou après la guerre. — En 2001 le porte-parole du haut représentant des Nations-Unies en Bosnie, Stefo Lehman, rapporte que pour la seule année « 25 000 étrangers enregistrés à l'aéroport de Sarajevo se sont évaporés dans la nature. Officiellement, ils sont rentrés mais pas ressortis [...] en Bosnie : on rentre et on sort comme on veut. » *Pour l'Albanie :* — En 1992, le président albanais Salim Berisha a accordé un droit d'entrée sans visa à tout citoyen du monde arabo-musulman. — D'après les services de renseignement albanais, 218 ressortissants de pays arabes résident en Albanie (il ne s'agit bien évidemment que de ceux qui se sont fait enregistrer officiellement) ; ils sont en majorité Egyptiens et Soudanais et se sont installés dans le pays sous le couvert d'associations humanitaires.

2. Par exemple, 1 000 000 passeports « blancs » (neufs) ont été volés en Albanie.

LES CADRES

Autour d'Oussama Ben Laden, une poignée d'hommes de confiance (une vingtaine). Ils appartiennent pour beaucoup au Jihad islamique, à la Jama'a islamiya, mais aussi au Harakatul Muhahideen.

Abdulrahman Ahmed (alias « Saif Allah », 35 ans en 2001) et Mohamed (alias « Assad Allah », 29 ans)

Deux fils du Sheik Omar Abdel Rahman. Rencontrent Oussama Ben Laden dans les années 80 à Peshawar. Ahmed (« le sabre de Dieu ») aurait été capturé en Afghanistan fin novembre 2001 et devrait être ultérieurement remis aux Américains ; son frère Mohamed (« le lion de Dieu ») aurait été tué à la mi-novembre dans le raid aérien durant lequel Mohamed Atef (voir plus bas) a disparu.

Abu Ghaith Soleiman

Koweïtien, 36 ans (en 2001). Marié, 6 enfants. Professeur de théologie, imam. Ancien cadre des Frères musulmans. Connu comme le porte-parole d'al-Qaïda. Début des années 90 : il se fait connaître pendant la guerre du Golfe en prononçant des prêches enflammés contre Saddam Hussein dans une mosquée de Koweït-city. Après le retrait des troupes irakiennes, il s'attaque au gouvernement koweïtien et aux Etats arabes dans ses sermons. Il est interdit de prêche par les autorités koweïtiennes. En 1992, il quitte la confrérie des Frères musulmans qu'il accuse de collaborer avec le régime. 1994 : il combat en Bosnie-Herzégovine. Fin des années 90-juin 2001 : il enseigne dans une école coranique à Koweït-city. En juin 2001, il quitte le pays et rejoint Oussama Ben Laden en

Afghanistan. Octobre 2001 : il apparaît pour la première fois au côté d'Oussama Ben Laden. Novembre 2001 : le gouvernement koweïtien annonce son intention de le déchoir de sa nationalité.

Abou Khabbab

Egyptien. Diplômé en sciences (Université d'Alexandrie, Egypte). Connu comme :
— un des trois secrétaires particuliers d'Oussama Ben Laden,
— un expert ès-explosifs : entraîne les volontaires au maniement des bombes, etc.

Abou Sittah Subhi Abdelaziz, alias Mohamed Atef, Abu Hafs al Misri, Cheikh Tanseer Abdullah

Egyptien, né en 1944 dans la province du Caire, aurait été tué en Afghanistan en novembre 2001. Membre du Jihad islamique. Connu comme le commandant militaire d'al-Qaïda.

Biographie sommaire :
Années 80 : s'installe à Peshawar. Chargé du recrutement et de la formation des volontaires au côté d'Ali al-Rashidi[1] (alias Abu Ubaydah al-Banshiri). Auteur d'un manuel pratique du terrorisme de 180 pages, intitulé « Etudes militaires pour mener la guerre sainte contre les tyrans ».
Années 90 : responsable des réseaux en Afrique. Fait plusieurs séjours en Somalie pour entraîner les tribus opposées à l'intervention américaine. Egalement signalé au Kenya, au Soudan, en Afrique du Sud.

---

1. Décédé dans un accident de ferry sur le lac Victoria en 1996.

Janvier 2001 : sa fille épouse un des fils d'Oussama Ben Laden.

Septembre 2001 : aurait joué un rôle majeur dans l'organisation des attentats du 11 septembre.

Figure sur la liste américaine des terroristes les plus recherchés au monde. Tête mise à prix : 5 millions de dollars aux Etats-Unis.

Déclaré « probablement mort » dans les bombardements de Kaboul par le Département d'Etat.

Ahmad, Mohammed Mustapha, alias Cheik Saïd

Connu comme le directeur financier d'Oussama Ben Laden. Le 8 septembre 2001, il verse 100 000 dollars d'une banque de Dubaï à Mohammed Atta (un des kamikazes qui se trouvait dans l'avion qui s'est écrasé le 11 septembre 2001 sur la tour nord du World Trade Center à New York). Le 11 septembre 2001, il quitte les Emirats Arabes Unis (EAU) pour le Pakistan.

Al-Islambuli Mohamed Shawqi

Egyptien. Haut responsable de la Jama'a islamiya (Egypte). Frère de Khalid al-Islambuli (exécuté avec quatre autres membres du Jihad islamique pour l'assassinat d'Anouar-el-Sadate). Organisateur de réseaux acheminant hommes et armes vers l'Egypte. 1992 : condamné à mort par contumace en Egypte (procès des *Returnees from Afghanistan*). 1999 : condamné à mort par contumace en Egypte (procès des *Returnees from Albania*).

Al-Sayyid Ahmad ou « Tariq Anwar », alias Fadhi, Amr al Fatih

Responsable du Jihad islamique (Egypte). Condamné à mort par contumace en Egypte en 1998. Aurait été tué en novembre 2001 lors d'un bombardement sur la ville de Khost, Afghanistan.

Al-Souri Omar Abdul Hakim « Abu Musab »

Syrien, longtemps membre de la confrérie des Frères musulmans. Connu comme responsable de camps près de Khost (Afghanistan). Juillet 2000 : d'après des rumeurs, il aurait fait défection en emmenant une cinquantaine de combattants arabes (Algériens, Syriens, Jordaniens, Saoudiens, Egyptiens, Syriens). A l'origine du désaccord avec Oussama Ben Laden : la mise à disposition des Talibans de plus de 1 000 combattants arabes. Souri dément catégoriquement cette rumeur dans une interview accordée à la chaîne de télévision Al-Jazira.

Al-Zawahiri Ayman, alias Abu Mohammad, Abu Fatima, Muhammad Ibrahim, Abu Abdallah, Abu al-Muiz, The Doctor, The Teacher

Egyptien, 50 ans (en 2001). Chirurgien. Chef du Jihad islamique (Egypte). Issu d'une famille cairote aisée et prestigieuse.

Son grand-père, Rabia Zawahiri, a occupé le poste de grand imam de la mosquée Al-Azhar du Caire ;

Ses grands-oncles : Mafooz Azzam, est vice-président du parti travailliste en Egypte (opposition) ; Abdel Rahman Azzam a été premier secrétaire de la Ligue arabe.

Auteur de plusieurs livres sur les mouvements islamiques. Zawahiri a été très influencé par les théories d'Hassan al-Banna (fondateur des Frères musulmans) et de Syed Qotb (condamné à mort en Egypte, pendu en 1966 ; les écrits de Syed Qotb sont interdits en Egypte en 1970). Connu comme :

— Principal conseiller d'Oussama Ben Laden. D'après son avocat « Zawahiri est pour Oussama Ben Laden ce que le cerveau est au corps [...] Il a réussi à remodeler la pensée d'Oussama Ben Laden et à faire de lui, simple partisan du jihad afghan, un chef qui croit à l'idéologie du jihad et qui l'exporte ».

— Responsable de la coordination des réseaux dans les Balkans.

— Responsable des ONG ; a beaucoup travaillé à l'extension du réseau d'associations islamiques caritatives à travers le monde.

Biographie sommaire :
1965 : adhère à la confrérie des Frères musulmans (il a une quinzaine d'années).

1966 : il est arrêté en Egypte pour son appartenance à la confrérie des Frères musulmans (relâché rapidement).

1970 : il accède à la direction du Jihad islamique.

1978 : il obtient un diplôme de chirurgien à l'université de médecine du Caire.

1980 : il part pendant un an travailler dans un hôpital du Croissant rouge à Peshawar (Pakistan), il rencontre Oussama Ben Laden.

1981 : après l'assassinat d'Anouar el-Sadate, il est arrêté en Egypte : mis hors de cause dans cet attentat, il passe néanmoins trois ans en prison.

1984-1985 : il ouvre une clinique à Maadi (banlieue du Caire).

1985 : il repart travailler dans un hôpital à Peshawar.

1986 : il rentre brièvement en Egypte, puis quitte son pays définitivement.

1987 : il crée un bureau du Jihad islamique à Peshawar et un magasine *The Conquest*.

1991 : il suit Oussama Ben Laden au Soudan et organise des cellules terroristes au Soudan pour attaquer les troupes américaines en Somalie en 1993. Il envoie Ali Mohammed aux Etats-Unis pour y installer des bases opérationnelles (notamment à Santa-Clara en Californie). Il fait au moins deux séjours en Californie sous l'identité de Dr Abdel Muez al-Zawahiri et visite trois mosquées à Santa-Clara, Stockton et Sacramento. Là, il récolte des fonds (officiellement pour les veuves, les orphelins et les réfugiés afghans).

A cette époque on le signale également en Afghanistan, au Pakistan, en Arabie saoudite et en Europe (au Danemark et en Suisse notamment).

1995 : il est de retour au Pakistan, le Jihad islamique revendique l'attaque de l'ambassade d'Egypte à Islamabad.

1998 : il signe la « Fatwa contre les juifs et les croisés ». Il est inculpé aux Etats-Unis dans le cadre des attentats contre les ambassades américaines au Kenya et en Tanzanie. Après les bombardements américains en Afghanistan il répond à une interview : « La guerre vient seulement de commencer. Les Américains doivent s'attendre à une réponse. »

1999 : il est condamné à mort par contumace en Egypte dans le procès *Returnees from Albania*.

Figure sur la liste américaine des terroristes les plus recherchés au monde. Tête mise à prix : 5 millions de dollars aux Etats-Unis.

Ben Atish Tawfiq, alias Khaleed

Yéménite. Connu comme le conseiller d'Oussama Ben Laden en matière de sécurité. Responsable des activités au Yémen, en Arabie saoudite notamment. Principal suspect dans l'attentat contre l'*USS Cole* (Yémen). Rencontre en décembre 1999, à Kuala Lumpur (Malaisie),

Khalid al-Midhar et Nawaz al-Hamzi (les « bombes humaines » se trouvant dans l'avion qui s'est écrasé le 11 septembre 2001 sur le Pentagone à Washington).

Chaabani (Omar)

Connu comme le responsable de la maison des Algériens à Peshawar entre 1998 et 1999. Seconde Abu Zubayda pour l'accueil des volontaires en Afghanistan.

Hassan Zein al-Abidin

Egyptien (palestinien).Vit au Pakistan. Connu comme un des principaux leaders d'al-Qaïda. Impliqué dans les projets d'attentats contre les intérêts américains et israéliens en Jordanie pour les festivités de l'an 2000.

Salah (Mohamed, alias Nasr Fahmi Nasr)

Responsable du Jihad islamique (Egypte). Condamné à mort par contumace en Egypte en 1998. Aurait été tué en novembre 2001 lors d'un bombardement sur la ville de Khost, Afghanistan.

Taha Rifaï « Abou Yassir »

Egyptien. Haut responsable de la Jama'a islamiya (Egypte). 1998 : il signe la Fatwa contre les juifs et les croisés. 1999 : il refuse la trêve des affrontements armés décrétée par les principaux responsables de la Jama'a islamiya en 1999. Juin 2000 : il menace (dans une déclaration à l'AFP en juin) les intérêts américains au Moyen-Orient.

Zine el Abidine Mohamed, alias Abou Zubaydah, Tariq, Abou al-Maid

Saoudien (d'origine palestinienne), voyage avec un passeport égyptien. 27 ans (en 2001). Longtemps installé à Peshawar, vit en Afghanistan depuis 1999. Vétéran de la guerre d'Afghanistan. Connu comme :

— Chargé de la formation théologique et de l'entraînement militaire des nouvelles recrues en Afghanistan et au Pakistan (a notamment dirigé le camp de Khalden en Afghanistan).

— Chargé de la coordination du recrutement et de la formation des moudjahidines partant combattre dans les Balkans.

— Responsable de la coordination des groupes à travers le monde, notamment les réseaux européens et maghrébins.

Le fait est que l'on retrouve son nom cité dans de nombreuses affaires : Réseau Beghal, Cellule GIA de Fateh Kamel à Montréal, commando en Bosnie (octobre 2001)

En septembre 2000 Mohamed Zine el Abidine est condamné à mort par contumace en Jordanie (conspiration terroriste visant des cibles américaines et israéliennes à l'occasion des festivités du passage à l'an 2000).

LES ENTITÉS

Afrique

Al Itihad al Islamiya (l'Unité islamique) — Somalie et Corne de l'Afrique

Lié à al-Qaïda depuis 1992. Depuis cette époque des Somaliens sont recrutés et sont formés dans des camps au

Pakistan et en Afghanistan. Commandant militaire : Maj Hassan Dahir Uweis. Combattants et sympathisants : de 3 000 à 5 000 membres ; plus 50 000 à 60 000 sympathisants et réservistes. Le groupe recrute dans tous les clans et dans le monde des affaires. Bases : Mogadiscio (Somalie), Ogaden (Ethiopie). Camps d'entraînement : au sud, près de Kambonie (ville à la frontière du Kenya) ; au nord, aux environs de Anod (sud du Somaliland) et de Galkaiyo ; à l'ouest, près de El Wak et de Gedo (frontière avec l'Ethiopie). Les camps de la région de Gedo auraient été installés par des hommes d'Oussama Ben Laden à partir de juin 1999. En 2001, plusieurs milliers d'« Afghans » auraient été formés dans des camps d'entraînement en Somalie.

Activités et objectifs

En Ethiopie Al Itihad al Islamaya demande l'indépendance de la région d'Ogaden (est de l'Ethiopie) et l'application de la sharia.

Fin septembre 2001, Al Itihad al Islamiya organise des manifestations de soutien à Oussama Ben Laden à Mogadichio et Ogaden.

Patrimoine

Le mouvement dispose d'un important patrimoine : télécommunication, internet, bâtiment, banques et bureaux de change, services postaux, agences de voyages, etc. La société al-Barakaat (*sacré* en arabe), l'un des plus importants conglomérats de Somalie, gère le gros de ce patrimoine. Le groupe opérait (jusqu'en septembre 2001) dans le monde entier notamment aux Etats-Unis et en Grande-Bretagne. Les banques du groupe Barakaat permettent aux expatriés somaliens de rapatrier en Somalie environ 500 millions de dollars par an. En 2000, les Somaliens vivant aux Etats-Unis ont ainsi transféré 75 millions de dollars (de 2 à 4 millions de dollars par mois). En octobre 2001, les avoirs du mouvement ont été gelés par les Etats-Unis.

Front islamique national (FNI) — Soudan

Mouvement lié à la confrérie des Frères musulmans du Soudan. Dirigeant : Hassan al-Turabi. Assigné à résidence en octobre 2001. Son procès prévu à l'automne 2001 est reporté. Coordinateur des forces de Défense populaires (milice du FNI) : Ghazi Salaheddine. A fait ses premières armes dans l'armée islamique de Khadafi. Recruté par al-Qaïda dans les années 90, il part combattre en Afghanistan. Conserve depuis des liens étroits avec les « Afghans » et la Jama'a islamiya (Egypte). Revient au Soudan après le coup d'État du général Bashir en 1989. Représente « l'aile dure » du FNI.

Dans les années 90, de nouveaux camps d'entraînement du FNI sont ouverts dans le pays. Ils forment des cadres qui sont ensuite envoyés dans toute l'Afrique de l'Est (Kenya, Somalie, Tanzanie, Ouganda, Burundi, etc.). D'après un rapport d'*Human Rights Watch* publié en août 1998, les combattants des réseaux islamiques africains sont majoritairement entraînés dans des camps situés au Soudan : près de Khartoum et de Port Soudan ; dans la région de Damazin (à l'est) ; dans la province Equatoria (au sud). Le FNI accueille des volontaires dans ses camps, distribue des fonds à des organisations islamiques et des ONG au Kenya, au Mozambique, en Tanzanie, en Ouganda et en Zambie. Des cadres sont envoyés au Tchad ou dans d'autres pays d'Afrique (de l'ouest essentiellement) pour prêcher la bonne parole.

En 1991, Oussama Ben Laden établit ses quartiers généraux au Soudan. Environ 400 combattants liés à Oussama Ben Laden combattent au côté d'Hassan Turabi et du général Bashir. Dès cette époque, l'équipe de Ben Laden travaille au regroupement des combattants de l'Omoro Liberation Front, de l'Islamic Front in Ethiopia et de l'Eritrean Liberation Front. En 1996, les Nations-Unies et les Etats-Unis imposent des sanctions au Soudan ; Khartoum « demande » à Oussama Ben Laden de quitter le pays.

Oussama Ben Laden financerait directement trois

camps au nord du pays. Ces camps ont notamment accueilli des combattants de Cheikh Abdullah (Ouganda), du Front islamique du salut (Algérie), de l'Eritrean Islamic Jihad et du Front islamique de libération Moro (Philippines).

Jama'a islamiya (JI, groupe islamique) — Egypte

Liée au Jihad islamique (JIs) — Egypte. Apparaît en 1977 dans les universités du Caire. Emir : Cheikh Omar Abdelrahman. Condamné aux Etats-Unis en 1995 à la prison à perpétuité pour l'attentat contre le World Trade Center en 1993.

Membres de la *shura* (conseil) :

— Mustapha Hamza (président). Trois fois condamné à mort par contumace en Egypte : affaire des *Returnees from Afghanistan* (1992) ; tentative d'assassinat du ministre de l'Information, Sawfwat El Sherif (1994) ; attaques armées au sud de la province de Minya (1996). Principal suspect, dans la tentative d'assassinat du président Hosni Mubarak en Ethiopie (1995) ; pour les autorités égyptiennes, c'est lui qui a ordonné le massacre de Louxor (1997). Réfugié au Soudan (milieu années 90) puis en Afghanistan (au moins jusqu'en 1999).

— Abu Yassir Rifaï Taha. Réfugié en Afghanistan. Lieutenant d'Oussama Ben Laden.

— Mohammed Shawqi al-Islambuli[1]. Réfugié en Afghanistan. Lieutenant d'Oussama Ben Laden.

Commandement militaire (en Egypte) : Ala Abd al-Raziq (commandant, depuis septembre 1999). Succède à Farid Kadwani (tué avec ses trois adjoints dans un affrontement armé avec la police à Giza's Umianiyah — est du Caire). Rif'at Zaydan (adjoint, depuis septembre 1999).

---

1. Dans une déclaration envoyée à l'agence de presse Reuters en décembre 1999, il affirme avoir démissionné de ce poste en même temps que Abu Yassir Rifaï Taha. Ce dernier dément avoir démissionné dans une autre déclaration...

Autres dirigeants connus : Usamah Rushdi (réfugié au Danemark). Hashim Salah (un des fondateurs de la JI, vit dans le gouvernorat de Suhaj — Egypte).

Combattants : d'après Usamah Rusdi en décembre 1999 : 25 000 militants de la JI sont emprisonnés en Egypte. Cette année-là, 5 000 autres activistes de la JI ont été libérés.

La majorité des leaders et hauts responsables sont installés à l'étranger : en Afghanistan (on les retrouve aux côtés d'Oussama Ben Laden et des Talibans), au Pakistan (la JI possède des bureaux au Pakistan depuis 1989), dans les Etats du Golfe (au Yémen notamment), en Amérique du Sud (Equateur, Uruguay Brésil, Equateur, Colombie, Pérou, Argentine, Paraguay...), aux Etats-Unis, en Afrique (Kenya, Tanzanie, Soudan...) et en Europe (Albanie, Bosnie, Bulgarie, Danemark, Grande-Bretagne, Suisse, Allemagne, Italie...), etc.

La JI a une activité importante et organisée en Europe (notamment dans les Balkans — Bosnie, Albanie, Kosovo ; voir par exemple ses activités au sein du Centre culturel de la mosquée de Viale Jenner à Milan — Italie) et aux Etats-Unis. Les leaders de la JI ont notamment un rôle d'encadrement auprès des plus jeunes.

Activités et implantations
    A l'origine :
    Années 70 : les principaux fiefs de la JI sont situés au sud de l'Egypte.
    Années 80 : la JI étend ses activités en Haute Egypte et commence à recruter dans les quartiers pauvres du Caire.
    1989 : premiers affrontements avec les forces de l'ordre (28 morts du côté de la JI).
    1990 : les premiers groupes de vétérans « afghans » rentrent au pays. Tandis que les principaux propagandistes

de la JI partent s'installer en Europe pour tirer parti des possibilités médiatiques offertes dans ces Etats.

A partir de 1992 :
A cette époque la JI a pour cible le gouvernement égyptien, les chrétiens et les touristes.

Entre octobre 1992 et novembre 1997 : 11 attentats contre des sites touristiques font près de 150 morts.

Juin 1995 : nouvelle tentative d'assassinat du président Hosni Mubarak[1] à Addis-Abeba (Ethiopie).

Novembre 1997 : six hommes habillés à l'occidentale se présentent au guichet du temple de Hatshepsout (sur la rive gauche du Nil en face du temple de Louxor), ils abattent les gardiens et massacrent 58 touristes (anglais, japonais, suisses...) : enfants égorgés à l'arme blanche, femmes violées et éventrées, blessés achevés ou mutilés... Après avoir revêtu des uniformes de policiers, les terroristes s'enfuient en direction du désert. Ils sont finalement abattus par la police quelques heures après. En tout : 67 morts et des dizaines de blessés.

A la fin des années 90 :
Mars 1999 : Mustafa Hamza déclare la trêve des opérations armées.

Octobre 1999 : Cheikh Omar Rahman et les dix principaux leaders de la JI emprisonnés en Egypte demandent à leur tour l'arrêt des violences.

Février 1998 : Abu Yassir Rifaï Taha signe la Fatwa contre les juifs et les croisés et passe un accord avec Ayman al Zawahiri (voir *infra Jihad islamique* — Egypte).

Juin 2000 : Abu Yassir Rifaï Taha menace les intérêts américains au Moyen-Orient dans une déclaration qu'il signe au nom de la JI.

---

1. C'est la huitième tentative d'assassinat organisée contre lui depuis son arrivée au pouvoir en 1981.

Les Gardiens de la prédication salafiste (GPS) — Algérie

Dissidence du Groupe islamique armé (GIA) de l'émir Antar Zouabri et plus particulièrement d'une katiba du GIA dénommée *al-Ahoual*, « La terreur ». Apparaît en 1998. En octobre 2001, au lendemain du match de football France-Algérie au Stade de France (Paris), quatre islamistes liés à ce mouvement sont arrêtés à Sartrouville (Yvelines) et Saint-Denis (Seine-Saint-Denis) : première apparition du GPS en France.

Groupe salafiste pour la prédication et le combat (GSPC) — Algérie

Egalement appelé *Dawa wal Jihad*, groupe islamique armé 2ᵉ région. Apparaît en 1998.

Dirigeant connu : commandant Hassan Hattab (ancien émir de la « 2ᵉ région militaire » du GIA).

En février 1999, Mohamed Rached, un repenti du GIA, déclare avoir été témoin de plusieurs conversations téléphoniques entre Oussama Ben Laden et Hassan Hattab et affirme que le GIA a changé son nom pour celui de GSPC sur l'ordre du milliardaire saoudien.

Activités et objectifs

Un certain nombre de cellules d'« Afghans » en Europe se réclament du GSPC et sont liées au GIA (voir, par exemple, le groupe arrêté à Alicante — Espagne — en septembre 2001).

En novembre 2001, Hassan Hattab aurait menacé de s'attaquer aux intérêts américains et européens en Algérie et déclare « si les Etats-Unis s'en prennent aux musulmans, il faudra s'attendre à des représailles pires que les attentats du 11 septembre 2001 ». Communiqué cependant non authentifié.

Islamic party of Kenya (IPK) — Kenya [1]

L'IPK est financé par le Front national islamique (Soudan).

Dirigeants connus : Commandants : Cheikh Khalid Balala ; Cheikh Khalifa Mohamed (autorité spirituelle).

Objectifs : le but de Cheikh Khalid Balala est de créer des mouvements islamiques similaires en Tanzanie, au Mozambique, en Zambie et en Ouganda.

Islamic salvation movement — Erythrée. Ex-Eritrean Islamic Jihad movement (le groupe change de nom en 1998)

Apparaît en novembre 1997.

Dirigeants connus : secrétaire général : général Cheikh Khalil Muhammad Amir.

Itisam bi al-Kitab wa al-Sunnah — Somalie

En juin 1996, Al Itihad al Islamiya et le groupe Tajamu Islami également basé en Somalie fusionnent et prennent le nom Itisam bi al-Kitab wa al-Sunnah.

Jihad islamique (JIs) — Egypte

Lié au Takfir wal-Hijra (Egypte) et à la Jama'a islamiya (Egypte).

Apparaît dans les années 70.

Dirigeants connus : commandant : Ayman al-Zawahiri (depuis 1970) principal lieutenant d'Oussama Ben Laden. Réfugié en Afghanistan. Second supposé : Tharwat Salah Shihatah. Réfugié à Londres. Responsable « des services de renseignements du JIs ». Condamné deux fois à mort par contumace en Egypte : tentative d'assassinat du Premier ministre égyptien (1991) ; activités terroristes du JIs (1998).

------

1. A partir de 1997, le Kenya devient le principal point de passage pour le commerce de la drogue notamment celle en provenance de Karachi (Pakistan). Mombassa et Zanzibar apparaissent comme des villes clés pour le blanchiment de l'argent de la drogue et le financement des opérations d'Oussama Ben Laden aux Etats-Unis et en Europe.

Autres dirigeants du JIs : Usammah Siddiq Ali Ayyub (réfugié en Allemagne). Ismael Tantawi (réfugié en Allemagne depuis 1975)

Les combattants : en Egypte, le nombre de militants du JIs est limité (à cause de la répression et pour réduire les risques d'être infiltrés par la police).

Le JIs a une activité importante et organisée en Europe et aux Etats-Unis : ses leaders ont notamment un rôle de recrutement et d'encadrement de jeunes recrues.

Organisation

Totalement clandestine. Les combattants sont regroupés en petites cellules cloisonnées : si une cellule est découverte les autres restent indécelables. Le JIs possède son propre appareil de renseignement, il est placé sous le commandement de Tharwat Salah Shihatah (d'après les témoignages recueillis lors du procès des *Returnees from Albania*, 1999).

Activités et objectifs

A l'origine :

Renverser le gouvernement égyptien impie qui a signé la paix avec Israël et instaurer un véritable Etat islamique. Il s'agit « de combattre l'ennemi proche avant l'ennemi lointain ». A cette époque le JIs vise essentiellement les politiques, ainsi par exemple :

Octobre 1981 : quatre militants (dont Khalid al-Islambouli[1]) abattent le président égyptien Anouar el-Sadate en plein défilé militaire. Environ 70 membres du JIs sont arrêtés.

Août 1993 : le JIs revendique la tentative d'assassinat du ministre de l'Intérieur égyptien, Hassan Alfi.

Novembre 1993 : il revendique la tentative d'assassi-

---

1. Le frère de Khalid al-Istambouli (condamné à mort et exécuté), Mohammed Shawqi est un proche conseiller d'Oussama Ben Laden et membre de la Shoura de la Gama'at Islamiya.

nat du Premier ministre égyptien, Atef Sedki, à Héliopolis (Egypte).

Novembre 1995 : il revendique l'attaque de l'ambassade d'Egypte à Islamabad (Pakistan) — 17 morts, 59 blessés.

Depuis la fin des années 90 :

Début 1998 : Oussama Ben Laden demande au JIs de cesser ses opérations en Egypte pour se consacrer à la lutte contre Israël et les Etats-Unis. Ayman al Zawahiri (JIs) et Abu Yassir Rifaï Taha (JI) s'accordent pour coordonner leurs actions en ce sens mais conservent l'indépendance des deux organisations, notamment pour les formations et l'organisation des actions armées.

Février 2000 : Usamah Siddiq Ali Ayyub demande l'arrêt des opérations armées et appelle les militants « à concentrer leurs efforts pour la libération d'Al-Aqsa et de Jérusalem ».

Juillet 2000 : onze commandants (considérés comme des hommes très dangereux) emprisonnés en Egypte signent une déclaration signifiant l'arrêt des opérations armées, parmi eux figurent : Ismail Nasr al-Din (condamné à quinze ans de travaux forcés, dans l'affaire *Vanguards of Conquest*), Akram Abd al Aziz al-Sharif (condamné à dix ans de travaux forcés, dans l'affaire *Khan al-Khalili*), Ali Abd al Aziz al Faqi (condamné à quinze ans de travaux forcés, dans l'affaire *Khan al-Khalili*), Amr Muhammad Abd-al-Mun'im (condamné à quinze ans de travaux forcés, dans l'affaire *Khan al-Khalili*), Abdallah Ala Muhammad (condamné à dix ans de travaux forcés, dans l'affaire *Khan al-Khalili*), Umar Husayn Uways (condamné à dix ans de travaux forcés, dans l'affaire *Vanguards of Conquest*), Mahmud al Sayyid al-Aqbawi (condamné à dix ans de travaux forcés, dans l'affaire *Vanguards of Conquest*).

National Council of muslim youth Nacomyo — Nigeria — Afrique noire

Commandant : Al Hadji Isaaq Kunle Sanni. Ne cache pas son soutien à Oussama Ben Laden.

Bases : Ibadan et Kano (Nigeria). En septembre 2001, le mouvement organise des manifestations de soutien en faveur d'Oussama Ben Laden.

Somali Islamic Union party — Somalie

Apparaît en janvier 1997 et annonce vouloir lancer le jihad en Ethiopie. Cette année-là, les autorités égyptiennes avertissent les Etats voisins de la Somalie que des « Afghans-arabes » entrés clandestinement dans le pays ont rejoint les rangs du *Somali Islamic Union party*.

Takfir wal-Hijra (« anathème et hégire ») — Egypte

Lié au Jihad islamique (JIs) — Egypte

Cette mouvance (du moins l'idéologie dont elle se réclame) a fait des adeptes dans le monde entier. Le nom de Takfir wal-Hijra apparaît très fréquemment. Cependant, il est peu plausible que tous ces « Afghans » se réclamant du Takfir wal-Hijra appartiennent à un mouvement unique (et un tant soit peu centralisé).

Dirigeant connu : fondateur du mouvement originel : Chukri Ahmed Mustapha. Condamné à mort en Egypte, pendu en 1977.

A l'origine :

Chukri Ahmed Mustapha développe les thèses de Sayyid Qotb (penseur radical des Frères musulmans). L'idée centrale est fondée sur l'apostasie et donc l'excommunication (*Takfir*) de toute la société égyptienne que les membres du Takfir (souvent appelés *Takfiris*) ne reconnaissent pas comme musulmane. Le mouvement affiche une double volonté : se retirer de la société actuelle ; la remplacer, violemment s'il le faut, par une communauté basée sur les préceptes originaux de l'islam. Les *Takfiris* se considèrent comme les seuls vrais croyants ; tout péché entraîne automatiquement l'exclusion de la communauté des croyants. Toutes les institutions sont impies : pour les membres du Takfir, il est interdit d'intégrer la fonction publique, de faire son service militaire ou de fréquenter une université ou une école publique. Les *Takfiris* ne fréquentent pas les mosquées, ils font leurs prières à domicile et dans les lieux appartenant au groupe. Le Takfir est strictement cloisonné en petits groupes de cinq ou six personnes dirigées par un émir.

En 1977, Takfir wal-Hijra revendique l'enlèvement et l'assassinat de l'ancien ministre égyptien des Biens religieux, Cheikh Dhahadi.

Années 1980-1990, le Takfir wal-Hijra inspire de nombreux mouvements dans le monde entier : Arabie saoudite, Afghanistan, Soudan, Pakistan, Liban, Algérie etc.

A Peshawar (Pakistan), une mouvance réunie autour d'Ahmed Abu Amara (dit « Le Pakistanais ») se réclame de la doctrine du Takfir.

En Algérie un groupe issu du GIA reprend le nom de Takfir.

Un Takfir wal-Hijra dirige au minimum un camp d'entraînement en Afghanistan.

Depuis la fin des années 90 :

Un certain nombre d'« Afghans » à travers le monde (notamment en Europe — en France, aux Pays-Bas ou en Belgique) se réclament du Takfir wal-Hijra (voir, par exemple, la cellule dirigée par Djamel Beghal, démantelée en France entre août et septembre 2001).

D'après un des membres du gang de Roubaix (cellule liée au GIA démantelée en France 1996, procès ouvert en France en octobre 2001) : « Oussama Ben Laden a approuvé les liens établis entre le Takfir et le GIA [...] il

[Oussama Ben Laden] *finance* le Takfir pour mettre en place son propre programme. »

Asie centrale et Caucase

Islamic Movement of Eastern Turkestan — Chine (Xijiang)

Lié aux Talibans et à Oussama Ben Laden. Plus importante organisation islamiste du Xijiang, formée de Ouighours, qui sont ± huit millions dans cette région. Combattants : ± 600. Ces combattants s'entraînent en Afghanistan, au Tadjikistan, au Pakistan et en Tchétchénie. Un millier d'islamistes Ouighours seraient passés par les camps afghans d'al-Qaïda.

Islamic Movement of Uzbekistan (IMU, mouvement islamique d'Ouzbékistan) — ou Mouvement islamique du Turkestan (nouveau nom depuis 2001) — Ouzbékistan, Tadjikistan, Kirghizistan

Apparaît au début des années 90 dans la vallée de Ferghana [1]. Formellement constitué en 1996.

Dirigeant connu : Jumaboi Khojiev, dit « Juma Namanjani » car originaire de la ville de Namanjan, Ouzbek, ± 35 ans (en 2001). Commandant militaire. Vétéran de la guerre d'Afghanistan. Réfugié en Afghanistan. Très influencé par les Talibans et Oussama Ben Laden.

1987 : appelé sous les drapeaux par l'armée soviétique, il combat en Afghanistan et développe une grande admiration pour les moudjahidines afghans.

1991 : il co-fonde un mouvement anti-gouvernemental dont le but est de faire de l'Ouzbékistan un Etat islamique.

---

1. Elle s'étend sur 22 000 km², dont plus de la moitié est en Ouzbékistan, le reste se répartissant à parts égales entre le Tadjikistan et le Kirghizistan.

1992-1997 : il combat au Tadjikistan.

2001 : donné pour mort (par le chef de guerre ouzbek Rachid Dostom) lors de combats dans l'est de l'Afghanistan, vers la fin novembre.

Autres dirigeants : Tahar Youdasev. Dirige l'aile politique. Réfugié en Afghanistan (Kandahar) depuis février 1999. Tahir Yuldash. Condamné par contumace en Ouzbékistan (septembre 2000). Réfugié en Afghanistan (en 2000, les Talibans refusent de l'extrader).

Combattants : « Afghans » de différentes nationalités. De 2 000 à 3 000 combattants ; bien équipés (armements modernes, équipements de surveillance, etc.). Une partie de ces combattants a été formée dans des camps contrôlés par Oussama Ben Laden situés près de Mazar-i-Sharif (dans d'anciennes bases soviétiques reconverties).

Bases : nord de l'Afghanistan (Mazar-i-Sharif, Kunduz), Tadjikistan, Ouzbékistan (vallée de Ferghana).

Objectifs

Etablir un véritable régime islamique dans la vallée de Ferghana qui inclurait l'Ouzbékistan, le Kirghizistan et le Tadjikistan.

Actions : quelques exemples

Attentats à la bombe visant notamment le gouvernement ouzbek. Ainsi par exemple le 16 février 1999, une série de six explosions, dont cinq voitures piégées, secoue la capitale Tachkent faisant 15 morts et 150 blessés. Les trois premières bombes explosent à une centaine de mètres du siège du gouvernement où le président ouzbek est attendu ; les trois autres touchent respectivement une école, un magasin, et l'aéroport.

Affrontements avec les forces armées kirghizes depuis 1998.

Kidnappings d'Occidentaux, ainsi par exemple : en août 1999, un commando de l'IMU enlève 4 géologues japonais et 8 militaires kirghizes ; en 2000, rapt de 5 alpinistes américains (la prise d'otage dure 6 jours).

En août 2000, une centaine de combattants de l'IMU s'emparent de deux villages du Daghestan (près de la frontière ouzbèke).

Le 10 septembre 2001, les autorités américaines inscrivent l'IMU sur la liste des organisations terroristes. L'IMU change de nom, le mouvement s'appelle désormais le *Mouvement islamique du Turkestan*.

Hizbut-Tahrir — Ouzbékistan

Apparaît en 1997.

Militants : recrutement national (à la différence de l'IMU) ; attire de plus en plus de jeunes défavorisés. Militants pourchassés en Ouzbékistan.

Bases : Ouzbékistan (clandestin), Grande-Bretagne (Londres).

Principales activités : propagande et enseignement des textes coraniques.

Les combattants d'Ibn al-Khattab

Ibn al Khattab, biographie (très) sommaire :

Nationalité et âge inconnus. Dans une interview, il répond à ces deux questions : « il est vrai que je suis Arabe, ce n'est pas dans mon intérêt de vous dire de quelle ville je viens. Je suis musulman, ça devrait vous suffire » (*Le Figaro*, 15 décembre 1999). On n'en sait guère davantage sur son parcours :

Années 80 : il combat en Afghanistan (blessé, deux balles dans l'abdomen).

1987-1988 : il combat au Daghestan (blessé, une grenade lui explose dans la main droite lui emportant deux doigts).

Début des années 90 : il est en Afghanistan, il participe à la prise de Kaboul aux côtés des Talibans.

1994 : il prend la tête d'un groupe de moudjahidines en Tchétchénie.

Pour lui les ennemis de l'islam sont « Israël, l'Amérique et la Russie ».

Avril 1996 : Khattab, à la tête d'une cinquantaine de combattants, attaque un convoi des forces russes à Chatoï (Tchétchénie), les pertes russes sont considérables, trois généraux sont limogés.

Combattants : 1 700 hommes et 2 000 réservistes (d'après Khattab).

Août 1996 : les troupes de Khattab, au côté de Chamil Bassaïv, reprennent Grosny. Après le retrait des troupes russes, il est nommé général de brigade par les autorités Tchétchènes.

Août 1998 : Khattab apparaît au grand jour au côté de Chamil Bassaïev.

Financement : un responsable russe affirme qu'Oussama Ben Laden a versé 30 millions de dollars pour financer les rébellions en Tchétchénie, en Ossétie et en Ingouchie.

Sous-continent indien — Bangladesh

Jihad du Bangladesh
Chef : Abdessalam Mohamed. Signataire de la Fatwa contre les juifs et les croisés.

Harakatul Jihad Party (HJP) — Bangladesh
Apparaît en 1995. Chefs : Cheikh Farid et Abdu Hye ; ce dernier, directeur d'une madrassa à Chittagong (tous deux fuient le pays en début 1999).

Militants : 10 000 dans tout le pays (dont 2 000 à 3 000 membres actifs). Le groupe recrute et entraîne des volontaires qui sont envoyés en Afghanistan combattre aux côtés des Talibans. Entre 1984 et 1998, 25 000 volontaires auraient été entraînés dans les camps du district de Lalkhan Bazar (au sud de Chittagong).

Possède des bureaux dans plus de 400 madrassas au Bangladesh.

Financement : le HJP aurait reçu plus de 1 million de dollars d'Oussama Ben Laden, versés sur cinq comptes à Dacca (en tout Oussama Ben Laden aurait donné aux groupes extrémistes du Bangladesh plus de 4 millions de dollars). En janvier 2000, la police identifie quatre comptes richement provisionnés utilisés par les responsables du HJP.

Mohammed Sajjid (pakistanais, arrêté en janvier 1999) affirme avoir reçu 20 millions de takas (environ 427 000 euros) d'Oussama Ben Laden pour recruter et entraîner des moudjahidines au Bangladesh et déclare avoir engagé un certain Boktiar Hosain pour redistribuer une partie de cet argent aux directeurs des madrassas (200 takas par mois, environ 4 euros).

En octobre 2001, au cours d'une manifestation de soutien à Oussama Ben Laden, un des leaders du groupe, le Maulana Shafikul Islam déclare : « Nous sommes prêts à faire feu contre les Etats-Unis [...] nous avons des millions de Talibans [ici] et plus de 50 000 madrassas dans tout le Bangladesh. »

Jamaat islami Bangladesh
Branche du Jamaat islami Pakistan (JIP) au Bangladesh.

Asie du Sud-Ouest — Iran

Ahle Sunna wal Jama'a — Iran
Organisation sunnite-salafiste iranienne (minorités non-perses) présente en Afghanistan, ses moudjahidines sont depuis plusieurs années entraînés par al-Qaïda et combattent aux côtés des Talibans.

Proche-Orient

Al-Islah wal Tahadi (Réforme et Défi) — Jordanie
Dirigeants connus : Fondateurs : Omar Abou Omar (alias Abou Qutada, Omar Mahmoud Othman). Vit en exil à Londres (voir les organisations en Europe). Dirige officiellement cette organisation jusqu'en 1998. Umar Khalil al-Sayyid (alias Khalid al-Dik). Arrêté au Pakistan et extradé en Jordanie en décembre 1999. Principales actions : responsables d'attentats à la bombe contre des sites touristiques en Jordanie en 1998. *Jaesh-i-Mohammed (Jordanie)*

Takfir wal-Hijra — Libye
Dirigeant connu : Abd al-Hakim Tawfiq al-Jazzar, Libyen, 38 ans (en 2001).

Combattants : « Afghans » (vétérans de la guerre d'Afghanistan ou de Bosnie-Herzégovine). Nationalités : Libyens, Afghans... et même des Allemands convertis.

Fin 1999, les combattants Al Takfir wal-Hijra établissent leur quartier général dans des montagnes dominant Tripoli. Ils sont délogés par les forces de l'ordre en janvier 2000. Le commandant du groupe, Hadj Bassam Kanj, alias Abu Aïcha (Libyen, a acquis la nationalité américaine), vétéran de la guerre d'Afghanistan, est tué lors de l'assaut.

Le groupe est accusé d'avoir préparé des attentats contre des ambassades et des intérêts étrangers pour les fêtes de fin d'année.

Armée islamique d'Aden Abyane — Yémen
Apparaît en 1997.

Chef : Hatam bin Farid (condamné à 7 ans de prison en avril 2001).

Combattants : plus de 200 vétérans de la guerre d'Afghanistan.

Camps d'entraînement : situés dans les montagnes du gouvernorat d'Aden Abyane (sud du Yémen).

Principales actions

1998-1999 : l'organisation revendique plusieurs attentats à la bombe au sud du Yémen (au total : 10 morts, 80 blessés).

Décembre 1998 : un commando enlève 16 touristes occidentaux ; le chef de l'Armée islamique d'Aden Abyane, Zayn el-Abidin al-Midhar (alias Abu al-Hasan[1], 28 ans), est arrêté, condamné à mort et exécuté.

Depuis, des attentats à l'explosif visent assez régulièrement des établissements économiques et financiers à Aden. Liens avec Ansar al-Sharia'ah Islamic organisation (Londres, Grande-Bretagne).

Esbat al Ansar (Ligue des partisans, sous-entendu du Prophète) — Liban

Chef : Ahmed Abdel Karmim al-Saadi (alias Abu Mohsen) ; Palestinien. Condamné à mort par contumace au Liban en 1995 pour son implication dans le meurtre d'une personnalité religieuse musulmane à Beyrouth.

Impliqué dans des attentats visant un édifice religieux et un magasin d'alcool à Beyrouth.

Combattants : environ 300 (Syriens, Palestiniens et autres ressortissants de pays arabes), issus de couches sociales défavorisées.

Bases : camps de réfugiés[2] de Ain al Hilweh[3] (Sidon, camp de 70 000 personnes) et de Nahr al Bared (sud du Liban).

Financement : le mouvement reçoit un important financement de la part de la mouvance d'Oussama Ben Laden.

Les virements se font *via* des comptes en banque

---

1. Le même pseudonyme a été conservé par les deux chefs successifs : Abu Hamza al-Misri, condamné à mort en mai 1999, et Zayn al-Abidin al-Midhar.

2. Il y a au Liban 12 camps de réfugiés palestiniens, (± 400 000 personnes, au total).

3. Le camp est dirigé par le colonel Moqhab ; il a été « acheté » par le Esbat al Ansar. Le mouvement utilise en effet une partie des fonds qui lui sont alloués à la corruption.

ouverts à Beyrouth et au nord du Liban, principaux financiers : Haroun al-Yamadi (Panama) ; Shawki Muhammad (Autriche) ; Abou Qutada (Grande-Bretagne, voir « Europe ») ; Abdul Barri al Khaligi (Emirats Arabes Unis).

Principales activités

Attaques contre Israël et le Fatah de Yasser Arafat.

En 2000, le groupe attaque à la grenade l'ambassade de Russie ; bilan : deux morts (un policier libanais et un passant), une dizaine de blessés (des passants).

Esbat al Ansar est lié au Takfir wal-Hijra.

Hamas

Chef : Cheikh Ahmed Yassin.

En septembre 2001, le Hamas publie un communiqué. Il appelle « les musulmans et les Arabes à ne pas se joindre à la coalition anti-terroriste américaine [...] le terrorisme le plus dangereux au monde est le terrorisme sioniste ».

Hezbollah — Liban

Des terroristes liés à Oussama Ben Laden ont reçu un entraînement au maniement d'explosifs dans les camps du Hezbollah au Liban. Le Hezbollah fournirait également des explosifs aux réseaux d'Oussama Ben Laden.

Ali Mohammed (arrêté aux Etats-Unis en septembre 1998 dans le cadre de l'enquête sur les attentats contre les ambassades américaines en août 1998) reconnaît avoir organisé une rencontre entre Oussama Ben Laden, Ayman al Zawahiri et les représentants du Hezbollah au Soudan.

Islah party (parti de la réforme) — Yémen

Idéologue du parti : Cheikh Abdel Majid Al Zindani, proche d'Oussama Ben Laden. Vétéran de la guerre d'Afghanistan (recrutait des volontaires au Yémen). Dirige l'école théologique de l'Université de la Foi de Sanaa. Elle accueille des milliers d'étudiants d'Afrique du Nord et du Moyen-Orient.

Militants : cheikh de tribus, oulémas, membre des Frères musulmans, militants extrémistes, technocrates, riches marchands et même des hommes du président du Yémen (alors que Islah party fait en théorie partie de l'opposition).

L'Université Al-Imam d'Aden relaie les messages anti-américains du parti auprès de la jeunesse yéménite.

Connaissances yéménites d'Oussama Ben Laden

Ali Moshen al-Ahmar : liens avec les réseaux « afghans ». Colonel de l'armée yéménite. Demi-frère du président Saleh. Rencontre Oussama Ben Laden dans les années 80. Années 90 : il aurait reçu 20 millions de dollars d'Oussama Ben Laden pour financer l'installation de camps au Yémen. Son fils Ahmed est en charge de la garde présidentielle.

Tariq Nasr al-Fadhi : chef tribal vétéran de la guerre d'Afghanistan. Rencontre Oussama Ben Laden dans les années 80. Membre du conseil présidentiel. Impliqué dans l'attentat contre un hôtel d'Aden en 1992.

Cheikh Muqbel Hadi Abdul Wadie : Yéménite, 71 ans (en 2001). Proche d'Oussama Ben Laden. Chef tribal charismatique, bien connu des services de renseignements. A ouvert 6 centres d'entraînement au Yémen (le plus important est celui de Dammaj). Ces centres accueillent des « élèves » arabes et occidentaux (en février 2001, il y avait « une quarantaine » de Français dans les écoles de Cheikh Muqbel). Les élèves passent cinq à dix ans dans ces centres. Enseignement : strictement salafiste, anti-américain...

Jaish-i-Mohammad (armée de Mahomet) — Jordanie

Fondateur : Abu Ghoshar.

Combattants : « Afghans ».

Principaux financiers : Jamel Khalifa (Arabie saoudite, beau-frère d'Oussama Ben Laden) et Abou Qutada (Grande-Bretagne).

Principales actions

Responsables d'attentats à la bombe contre des sites touristiques en Jordanie en 1998.

Jaish-i-Mohammad est lié à Al-Islah wal Tahadi (Jordanie).

Projets d'attentats pour le passage à l'an 2000 (cellule « Afghans » en Jordanie démantelée en décembre 1998).

Jund al-Islam — Irak (Kurde)

Né de la fusion de deux mouvements : Islamic Tawhid (Unification islamique) et Soran Force-2. Apparaît à la fin de l'année 2000. L'apparition de cette organisation suscite de nouvelles tensions dans la région.

Dirigeants connus : Abu Abdallah al-Shafi, Arabe, considéré comme un homme d'Oussama Ben Laden ; Maulana Ali Abd al-Aziz ; Maulana Ali Bapir (guide spirituel).

Combattants : vétérans « Afghans » (essentiellement kurdes et arabes).

Bases : Sharazur, Hawraman.

Objectifs : établir un véritable Etat islamique appliquant strictement la charia.

Principales actions

Responsable d'un attentat contre le gouverneur d'Arbil (capital du Kurdistan d'Irak), Fransou Hairiri (un chrétien, compagnon de route de Massoud Barazani — parti démocratique du Kurdistan, PDK).

Début septembre 2001 : le Jund al-Islam occupe la ville de Biyara, ses responsables démettent les administrateurs et les fonctionnaires de la ville de leurs fonctions car ils ne respectent pas la charia. Le mouvement crée une nouvelle radio et saisit un grand nombre d'armes appartenant à différentes factions combattantes. Il publie ses instructions : « les femmes doivent porter la tenue islamique en permanence (à l'extérieur comme à leur domicile) [...]

les hommes doivent laisser pousser leur barbe [...] la musique, les photos sont interdites... ».

Affrontements avec le Patriotic Union of Kurdistan (PUK, soutenu par l'Iran) du Mollah Ali dans les régions de Hawraman, Sirwan, Sharazur et Halabj : « Il s'agit d'un conflit entre musulmans et infidèles [les forces du PUK] », estime le porte-parole du Jund al-Islam en septembre 2001. A la fin du mois, Jund al-Islam prend le contrôle de la ville de Halabja.

Septembre 2001 encore : le *Jund al-Islam* s'affilie à l'Islamic Group (présidé par le mollah Muhammad Barzinji) ; le mollah Abd al-Aziz prend le titre d'émir général de ce groupe.

Mouvement de la renaissance islamique — Arabie saoudite

Fondateurs : Sfar al Hawli, Saoudien (originaire de la région d'Assir), arrêté en septembre 1994. Salman al-Awdah, Saoudien (originaire de la région d'Assir), arrêté en septembre 1994.

Dans une cassette vidéo (« Le sermon de la mort »), Salman al-Awdah appelle l'élite intellectuelle saoudienne « au sacrifice et au martyre pour attaquer les Occidentaux et le régime des Saoud qui sert les croisés ».

Lié au Comité pour la Défense des droits légitimes (Grande-Bretagne et Allemagne) ainsi qu'aux « bombes humaines » du 11 septembre 2001.

Relation familiale saoudienne « militante » d'Oussama Ben Laden

Mohamed Jamel Khalifa : gendre d'Oussama Ben Laden. Financier d'Abu Sayyaf (Philippines) et Jaish-i-Mohammad (Jordanie). Impliqué dans l'attentat du World Trade Center en 1993 (son domicile à Manille a servi de base aux terroristes). Condamné à mort par contumace en Jordanie (complot terroriste, financement du *Jaish-i-Mohammad*). 2001 : vit à Djedda en Arabie saoudite.

Europe

Advice and Reformation Committee (ARC) — Grande-Bretagne (Londres)

Antenne londonienne d'al-Qaïda. Apparaît en 1994. Directeur : Khalid al Fawwaz, Saoudien. 36 ans (en 2001). Arrêté à Londres en septembre 1998 dans le cadre de l'enquête sur les attentats contre les ambassades américaines en Tanzanie et au Kenya, août 1998. Autres dirigeants connus : Adel Abdul Mageed Abdul Bari, Egyptien, condamné à mort par contumace en Egypte pour son implication dans un projet d'attentat contre le marché *Khan al-Khalili* (Le Caire). Interpellé à Londres en septembre 1998.

Activités de l'ARC

Coordination entre les cellules liées à Oussama Ben Laden à travers le monde, sert de relais entre les chefs de groupe et Oussama Ben Laden (voir les attentats contre les ambassades américaines en Tanzanie et au Kenya, décembre 1998).

Diffusion des déclarations d'Oussama Ben Laden dans le monde entier.

Octobre 1998, l'Advice and Reformation Committee publie une déclaration dans laquelle il réclame la libération de Khalid al Fawwaz, menace le gouvernement britannique et annonce la fermeture de ses bureaux à Londres.

Ansar al-Sharia'ah Islamic organization (Londres, Grande-Bretagne (Supporters of Shariah — SOS))

Entité liée à l'Armée islamique d'Aden Abyane (Yémen) et au Groupe islamique armé (Algérie). Chef : Mustafa Kamil (alias Abu al-Hamza al-Misri, « L'Imam aux mains amputées »), Egyptien, 43 ans (en 2001). Vétéran de la guerre d'Afghanistan contre les Soviétiques (il est gravement blessé et est amputé des deux mains). Se présente comme le porte-parole des islamistes à travers le monde.

Recrutement : attire des jeunes de toutes nationalités (Britanniques, Français notamment). Le groupe embaucherait également de jeunes délinquants pour des missions spécifiques (au Yémen notamment). Bases : mosquées de Finsbury et de Baker street, dans l'agglomération londonienne. Principales activités : organisation de stages d'entraînement en Grande-Bretagne.

D'après un rapport du *Foreign office* (extraits publiés dans *Financial Times*, janvier 1999), Ansar al-Sharia'ah organise chaque fin de semaine des préparations au jihad. Les jeunes recrues sont encadrées par des anciens officiers des armées britanniques. Ces stages ont lieu dans la banlieue nord de Londres. Les sites qui accueillent les stagiaires sont officiellement des centres coraniques, des clubs d'arts martiaux, des associations de cartomancie [?]... Plusieurs enquêtes diligentées par les autorités britanniques n'auraient pas « permis de déceler des activités illégales ».

Recrutement de volontaires qui sont envoyés dans des camps d'entraînement au Yémen. Ansar al-Sharia'ah prend tout en charge : coût des billets d'avion, accueil sur place, argent de poche, fourniture de faux papiers...

Diffusion des informations auprès des sympathisants.

Soutien du jihad au Yémen (« Jihad and liberation of south Yemen from north Yemen ») et à l'Armée islamique d'Aden Abyane.

En mars 1999, Ansar al-Sharia'ah publie une déclaration menaçant les ambassadeurs américains et britanniques présents au Yémen. Ce mois-là, Abu al-Hamza al-Misri est arrêté (relâché peu après) par les autorités britanniques et reconnaît avoir eu des contacts avec les ravisseurs des touristes occidentaux au Yémen en décembre 1998 (voir Armée islamique d'Aden Abyane — Yémen). Son fils, Mohammed Mustafa, fait partie du commando islamiste arrêté en décembre 1999 et qui s'apprêtait à commettre des attentats à l'occasion du passage à l'an 2000.

Longtemps « boîte aux lettres » du Groupe islamique armé (Algérie), GIA, en Grande-Bretagne. Ansar al-Sharia'ah est présenté par des membres du GIA comme « le coordinateur du GIA à Londres » : collectes de fonds, acheminement de médicaments et d'armes en Algérie... Dans de nombreuses interviews sur des chaînes de télévision françaises et arabes ce groupe justifie les massacres d'hommes, de femmes, d'enfants même, en Algérie...

Centre culturel de la mosquée de Viale Jenner — Italie (Milan)

Création : 1989. Directeur : Shaari Abdel Hamid (depuis 1997), Libyen et architecte. Fréquentation de la mosquée et du centre : le vendredi, environ 4 000 fidèles. Le public de la mosquée de Viale Jenner est deux fois plus important que celui des 5 autres mosquées de la ville.

Activités

Base logistique d'al-Qaïda en Europe.

Depuis 1990, aides humanitaire et militaire des combattants bosniaques, envois de volontaires dans les Balkans.

En 1995, des responsables de la Jama'a islamiya (Egypte) sont arrêtés en Italie. La police démantèle deux importantes cellules d'« Afghans » (bien structurées) travaillant sous le couvert de l'association culturelle de la mosquée de Viale Jenner. Cette année-là le directeur du centre, Cheikh Anwar Shaban (Egyptien, ingénieur naval, proche des Frères musulmans) est tué en Bosnie.

Les autorités italiennes estiment que dès cette époque des groupes similaires sont actifs à Bologne, Turin et Naples. Ces groupes travaillent en relation avec d'autres « Afghans » basés en Bosnie, en Grande-Bretagne, en Allemagne, en Afghanistan, en Egypte, en Algérie, aux Etats-Unis,...

On retrouve le centre culturel de la mosquée de Viale Jenner dans de nombreuses affaires terroristes, ainsi par exemple, l'ont fréquenté :

— Ramzi Youssef (voir plus bas *Opération Bojinka*).

— Jon Fawzan, Egyptien, qui meurt dans l'explosion d'une voiture piégée à Fium (Croatie) en 1995.

— Certains des terroristes impliqués dans les attentats contre les ambassades américaines en Afrique en août 1998.

— Djamel Beghal (Franco-Algérien, lié au Takfir wal-Hijra, arrêté en juillet 2001) et Fateh Kamel (membre du gang de Roubaix et d'une cellule d'« Afghans » liée au GIA et basée à Montréal).

Enfin, les islamistes milanais sont en contact avec un réseau financier somalien informel (« hawala ») générant un trafic financier italo-somalien de 500 millions d'euros par an ; réseau lui-même lié à une société financière de Dubaï, « al-Baraqat » soupçonnée d'aider al-Qaïda à transférer des fonds entre le Moyen-Orient et le reste du monde.

Comité pour la Défense des droits légitimes (CDDL) — Grande-Bretagne (Londres)

Antenne londonienne du Mouvement de la résurgence islamique (Arabie saoudite).

Apparaît en mai 1993.

Chef : Mohammed el-Massari, Saoudien. Exilé à Londres depuis 1993.

Bases : Londres. Est également présent en Allemagne.

International Office for the Defence of Egyptian People

Dirigeant connu : Adil Abab al-Majid, Egyptien, membre du Jihad islamique (Egypte). Condamné à mort par contumace en Egypte en 1997 : implication dans le projet d'attentat contre le marché *Khan al Khalili* (Le Caire). Inculpé en Egypte dans le procès des *Returnees from Albania*.

Islamic Observation Center (IOC) — Londres, Grande-Bretagne)

Lié à la Jama'a islamiya (Egypte).

Chef : Yasser al-Sirri, Egyptien (statut de réfugié politique en Grande-Bretagne) 38 ans (en 2001). Condamné à mort par contumace en Egypte pour l'assassinat d'Atif Sidqi en 1993. Arrêté à Londres le 23 octobre 2001, les Etats-Unis demandent son extradition. Il est notamment accusé de complicité dans le meurtre d'Ahmed Shah Massoud en septembre 2001 (les faux journalistes portaient une lettre d'introduction signée par Yasser al-Sirri). Base : Londres.

Activité

Officiellement : société d'information. Le centre se fait l'écho de la répression des musulmans dans le monde et fournit une multitude de détails sur les islamistes arrêtés (nom, lieu, circonstances... un moyen d'informer les membres des réseaux amis...). L'IOC gère un site internet de propagande.

Mouvement de la Réforme islamique en Arabie saoudite — Londres, Grande-Bretagne

Dissidence du Comité pour la Défense des droits légitimes (CDDL, Grande-Bretagne).

Dirigeant connu : Saad Fajih, Saoudien. Vit en exil à Londres. Diffuse *Al Islah*.

Al-Islah wal Tahadi — Grande-Bretagne (Londres)

Omar Abou Omar (alias Abou Qutada, Omar Mahmoud Othman) : Palestinien (Béthléem), 41 ans (en 2001). A acquis la nationalité jordanienne. Bénéficie du statut de réfugié politique en Grande-Bretagne. En 2001, il n'appartient officiellement à aucune organisation (se dit membre du « groupe salafiste »). D'après Famal al-Fald (voir attentats contre les ambassades américaines au Kenya et en Tanzanie en août 1998) il fait partie des 6 membres du al-Qaïda Fatwa Committee. Principal financier du Jaish-i-Mohammad (Jordanie) et de Esbat al-Ansar (Ligue des Partisans du Prophète, Liban).

Omar Abou Omar, biographie sommaire :
Années 80 : combat en Afghanistan, responsable de camps d'entraînement.
1988 : il réside en Jordanie et dirige Al-Islah wal Tahadi (Jordanie) jusqu'en 1998.
1989 : il fuit la Jordanie et se réfugie au Pakistan.
1993 : il s'installe à Londres et obtient le statut de réfugié politique en Grande-Bretagne. Il prêche dans la mosquée de Regent's Park.
1998 : il est condamné par contumace à quinze ans de prison en Jordanie — implication dans une série d'attentats contre des sites touristiques en Jordanie (attentats revendiqués par le Jaish-i-Mohammad et Al-Islah wal Tahadi).
1999 : il est condamné par contumace à la prison à vie en Jordanie — implication dans les projets d'attentats à Amman à l'occasion du passage à l'an 2000. Sous la pression de la Jordanie, les autorités britanniques lui interdisent de prêcher à la mosquée de Regent's Park. Depuis, il réunit ses fidèles dans un club sportif (*The fourth Feather*, à deux pas de Regent's Park) et à son domicile à Acton (un faubourg défavorisé de Londres).
2001 : il est arrêté par la police britannique en février et en octobre 2001 ; à chaque fois il est relâché rapidement. En octobre, la Grande-Bretagne gèle ses comptes en banque (près de 2 millions de FF).
Abou Qutada est lié à Zacarias Moussaoui (français, impliqué dans les attentats du 11 septembre 2001, arrêté aux Etats-Unis en août 2001) et à Djamel Beghal (Franco-Algérien, proche du Takfir wal-Hijra, également arrêté au cours de l'été).

6

Terrain, équipes, méthodes

En novembre 1989 une parenthèse historique s'est ouverte entre deux âges du monde. Cette parenthèse s'est refermée en septembre 2001. Pour la comprendre, revenons à ses débuts.

Evénement immense, début d'une ère nouvelle de l'histoire humaine, la fin de l'ordre bipolaire du monde fut aussi un événement paradoxal :

D'abord, il fut longtemps difficile à percevoir — de par sa proximité même. En effet, dans notre vie, nous citoyens des pays développés de la planète, qu'est-ce qui a concrètement changé entre la chute du Mur de Berlin et l'attaque du 11 septembre 2001 ? Pas grand-chose. Dans le même temps, quoi de vraiment bouleversant pour un ministre entouré de la pompe et des ors de la République — et d'une cour de hauts fonctionnaires prévenants ? Rien. Car si, durant la parenthèse historique 1989-2001, le monde développé a ressenti le désordre et la violence du monde, il a été préservé de tout conflit majeur. Les pays développés ont été pour l'essentiel en paix. Ainsi, durant cette période-charnière, la population de ces pays s'est peu intéressée au chaos mondial. Elle tenait sa tranquillité d'alors pour acquise et définitive. Et nul n'écoutait vraiment les avertissements comme celui-ci : « Les époques pacifiques sont superficielles ; comme l'ordre politique y semble assuré, on s'y attache aux problèmes de société ; on y juge les dirigeants à leurs prestations médiatiques plus qu'à leurs performances politiques. De telles périodes ne durent jamais longtemps[1]. »

Plus largement : lors de la lente « chute de l'empire romain », qui avait conscience de cette chute ? Personne. Et pourtant, chute il y avait bien. Certes la nôtre, celle — soudaine et inopinée — du Mur de Berlin, fut de nature toute différente, mais est d'importance historique comparable. Comme tel, et même après que la parenthèse historique 1989-2001 se fut refermée, cet événement immense s'inscrit dans notre *avenir*. Il constitue toujours, et pour longtemps encore, notre horizon indépassable. Comme le dit Martin Heidegger (évoquant ce que fut longtemps la Grèce présocratique pour notre civilisation) : « Le commencement *est* encore. Il ne se trouve pas *derrière nous*, comme ce qui fut voici bien longtemps ; tout au contraire, il se tient *devant* nous. En tant que ce qu'il y a de plus grand, le commencement est passé d'avance au-dessus de tout ce qui allait venir, et aussi déjà au-dessus de nous-mêmes, pour aller loin au-devant. Le commencement est allé faire irruption dans notre avenir : il s'y tient comme la lointaine injonction à nous adressée d'en rejoindre à nouveau la grandeur[2]. »

Nous voilà donc dans un monde chaotique, avec comme horizon (pour l'instant indépassable) la chute du Mur. Et maintenant que la poussière soulevée par sa chute retombe, maintenant que la parenthèse historique se clôt, nous découvrons la question cruciale des années à venir. Cette question est celle de la guerre terroriste et/ou criminelle, désormais d'ampleur stratégique.

---

1. « Kissinger, Metternich and realism », Robert D. Kaplan, *The Atlantic Monthly,* juin 1999.

2. Martin Heidegger, *Ecrits politiques 1933-1966*, Gallimard, bibliothèque de Philosophie, 1995.

Dans le domaine de la sécurité et à l'échelle internationale, qu'est-ce qui a favorisé, précipité — au sens chimique — le déclenchement de cette guerre criminelle/-terroriste ? Ceci, que la plupart des dirigeants politiques importants du monde n'ont pas perçu, du fait de la bienséance, de la « *political correctness* » d'alors.

A mesure que l'on avançait dans la période-charnière, vers le présent, la confusion grandissait en effet dans un domaine où, hier encore, les choses étaient claires : celui de l'hostilité entre les hommes. Une confusion qui nous ramenait loin en arrière — pas loin même de la préhistoire — et qui était pour l'essentiel levée dans la Grèce post-homérique, où l'on distinguait clairement l'ennemi de guerre (*polemos*) que l'on combat mais qui n'inspire aucune animosité personnelle ; et l'être haï, détesté (*echtros*) à qui l'on souhaite mille morts[1]. En Europe, distinguer l'ennemi du criminel était ainsi la règle depuis la guerre de Trente ans et les Traités de Westphalie. Par la suite et « pendant deux cents ans, il n'y a pas eu de guerre d'extermination sur le sol européen »[2]. Bien sûr, il y eut de graves conflits dans l'intervalle entre le XVIIe siècle (conflits interconfessionnels) et jusqu'au XXe (guerres idéologiques-étatiques), mais limités, réglés, dotés de garde-fous. Les fous reviendront au XXe siècle.

Les garde-fous, eux, ont sauté pour de bon durant la parenthèse historique 1989-2001. Ils n'existent plus aujourd'hui.

Hier, la guerre interétatique

En droit international classique, l'Etat est le seul sujet de l'histoire. Il détient le monopole de la violence légiti-

---

1. André Bernand, *Guerre et violence dans la Grèce antique*, Hachette, 1999.
2. Carl Schmitt, *Der Nomos der Erde im Völkerrecht des Jus Publicum Europaeum*, Berlin, Duncker & Humbolt, 1977.

me ; partant, seules les guerres inter-étatiques sont de vraies guerres. De telles guerres supposent une symétrie entre belligérants qui doivent au minimum se connaître et savoir où se trouver. Ceci vaut aussi pour la Guerre froide, « affrontement politico-militaire entre deux universalismes militants dont chacun était maître d'au moins un grand Etat ; affrontement dont l'enjeu était l'organisation future d'un monde unitaire »[1].

Aujourd'hui, les guerres inter-étatiques sont en voie de disparition[2] :

— La dissuasion nucléaire les a rendues trop dangereuses, surtout entre grandes puissances.

— Les démocraties (plus nombreuses que jadis) évitent de se combattre entre elles.

— Le développement de l'économie et des technologies depuis le milieu du xxe siècle rend l'acquisition de territoires par voie militaire moins importante que par le passé.

Et même dans le registre du « coup tordu », les choses ont dramatiquement changé : jusqu'à la fin de la Guerre froide, la limite extrême du jeu guerrier interétatique est la stratégie indirecte, l'ensemble des manœuvres permettant de disloquer l'ordre de bataille ennemi. Une stratégie que Basil H. Liddel Hart définit ainsi : « Son but véritable ne sera pas tant de rechercher la bataille que de créer une situation stratégique si avantageuse que, si elle n'amène pas d'elle-même la décision, sa continuation par une bataille obtiendra assurément cette décision. »

Alors que débute le xxie siècle, la logique même de la stratégie indirecte est dépassée, inapplicable, dans un monde où, chaque jour de la période-charnière 1989-2001, se sont toujours plus effacées les distinctions hier claires entre attaque et défense, Etat et société civile, domaine

---

1. Ernst Nolte, *Deutschland und der kalte Krieg*, Klett-Cotta, Stuttgart, 1985.
2. Lire sur ce point « Coming conflicts, interstate war in the next millenium », Michale O'Hanlon, *Harvard International Review*, summer 2001.

public et privé, civil et militaire, guerre et paix, police et armée, légal et illégal. Ainsi, aujourd'hui, les guerres étatiques ont disparu comme hier, disparurent les guerres de religion. De nouvelles formes d'affrontements ont surgi, ayant pour facteur déterminant non plus l'idéologie ou la nation, mais la race, la tribu, la cupidité ou le fanatisme religieux.

Aujourd'hui les guerres chaotiques terroristes/criminelles

Quand débute une ère nouvelle, la difficulté majeure consiste à percevoir assez tôt quel sera l'ennemi, quel sera le champ de bataille, quelles seront les règles du jeu guerrier — à supposer qu'il y en ait.

En juin 1962, à l'académie militaire de West Point, John Kennedy donnait un bon exemple de cette vision précoce, en définissant ainsi la guérilla : « C'est une nouvelle forme de guerre, nouvelle par son ampleur mais d'origine ancienne... menée par des guérilleros, des subversifs, des insurgés, des assassins : une guerre d'embuscades et non de batailles, d'infiltration et non d'agression, où l'on veut vaincre en épuisant l'ennemi, non en l'attaquant. Pour affronter cette forme de guerre, il nous faut une nouvelle stratégie, des forces totalement différentes et de ce fait, une conscience du phénomène et un entraînement entièrement nouveaux et originaux. »

Dans le monde chaotique d'aujourd'hui, la guerre ne se fait plus d'Etat à Etat et devient donc de plus en plus féroce : ceux que nous affrontons — ou que nous devons pacifier — combattent le plus souvent pour ce que l'homme a de plus viscéral, de plus sacré, le sang (sa vie, sa lignée, sa famille, son clan) et le sol (sa maison, son territoire).

La guerre chaotique est aussi polluée, pénétrée par le crime, par le tribalisme, par le terrorisme. Toujours plus, l'adversaire est un métis, en partie « droit commun » et en partie « politique ». Un seigneur de la guerre ou un chef de clan, ou un dignitaire religieux fondamentaliste et fanatisé, dont la milice ou le réseau terroriste sont financés par le racket, les trafics d'êtres humains, d'armes, de stupéfiants, d'espèces rares ou protégées et de déchets toxiques. Voir la spirale infernale dans laquelle se trouvent pris nombre de pays de l'Afrique subsaharienne : « échouage » des Etats-nations ; multiplication des bandes armées, des guérillas non idéologiques — et « bandenkriege » subséquentes ; montée en puissance du crime organisé ; tribalisme ; règne des seigneurs de la guerre ; culture de l'impunité.

« La guerre civile fait corps avec la criminalité la plus abjecte », dit ainsi Oswaldo de Rivero, haut fonctionnaire de l'ONU, dans *Le Monde diplomatique* d'avril 1999. Pour lui, la « non-viabilité nationale de nombreux pays en développement » fait imploser l'Etat-nation en « entités chaotiques ingouvernables », où règne une « alliance de l'anarchie générale et des délinquances diverses ».

Les caractéristiques les plus frappantes des guerres chaotiques sont les suivantes :

— Abolition de l'espace géostratégique balisé dans lequel évoluait la Défense nationale des grands pays durant les quarante-quatre ans de la Guerre froide.

— Diminution drastique du nombre d'Etats respectant les règles internationales en vigueur. De ce fait, non-reconnaissance des Etats ou des frontières par l'une au moins des deux parties à un conflit, du fait de l'affaiblissement sur trois continents du concept d'Etat-nation disposant de frontières continues et sous contrôle.

— Fin de la distinction entre militaires et civils, entre front et arrière ; raréfaction des milices portant encore un semblant d'uniforme.

— Environnement humain complexe : nécessité d'affronter un adversaire dispersé, noyé dans la population, souvent mêlé aux forces amies.

— Absence de batailles classiques en rase campagne, mais constante de massacres, de vendettas sanglantes (Albanie, Algérie, Tchétchénie, ex-Yougoslavie), succession d'épisodes terroristes.

— Usage des forces armées des pays développés, moins pour le combat militaire que pour des actions de police, des missions d'aide et d'assistance et autres « opérations de stabilisation ».

— Le tout au milieu d'un tourbillon criminel où s'enchevêtrent : trafics de stupéfiants, de substances nucléaires, d'individus (entiers, immigrants clandestins ; ou en pièces, vente d'organes), de composants électroniques « sensibles », de pierres précieuses (« diamants de guerre »), d'armes ; affrontements de fanatismes religieux, ethniques ou tribaux, guerres civiles ou famines, piraterie maritime ou aérienne.

— Une terreur nouvelle, désormais floue et soudaine. Durant la parenthèse historique 1989-2001, la terreur a changé de nature, de rythme. Hier, la menace — la menace terroriste, même — était lourde, lente ; prévisible, explicable. Prenons ici l'exemple du Fatah-Conseil révolutionnaire d'Abou Nidal : chacun savait quel pays l'hébergeait, de quels armes et explosifs il usait. Et il était enfantin de « décoder » la signature de circonstance qu'il utilisait pour revendiquer ses actions. Tout au contraire, la terreur est aujourd'hui brutale, fugace, souvent irrationnelle — voir par exemple le cas d'al-Qaïda, de la secte Aum ou du Groupe islamique armé algérien.

Partant de ces prémisses, trois questions se posent, auxquelles nous tentons de répondre tour à tour : où se battra-t-on ? Quelles sont les entités vraiment dangereuses du chaos mondial ? Enfin, comment se battra-t-on ?

JUNGLE URBAINE ET BOSQUETS DE BÉTON

« Les zones urbaines sont des terrains particulièrement complexes pour le combat... Les pertes en zone urbaine sont plus élevées que sur les terrains ouverts. Alors, même si bien des militaires préfèrent éviter le sujet, il faudra y revenir car ce sera vraisemblablement un des terrains privilégiés de nos futurs opposants. Une façon pour l'ennemi du futur de contrebalancer la supériorité technologique et numérique [des Etats-Unis] sera de se fondre dans les villes et dans la masse... L'environnement urbain est multidimensionnel. Il inclut le sol, le sous-sol et la troisième dimension (chaque bâtiment peut abriter des ennemis). Cet environnement réduit les capacités de communication (structures métalliques et de béton)... Le soldat a conscience de ces difficultés qui jouent sur son mental. De plus, les zones urbaines sont toujours plus peuplées (en 2025, plus de 70 % de la population mondiale vivra en ville). Les villes pourront dépasser les dix millions d'habitants. Les problèmes d'infrastructures et les besoins sociaux risquent d'aggraver le problème... Au cours des vingt dernières années, un tiers des déploiements militaires américains se sont faits en zone urbaine. Ce chiffre est en augmentation. Cet environnement met tous les intervenants sur un même pied d'égalité, quelles que soient les capacités technologiques des uns et des autres. » (*Future warfare anthologie*, US Army War College, mai 1999.)

Partons de ce texte important et révélateur pour observer la réalité guerrière actuelle.

Depuis la fin de la Guerre froide, et durant toute la parenthèse historique 1989-2001, les espaces incontrôlés se sont multipliés. Voici soixante ans, l'une des grandes intelligences du xxe siècle, Paul Valéry, célébrait un monde nouveau, ordonné et balisé : « Le temps du monde fini commence. » Mais la tendance était loin d'être irréversible : le « monde fini » aura duré un demi-siècle. Territoires chaotiques et zones hors-contrôle, bien sûr mais aussi — mais surtout — les « jungles de béton » encerclant les mégapoles du Sud.

En l'an 2000, en effet, la planète comptait 414 villes

de plus de un million d'habitants — dont 264 dans le tiers-monde. En 1950, l'Afrique comptait 6 villes de un million d'habitants ; 19 en 1980 ; 50 en l'an 2000. En 2015, il y aura 33 mégapoles de plus de 8 millions d'habitants — dont 27 dans le tiers-monde — il n'y en avait que 2 en 1950.

En 2020, l'ensemble des pays dits « en développement » comptera plus de 6 milliards d'habitants, une population dont la grande majorité sera urbanisée. Ce sera, dit encore Oswaldo de Rivero (*op. cit.*), des « mégapoles délabrées où l'eau sera rare et les aliments et l'énergie trop chers pour les salaires moyens. Ces villes pitoyables deviendront alors probablement de véritables enfers humains, des bombes à retardement écologiques, réelles menaces pour la stabilité politique et écologique du monde ».

Ainsi vivront la plupart des habitants de ces mégapoles du Sud — ou plutôt ceux des quartiers sauvages, campements et baraquements, qui se développent deux fois plus rapidement encore que l'urbanisation « classique » — déjà considérable. Ainsi, 80 % des habitants actuels d'Addis-Abeba (Ethiopie) vivaient-ils en l'an 2000 dans des bidonvilles ; 70 % de ceux de Casablanca (Maroc) et de Calcutta (Inde) ; 60 % de ceux de Kinshasa (Zaïre) et de Bogota (Colombie), etc.

Or ces « jungles urbaines » sont extrêmement volatiles : là et à la seconde, comme disait Mao Tsé Toung, « une étincelle peut mettre le feu à toute la plaine ». D'où, d'extrêmes difficultés d'intervention pour y réprimer une insurrection ou encore y éradiquer le narcotrafic... Le tout à proximité d'aéroports internationaux, donc, des caméras de CNN. Voir le gigantesque bidonville qu'est la bande de Gaza, que l'armée d'Israël n'arrive pas à contrôler, malgré son efficacité et son absence de complexes.

Noyés parmi les populations complices ou soumises des « banlieues sauvages », terroristes, guérilleros et narcotrafiquants mènent leurs affaires — guerres tribales, activisme politico-militaire, fanatique ou millénariste ; trafics divers — en toute impunité. Pour ces illégaux (narco-trafiquants, terroristes, guérilleros, etc.) ces sanctuaires périurbains sont idéaux :

— Misère, entassement, pléthore de jeunes non qualifiés, bloqués sur place, fournissant tous les desperados nécessaires.

— Proximité du cœur économique du système et des aéroports.

— Proximité du centre politique et médiatique.

Exemple : la jungle urbaine de Karachi, mégapole pakistanaise de 10 millions d'habitants, inondée des armes et de l'héroïne d'Afghanistan, ravagée par les guerres ethniques, les prises d'otages et les meurtres. Ainsi, dès juin 1992, étaient découvertes à Karachi 23 salles de torture clandestines, gérées par les bandes locales, au profit, si l'on peut dire, de diverses variétés d'ennemis et de traîtres. Présente à Karachi depuis 1998, l'armée n'a pu y rétablir même un semblant d'ordre et aujourd'hui, tueries et attentats y continuent au même rythme.

Alors, demain, la « guerre des étoiles » ? Non : infiniment moins *Hi-tech* mais plus probable, moins glorieuse mais plus sanglante, la « guerre des bidonvilles »...

VERS LE CHAOS MONDIAL

Non étatiques, transnationales, globales même — de nouvelles menaces stratégiques ont surgi du chaos. Acteurs féroces, territoires inaccessibles : nébuleuses terroristes, cartels, mafias ou milices sont des ennemis implacables. Dans les zones chaotiques du sud du monde, peu d'ambassades, pas de salons, mais des mégapoles anarchiques, des bidonvilles, la jungle — sur fond de terrorisme ou de guerre.

Car, pour user du vocabulaire scientifique, la fin de l'ordre bipolaire a suscité la mutation d'une foule d'entités hier purement terroristes ou purement criminelles, c'est-à-dire leur glissement brusque et imprévu du champ du technomorphe à celui du biomorphe.

Technomorphe : hier, l'essentiel de la violence non étatique de niveau stratégique, ou terrorisme transnational, était le fait de groupes organisés ou récupérés par des services spéciaux pour le compte d'Etats. Sur ordre et au cachet, ils fonctionnaient de façon mécanique, en suivant des impulsions marche/arrêt.

Biomorphe : aujourd'hui, on assiste à la prolifération quasi biologique, incontrôlable — et à ce jour incontrôlée — d'entités dangereuses complexes, très difficiles à identifier, à comprendre, à définir, ce sur des territoires ou au sein de flux eux-mêmes mal explorés.

Bref, aujourd'hui dans le monde — et aux portes même de l'Union européenne, la vraie menace émane de milices et de guérillas mutantes, d'entités hybrides peuplées de terroristes, de « bandits patriotes » et de militaires déserteurs :

— Commandées par des « prophètes » illuminés, des généraux dissidents, des seigneurs de la guerre ou de purs et simples bandits.

— Ignorant toutes les lois internationales — d'abord celles qui relèvent du respect de l'humanitaire — et obéissant, soi à la loi de la jungle, soit à la « loi de Dieu ».

Et d'entités mal connues, ou insaisissables, nébuleuses ou réseaux capables de mutations et de changements d'alliances foudroyants. Les unes et les autres évoluant, enfin, en symbiose avec les économies mafieuses dans le triangle narcotiques-argent sale-armes.

Au total, ces nouvelles entités menaçantes sont très différentes de celles de la Guerre froide :

— Les entités permanentes et hiérarchisées ont laissé place à de petits noyaux temporaires, mobiles, fanatisés, adeptes du « *lo-tech* », aux motivations moins rationnelles, parfois même franchement millénaristes ou apocalyptiques.

— Les freins moraux semblent avoir déserté des entités quasi autistes, ne cherchant à influencer personne hors d'un étroit cercle d'élus. Faisant de la terreur aveugle une fin (la destruction de leurs « ennemis »), ils « justifient » leurs attentats (World Trade Center, métro de Tokyo...) par la volonté d'un « prophète », ou par une imminente fin du monde.

Ainsi, les entités menaçantes du nouveau désordre mondial sont légion. Nébuleuses terroristes fanatisées, guérillas naguère politiques et aujourd'hui vendues aux narcotrafiquants, mafias, mouvements irrationnels violents, ou millénaristes. Voyons-les de plus près.

Des terrorismes hybrides radicalement nouveaux

A la fin des années 60, l'IRA reprend la lutte armée contre les Britanniques. A peu près au même moment, les Palestiniens extrémistes commencent à détourner des avions, tandis que les Brigades rouges et la Fraction armée rouge lancent la guérilla urbaine dans ce qu'elles appellent « le centre impérialiste » (l'Europe occidentale). C'était il y a plus de trente ans. Comme aujourd'hui, le terrorisme faisait alors les grands titres des journaux. Différence énorme, il ne posait alors que des problèmes de sécurité nationale mineurs aux grands pays : surveillance des aéroports, maintien de l'ordre en Ulster, travail de police antiterroriste. Sensationnel, certes, le terrorisme d'alors concernait peu les responsables de la Défense nationale.

Trente ans plus tard, le terrorisme a explosé — si l'on peut dire. Il est partout — et est même devenu l'une des composantes majeures de la guerre — après l'avoir lentement mais sûrement infectée au cours des trois décennies écoulées. Dans la période-charnière 1989-2001, le terrorisme a ainsi cessé d'être marginal, ou folklorique, pour constituer la préoccupation centrale en matière de sécurité pour nos gouvernements. Etant aujourd'hui devenu la guerre, il concerne de fait aussi bien le ministre de la Défense que celui de l'Intérieur.

Ayant désormais tout envahi — des bombes explosent chaque jour, pour mille raisons diverses, par tout le globe — le terrorisme a également subi une mutation importante. Ainsi, le terrorisme d'Etat de la Guerre froide, d'essence politique ou idéologique, a virtuellement disparu en tant que tel. Sous une apparence trompeusement inchangée, ce qu'il en reste relève désormais d'une logique nouvelle.

Fort divers, ces nouveaux acteurs terroristes n'en ont pas moins des caractéristiques communes :

— Déterritorialisation, ou implantation dans des zones inaccessibles.

— Absence, le plus souvent, de tout sponsorship d'Etat — ce qui les rend plus imprévisibles et incontrôlables encore.

— Nature hybride, pour part « politique », pour part criminelle.

— Capacité de mutation ultra-rapide en fonction du facteur dollar, désormais crucial.

— Approche pragmatique, tendant à prouver le mouvement [terroriste] en marchant — selon la vieille pratique maoïste consistant à lancer la guérilla pour apprendre la guerre (Voir ainsi les bombes bricolées des GIA en France, juillet-nov. 1995).

— Capacités meurtrières énormes, par rapport au terrorisme de la Guerre froide, lui, symbolique le plus souvent. Ainsi, seul le blocage d'un aérosol a empêché la secte Aum de faire 40 000 morts dans le métro de Tokyo, en avril 1995. Les attaques de septembre 2001 aux Etats-Unis ont fait dix fois plus de morts que l'attentat le plus sanglant du XXe siècle...

Les « guérillas dégénérées »

En Europe, la plus célèbre de ces entités hybrides qui associent le « politique » et le criminel, le terrorisme et le narco-trafic, a longtemps été le Parti des Travailleurs du Kurdistan. Mais le PKK est loin d'être seul et désormais des « narco-guérillas » existent en Asie centrale, en Amérique latine et en Afrique ; on les trouve en Afghanistan, en Birmanie, en Colombie, en Inde, au Liban, au Pakistan, au Pérou, aux Philippines, au Sénégal, en Somalie, au Sri-Lanka. Par diasporas interposées, toutes sont présentes dans la plupart des grandes métropoles du monde développé.

Les principales de ces guérillas mutantes sont :
— Philippines : la « Nouvelle Armée du Peuple ».
— Sri-Lanka : les Tigres de la Libération de l'Eelam Tamil.
— Pérou : le « Sentier Lumineux ».
— Sénégal : mouvements indépendantistes de Casamance.

Mais il existe sans doute d'autres de ces entités hybrides, repérables en croisant des critères simples :
— Idéologie marxiste-léniniste fanatique.
— Activité de guérilla dans le tiers-monde.
— Activité de propagande, plus tout un ensemble d'activités délictueuses, ou criminelles, dans des pays développés, Europe d'abord. Pratique du terrorisme et de violences internes graves (purges, etc.).
— Narco-trafic.
— Complicité d'Etats hostiles aux puissances occidentales.

Ces guérillas dégénérées sont :
Criminelles car désormais ces guérillas doivent financer tout ou partie de leurs « guerres » grâce à des activités illicites, notamment par la production et le trafic des narcotiques.

Mutantes ; là aussi par nécessité : la fin de la Guerre froide a en effet contraint tous les acteurs politico-militaires de l'ordre ancien à s'adapter — parfois précipitamment — ou disparaître. Aboli, l'ordre bipolaire levait tous les obstacles. Physiques, d'abord : Mur de Berlin, et autres barrières infranchissables aux frontières intérieures et extérieures de l'ex-bloc de l'Est. Psychologiques, ensuite ; les schémas mentaux binaires reflétant la réalité stratégique du monde d'alors — soit dans le camp de l'ouest, soit dans celui de l'est ; soit politique, soit criminel — ont, eux aussi, perdu leur sens.

Résultat, à l'aube de la parenthèse historique 1989-2001, alors qu'ils évoluaient dans des sphères pratiquement séparées, acteurs « politiques » — guérillas, milices, mouvements de libération nationale, groupes terroristes — et acteurs « de droit commun » — criminalité organisée, mafias, cartels — se sont trouvés précipités sur la même scène. Sont alors apparues des narco-guérillas, certes privées de leurs parrains « idéologiques » de la Guerre froide — mais d'autant plus menaçantes qu'elles restaient au contact de nombre d'Etats du tiers-monde. Sur commande, ces narco-guérillas peuvent frapper pour le compte d'Etats « échoués » ou corrompus ; elles utilisent en retour les infrastructures des services spéciaux et banques de ces Etats pour recycler des narco-devises, exporter des narcotiques, etc.

Différence capitale avec le terrorisme d'Etat de l'ère bipolaire, notamment celui du Moyen-Orient : cet échange de biens et services criminels se fait entre des caricatures d'Etat toujours plus faibles et des guérillas enrichies par les narco-devises — donc plus autonomes que naguère. Hier, tel Etat du Proche-Orient maîtrisait au millimètre la trajectoire terroriste des groupes extrémistes libano-palestiniens. Aujourd'hui, des pouvoirs débiles comptent sur des narco-guérillas maîtresses de leur avenir pour effrayer le monde extérieur — donc durer un peu plus...

Les « superpuissances du crime »

En avril 1994, le secrétaire général d'Interpol, Raymond Kendall, déclare : « Le narcotrafic est entre les mains du crime organisé... Interpol gère un fichier de 250 000 grands malfaiteurs. 200 000 d'entre eux sont liés au narcotrafic. » De fait, les groupes qui contrôlent l'essentiel de la production et du négoce des stupéfiants sont peu nombreux et bien connus. Cartels colombien pour la cocaïne ; Triades (Hong Kong, Taiwan et Chine populaire) pour l'héroïne du Triangle d'Or ; mafias italiennes, turco-kurde et albanaise pour celle du Croissant d'Or. Ces organisations criminelles transnationales (OCT) sont vitales au narcotrafic mondial, car elles relient le secteur agricole, contrôlé par les guérillas et les acteurs des guerres tribales, à la distribution finale, elle assurée par les gangs urbains des métropoles du monde développé.

N'hésitant ni à tuer, ni à corrompre, les OCT brassent chaque année de 34 à 57 milliards d'euros et en recyclent peut-être la moitié dans l'économie mondiale. Aujourd'hui elles opèrent la fusion du trafic illicite des stupéfiants, des armes et des migrants clandestins. Rapprochant et renforçant ainsi leurs centres de profit, les OCT seront demain plus puissantes encore.

Les entités irrationnelles violentes

Au Japon, au printemps 1997, le procès de Shoko Asahara a permis de réaliser combien Aum Shinrikyo était une organisation ramifiée et complexe, capable :
— D'extorquer des millions de dollars, d'abord à ses fidèles.
— De recruter par centaines des étudiants brillants, la plupart dans des disciplines scientifiques de pointe.
— De monter un réseau d'approvisionnement mon-

dial (substances dangereuses, armes, explosifs, etc.) géré par des hommes d'affaires compétents.

— De créer, notamment en Russie, des « succursales » importantes.

— D'assassiner plusieurs années durant des « traîtres » à la secte dans la plus parfaite impunité.

Les groupes « éco-terroristes »

Fin avril 1996, un attentat à l'explosif causait d'importants dégâts à la voie ferrée Lunebourg-Dannenberg (nord-ouest de l'Allemagne). Deux jours plus tard, le réseau ferroviaire allemand était saboté (coupure de câbles alimentant les systèmes de signalisation des voies) en deux points, près de Hanovre et de Göttingen. Ces attentats du « Kollektiv Gorleben » révélaient à l'opinion publique européenne l'existence de noyaux d'écologistes passés à l'action directe pour « sauver la planète ».

En Amérique du Nord, l'arrestation de Théodore Kaczynski, auteur d'une vingtaine d'attentats par colis piégés en quinze ans — dont trois mortels — permit peu après de révéler les liens de celui que le FBI avait baptisé « Unabomber » avec la mouvance écoterroriste. Les noms de ses deux victimes (décembre 1994, avril 1995) figuraient en effet sur une liste d'« ennemis de la nature et des forêts vierges », publiée dans un bulletin écoterroriste clandestin intitulé « Live wild or die ! » — complaisamment reproduite dans le numéro de février-mars 1994 du journal écolo-apocalyptique *Earth First !*. Kaczynski ayant lui-même participé en 1994 à une conférence d'*Earth First !* organisée à l'Université du Montana.

Aux Etats-Unis et au Canada, d'autres fanatiques de la nature ont déjà tenté d'empoisonner des réservoirs d'eau et des ventilations d'immeubles. Des militants de micro-sectes analogues, impénétrables et prêtes à tout pour « ouvrir les yeux » de l'opinion publique mondiale, ont été surpris en train d'« environner » centrales nucléaires, plates-formes pétrolières ou aires de stockage de carburants.

MÉTHODES, ENJEUX ET BATAILLES

Nouvelles entités menaçantes et management *new-look*

Les sujets criminels nouveaux ont bien mieux assimilé le *zeitgeist* (l'esprit du temps) que la plupart des institutions étatiques du globe. Car aujourd'hui, les qualités rendant une multinationale, ou une mafia, performante et prospère sont analogues :
— Fluidité — volatilité même — face à la viscosité, la lourdeur des appareils étatiques ; « soyez légers, anonymes et précaires » conseille ainsi ironiquement le pamphlétaire Gilles Châtelet[1],
— Dans les multinationales et les mafias *new-look*, l'organisation en réseau l'emporte aujourd'hui sur la structure pyramidale (celle des « mafias perdantes », des entreprises d'hier et, encore, de l'Etat-nation actuel),
— Dans les deux cas, le réseau se compose d'unités autonomes interconnectées. Chacune évolue sur son territoire propre et est reliée aux autres par un système rapide de circulation de l'information,
— L'unité de base est un capteur ultrasensible, décelant toute nouvelle venant du monde extérieur, soit profitable, soit dangereuse pour le réseau ; puis la transmet au nœud central de celui-ci.

---

1. *Vivre et penser comme des porcs*, Exils éditeur, 1998.

Nouvelles entités menaçantes et *Hi-tech*

D'abord, un simple rappel : pour les entités dangereuses du chaos mondial, l'argent, s'il faut en débourser, est rarement un problème :

— En 1995, la police colombienne saisissait à Cali un ordinateur IBM AS/400, dont la mémoire contenait tous les numéros de téléphone et plaques minéralogiques de l'agglomération, couplé à un scanner ICR 900. L'ensemble constituait un puissant instrument d'interception et de stockage de communications, permettant au Cartel de Cali d'écouter simultanément 180 lignes radio-téléphoniques. La même année on apprenait que les Cartels mexicains avaient acheté des avions en kit « Rutan Defiant ». Conçus en matériaux composites, équipés d'hélices en plastique et recouverts d'une couche de peinture absorbant les ondes radar, ce sont des « avions furtifs » certes rudimentaires, mais bien moins chers que les fameux « bombardiers fantômes » américains...

En 1997, toujours sur le front des Cartels, arrestations et perquisitions permettaient de mesurer la riposte des narcotrafiquants à la militarisation de la lutte anti-drogue :

— Les cartels colombiens financent par millions de dollars et utilisent à leur usage les écoles d'entraînement des milices d'autodéfense, censées lutter contre les guérillas. C'est dans ces centres de formation qu'ils entraînent leurs propres gardes prétoriennes, les « gendarmeries » des zones où sont implantés les laboratoires de production de stupéfiants ainsi que les « commandos anti-répression », groupes de tueurs ciblant policiers, magistrats, militaires, etc. engagés dans la lutte anti-drogue.

— Les cartels mexicains, eux, dépensent des fortunes pour s'offrir la meilleure technologie possible pour espionner les forces de l'ordre américaines et se protéger : systèmes de communication cryptés, matériel permettant d'intercepter les échanges de leurs ennemis, pose de micros perfectionnés. Dans le domaine des « ressources humaines », ces cartels embauchent à prix d'or ingénieurs des télécoms, agronomes, chimistes de haut niveau (pour éluder les procédés de détection des narcotiques), mais aussi des ex-officiers des forces spéciales et des services de renseignement.

N'oublions pas enfin que désormais, les technologies de l'information et de la communication perfectionnées — Internet plus des codes « incassables » — donnent à qui veut, surtout depuis un intouchable sanctuaire, l'équivalent gratuit et mondial d'un de ces « Centres de Commandement et de Contrôle » qui étaient jusqu'à la guerre du Golfe l'apanage des armées *Hi-tech* en campagne.

Nouvelles entités menaçantes et pratique du massacre

Imitation et contagion : telle est l'origine de la vague de massacres qui ensanglante le monde depuis 1997, de la Colombie au Cambodge, du Cachemire au Mexique et de l'Inde à l'Egypte, en passant par la Sierra Leone, le Liberia — et désormais, les Etats-Unis eux-mêmes. Ecartons les meurtres à la sauvette, les liquidations honteuses, les vendettas sournoises, vieux comme le monde : il s'agit du massacre ciblé, planifié, médiatisé ; du massacre — titre d'accès à CNN et élément délibéré d'une stratégie de terreur. Au massacre dont tout montre qu'il devient l'une des armes favorites des terroristes du chaos mondial.

« Inventeur » de ce type de massacre-là : le GIA algérien. Au point qu'en décembre 1997, Amnesty International, dont les propos sont mesurés, parle pour ce pays de « violence terrifiante » et que *Libération* du 22 décembre 1997 souligne que l'AFP-Algérie a usé cette année-là plus de 180 fois du mot massacre dans les titres de ses dépêches — un affreux record.

Pourquoi cette contagion du massacre ? Parce qu'il est *efficace*. En un an, le GIA se fait une réputation mondiale ; après Louxor, les islamistes égyptiens « existent » à nouveau ; en Colombie, les Etats-Unis hésitent désormais à aider une armée complice de paramilitaires-massacreurs. Ainsi le massacre :

— sert utilement une stratégie « militaire » (GIA),

— peut mener un pays près de la ruine (l'Egypte et son tourisme après Louxor),

— peut paralyser un géant, les Etats-Unis, dans une lutte pour lui vitale (guerre à la drogue).

Bref, massacrer, c'est exister ; c'est faire parler de soi. Une réalité vite comprise par les guérilleros du « Front révolutionnaire uni » de la Sierra Leone[1], qui ajoutent cependant leur petite touche au système : la mutilation systématique de victimes, démembrées, énucléées, défigurées — mais laissées vivantes, témoins d'une horrible « propagande par le fait ».

Essaims et réseaux : la guerre au XXIe siècle[2]

Voilà le défi majeur pour les forces armées des Etats-nations des pays développés. En effet, la superpuissance américaine mène une telle guerre, dite « à la drogue », depuis 20 ans et, au jour d'aujourd'hui, l'a bel et bien perdue — il y a plus d'héroïne et de cocaïne en Amérique du Nord qu'il y a vingt ans, vendue plus pure et moins chère qu'à l'époque.

Quelles sont les règles de la guerre *new-look,* celle des essaims opérant en réseaux ? (le concept de réseau s'opposant ici à celui d'entité hiérarchisée, comme par

---

1. Bande criminelle active depuis 1991 dans le nord (zone diamantifère) du pays.

2. Sur la guerre des essaims, voir notamment les études de la RAND : « The advent of netwar » (1996) ; « In Athena's camp » (1997) ; « Swarming and the future of conflict » (2000) ; « Networks and netwars : the future of terror, crime and militancy ». Voir aussi le numéro spécial (en 1999) de *Studies in conflict and terrorism* sur le thème « Netwar across the spectrum of conflict ». Ces études sont pour la plupart le fruit des recherches de John Arquilla et David Ronfeldt.

exemple une armée). Cartel de Colombie, guérilla d'Algérie, du Cachemire ou de Tchétchénie, milice d'Afrique ou des Balkans, entité terroriste type al-Qaïda, narco-armée de Somalie ou du Triangle d'or, « Posse » jamaïquain : tous ces acteurs du chaos mondial sont non étatiques et transnationaux et ont pour l'essentiel le même mode de fonctionnement.

Notons d'emblée — c'est important dans un monde où priment l'information, la communication — que même non politique et purement criminelle, l'entité « essaim » possède le plus souvent sa « légende ». Elle tient beaucoup à son statut d'association d'« hommes d'honneur » (mafia) ; à sa réputation de Robin des bois, ou de défenseur de la foi. L'essaim communique. Il n'est pas autiste ni coupé du monde.

L'élément de base du « jeu de construction » est un groupe de combat de dix à vingt hommes se connaissant tous entre eux. Ils viennent du même quartier, du même clan, de la même tribu, ou ont fréquenté le même lieu de culte. Bref : ils sont immergés dans une même société civile, une même culture, au sein desquelles ils sont pour l'essentiel invisibles. Mobile, flexible, polyvalente, capable d'actions diversifiées, l'unité (fractionnable en équipes de quatre ou cinq hommes[1]) se déplace aisément, même à travers les frontières — et se disperse tout aussi vite.

L'armement de l'essaim est rustique, bien maîtrisé, aisément remplaçable ; sa hiérarchie, simple. Ce « Lego » de la guérilla, du narcotrafic ou du terrorisme (ou fréquemment, les trois ensemble) se connecte aisément et de façon latérale à d'autres « Lego » analogues — d'abord grâce aux recettes ancestrales de la conspiration et du secret. Ensuite, grâce à des outils de communication soit *Hi-tech* : téléphones portables, Internet, faxes, etc. ; soit *lo-tech* ou même *no-tech* (tam-tam, signaux optiques, cris d'animaux,

---

1. Comme par exemple les unités de « tueurs de chars » tchétchènes.

etc.). L'ensemble est capable de brouiller les pistes et de dissimuler ses intentions. Il est aussi dispersé géographiquement et divers de forme ou d'allure. C'est tout sauf une armée, uniforme par nature.

A l'échelle internationale, l'essaim joue de la dialectique du fief et de la diaspora. L'émigré en Europe, par exemple, peut être tenu par un chantage exercé sur la vie de sa famille restée au fief — et coopère bon gré, mal gré. L'essaim sait aussi exploiter à son profit, et de bien des façons, l'assistance humanitaire s'exerçant dans, ou à proximité de, son fief.

Point crucial : cette nébuleuse polymorphe n'est pas dotée d'une hiérarchie centrale stricte[1] et n'obéit pas à un état-major prédominant. Elle peut même être purement et simplement acéphale. Communauté de foi (islamistes, sectes) ou d'intérêt (narcos) : une autorité implicite est reconnue à un chef ou à une équipe, à qui l'on fait allégeance aujourd'hui, pour la reprendre peut-être demain, et qui assure la coordination de l'ensemble. Voir sur ce point les allers-retours des kataëb algériennes entre le GIA d'Antar Zouabri et le Groupe salafiste pour la Dawa et le Jihad de Hassan Hattab. Mais en gros, on est d'accord sur l'essentiel : la haine d'un ennemi commun, le jihad et l'envie de dollars.

La structure (imaginons ici une toile d'araignée) est plate, décentralisée. Chaque « Lego » de l'essaim dispose d'une grande autonomie et capacité d'initiative locale. Pour la coordination, pas de chef charismatique irremplaçable, mais des dirigeants anonymes et interchangeables. Le fonctionnement de l'essaim se fait par pulsations. Une décision d'attaque massive est prise ? Les unités disponibles gagnent en vitesse un secteur donné, frappent brutalement et par surprise et se dispersent avant que l'adversaire, lourd, à la hiérarchie pesante et complexe, n'ait réagi.

---

1. Chaque unité n'ayant, elle, qu'une hiérarchie embryonnaire.

Au Caucase, durant la première guerre de Tchétchénie, la configuration en essaim donne ceci : prises d'otages par milliers, plusieurs équipées de « colonnes infernales » tchétchènes en Russie du sud, détournement d'un ferry-boat russe en mer Noire (janvier 1996) et d'un Boeing 727 chypriote turc en mars 1996 ; attentats par dizaines contre des officiels et militaires russes — et même une menace de terrorisme nucléaire à Moscou.

7

Gagner

« Tout phénomène est au début un germe, puis finit par devenir une réalité que chacun peut constater. Le sage pense dans le long terme. C'est pourquoi il a grand soin de s'occuper des germes. La plupart des hommes ont la vue courte. C'est pourquoi ils attendent que le problème soit devenu évident pour s'y attaquer.

Quand il est encore en germe, l'affaire est simple, exige peu d'efforts et apporte de grands résultats. Quand le problème est devenu évident, on s'épuise à le résoudre et en général, tous les efforts sont vains.

Le Yijing dit : "Quand on marche sur le givre, la glace dure n'est pas loin". »

Les Trente-Six Stratagèmes

Que faire pour gagner les guerres criminelles/terroristes ? Car à l'évidence, la méthode inventée empiriquement à la fin des années 80 ne suffit plus. Kadhafi, Noriega, Saddam Hussein, Milosevic. Face à ces « *bad guys* », face aux « Etats-voyous » (*rogue states*), le protocole d'action était simple : par médias interposés, on gonflait une baudruche médiatique, on créait un loup-garou plutôt artificiel — vous souvenez-vous de « l'armée irakienne, quatrième du monde... » ? Après quoi, une intervention militaire limitée crevait sans mal la bulle de savon. Notons que le « truc » sert toujours : au début des opérations militaires en Afghanistan (7 octobre 2001) de grands médias internationaux ont constamment présenté les Talibans — dont le nombre total n'a, au grand jamais, dépassé les 22 000 hommes pour un pays de 700 000 km^2 — comme une formidable nuée humaine, prête à bondir derrière chaque rocher du pays...

Militairement, l'entreprise était sans difficultés, mais la phase suivante — frapper à la tête — n'a pas bien fonctionné. Pour un Milosevic traduit en justice, Kadhafi et Saddam Hussein sont toujours au pouvoir, le seigneur de la guerre somalien Mohamed Farah Aidid est mort dans son lit et Ben Laden, officiellement[1] traqué depuis l'été 1998, est toujours libre en novembre 2001. Cette pratique, notons-le, est toujours à l'honneur à Washington. Ainsi le sénateur Joseph Biden[2] déclare-t-il « premièrement, nous devons décapiter al-Qaïda... Cela signifie bien sûr nous débarrasser de Ben Laden, du mollah Omar et de la direction des Talibans ».

Ainsi, devant des entités protoplasmiques déterritorialisées et transnationales type al-Qaïda, que faire ? Commençons par rappeler ce que les principaux Etats-nations font déjà dans le domaine militaire et devraient uniquement se borner à perfectionner, de façon à être aussi efficaces que possible dans le champ de l'action. Là, deux options sont possibles :

— L'intervention de militaires en uniforme, symbolisant la volonté et la capacité de réaction de l'Etat (outils *ostensibles* : forces spéciales, par exemple).

— Intervention discrète, par exemple sous forme de représailles non signées (outils *clandestins*).

---

1. Nous disons « officiellement » car il semble que tous contacts n'aient pas été rompus entre Oussama Ben Laden et les milieux officiels américains... ou britanniques. Voir sur ce point *Ben Laden la vérité interdite*, Jean-Charles Brisard et Guillaume Dasquié, Denoël, 2001 ; on peut lire aussi *Au nom d'Oussama Ben Laden*, Roland Jacquard, éditions Picollec, 2001.

2. Voir *supra*, p. 21.

De quels « instruments » faut-il disposer pour cela ?

— De moyens d'identification précoce des menaces potentielles, mais déjà décelées (« balayage radar »),

— de moyens de prévention antiterroriste (permettant de pénétrer, d'infiltrer les structures hostiles déjà repérées) ;

— de moyens de suivi informatique des mouvements de capitaux ;

— de moyens de suivi par satellite de cargaisons dangereuses ou suspectes ;

— de personnels hautement qualifiés, sachant pratiquer des « désamorçages » (préventif) ;

— de personnels et de moyens de neutralisation de bases, de laboratoires, de réseaux.

Tout cela relève de la responsabilité des militaires, parmi eux d'abord des forces spéciales ; aussi — et d'abord — du renseignement. Là n'est pas notre spécialité et, compte tenu du bon niveau des services ci-dessus mentionnés, là n'est pas le problème majeur, l'enjeu décisif. Celui-ci se situe en amont. Au niveau du dévoilement, de la réflexion préalable ; au niveau même de la *philosophie* de l'action anti-criminelle — anti-terroriste. C'est là que les manques sont les plus criants, et paradoxalement, la réflexion jusqu'ici la plus pauvre.

Paradoxalement, car toute l'histoire de la progression technique de l'humanité — la médecine, les transports, à vrai dire tous les domaines de l'activité humaine — voit au long des siècles la phase de réflexion (en amont de la phase d'action) augmenter en durée, s'intensifier, s'approfondir pour finir aujourd'hui par occuper la majorité du temps imparti à un acte donné. Un seul exemple : en 1900 combien de temps passé aux investigations préalables, avant une opération chirurgicale ? On ausculte, puis on opère. En 2000, combien d'examens biologiques, de radiographies, scanners, etc. avant le moindre coup de bistouri ?

Tous les domaines de l'activité humaine — sauf un. Dès qu'il est question de crime ou de terrorisme, tout de suite, c'est la ruée sur le matériel, le gadget, la quincaille-rie. La police parle gilets pare-balles et effectifs ; l'armée, engins et technologie coûteux, le renseignement, idem. Ce avant la moindre réflexion sérieuse sur la *nature* même de la lutte à entreprendre, sur *l'essence* de l'entité adverse. Pour l'essentiel et sans forcer le trait, on fonce sans réflé-chir. Des sociétés parfaitement civilisées et évoluées se conduisent en l'occurrence comme un pitbull.

Or imagine-t-on de nos jours le moindre navire sans radar ? Sans « tableau de bord » ? Réduit à naviguer à l'aveuglette, à la sirène de brume ? Tel est cependant l'état du monde développé en l'an 2001, face aux entités dange-reuses du monde réel. Nous les voyons difficilement, nous les connaissons mal, nous ignorons presque tout de ce qui les stimule, de ce qui les effraie. Nous français savons à l'unité près le nombre des gypaètes barbus évoluant dans les Alpilles, mais sommes incapables d'empêcher 25 000 ravers — toxicomanes potentiels encadrés par des dealers — d'occuper, à l'insu de tous, un terrain militaire dans l'est du pays.

Ce comportement est non seulement grotesque et contre-productif, il met aussi la France en contravention avec le « Programme d'action détaillé » de l'UE (de lutte contre le crime organisé) adopté en avril 1997. Celui-ci dispose que « les Etats-membres et la commission devraient instituer, si un tel dispositif n'existe pas encore, ou identifier, un système de collecte et d'analyse des don-nées propres à fournir une vue d'ensemble de la situation de la criminalité organisée dans l'Etat-membre et à assister les autorités de répression dans leur lutte ».

Qui possède (en France et même au niveau de l'Union européenne) cette « vue d'ensemble » sur le crime organisé et le terrorisme ? A vrai dire personne. Et comment l'ac-quérir ? D'abord et avant tout, par une réflexion purement intellectuelle, précédant l'action, par un travail patient et méthodique d'approche des réalités criminelles ou terro-ristes. C'est un travail plutôt *lo-tech*, assez humble, ne demandant nul gadget d'avant-garde — ne permettant pas la moindre posture glorieuse au journal télévisé de vingt heures. Il s'agit de ne pas quitter du regard les entités dangereuses ; de traduire, d'approcher, d'apprendre, de comprendre. Et enfin — comme nous le verrons plus loin — d'accéder *au savoir qui pressent*.

Seuls cette réflexion et ce travail d'approche nous permettront de déceler les menaces de façon suffisamment précoce, pour les contrer avant tout passage à l'acte — exact pendant anti-criminel et anti-terroriste de la médecine *préventive*.

PROTÉGER LES GRANDS GROUPES MONDIALISÉS

Echappant petit à petit au contrôle des Etats, les grandes entreprises mondialisées sont de fait confrontées à des dangers nouveaux, ou brutalement aggravés du fait du « nouveau désordre mondial ». Car s'ils n'ont plus grand-chose à craindre des Etats dont ils sont issus, les grands groupes font désormais face à des menaces bien plus importantes qu'un redressement fiscal (racket, terrorisme, infiltration par des organisations criminelles transnationales (mafias, cartels, etc.), blanchiment d'argent criminel, enlèvements de cadres et d'hommes d'affaires dans le tiers-monde), utilisation par la criminalité organisée des capacités de transport des grandes multinationales pour le transfert de cargaisons illicites, détournement et vol de cargaisons licites, contrefaçons diverses, vols de produits sophistiqués (électronique, etc.), espionnage industriel...

L'encadrement supérieur des entreprises à taille mondiale se compose en effet d'individus (mobiles et rapides) toujours plus autonomes, de moins en moins liés à l'Etat (stable et lent) dont ils sont originaires : résidence, foyer fiscal, domiciliations bancaires, assurances... A son insu, cette élite est d'une extrême fragilité face aux entités dangereuses du nouveau désordre mondial : mafias, guérillas dégénérées, sectes — elles aussi déterritorialisées et internationales, mais agissant en clans, en bandes souvent ethniques.

Face à ces menaces, les mesures de sécurité ordinaires (polices ou justices locales, vigiles, vidéosurveillance, etc.) sont le plus souvent dérisoires.

Dans ce contexte et depuis quelques années, les structures anglo-saxonnes de protection des personnes servent seules de protection aux entreprises, y compris françaises, faute de mieux. Qu'il s'agisse de la protection des expatriés, de la négociation ou de la libération en cas de prise d'otage, rares sont les structures qui ne soient pas anglaises ou américaines. La plupart d'entre elles disposent de cellules de veille ou d'analyse stratégique et la porosité naturelle entre privé et public dans l'espace anglo-saxon permet la mise sur pied de dispositifs affûtés. Un discret groupe d'assureurs et de réassureurs, complété par des gestionnaires de risques des multinationales américaines (M200), se réunit ainsi tous les six mois, rappelle *Le Monde* du 3 novembre 2001. D'autres groupes fonctionnent en s'appuyant sur les structures de l'American Society for Industrial Security (ASIS) ou de l'International Association of Chiefs of Police (IACP). Les traditions de transfert de responsables entre structures privées et publiques sont fréquentes aux Etats-Unis et permettent de maintenir des relations souvent efficaces, sur des sujets qui dépassent la courte-vue. Emblématiques de ces échanges, Ray Kelly (ancien et futur chef de la Police de New York, expert ès-renseignement et analyse), embauché un temps dans un grand cabinet d'investissement, mais surtout John O'Neill, longtemps numéro 2 du FBI à New York et responsable de l'analyse du terrorisme. Celui qui fut l'un des experts américains les plus lucides quitta un FBI qui ne l'écoutait guère, pour devenir directeur de la sécurité du World Trade Center peu avant les attentats. Il n'y survécut pas.

En matière de sécurité des grandes entreprises, la tradition française est tout autre. On s'appuie sur l'Etat qui doit prévenir, gérer, intervenir tout en affirmant hautement qu'il n'agit que dans l'intérêt public général, dans un climat de méfiance accentué. Il faut attendre le milieu des années 90 pour enfin voir apparaître quelques structures françaises de sécurité privée, aux moyens limités. Auparavant, seul le secteur pétrolier disposait-il de structures de sécurité bien organisées, mais dont les comportements et pratiques restaient très marqués par l'histoire coloniale...

En France, l'Etat ne se prête que difficilement au jeu de l'économie mixte de la sécurité. Obligatoire, la moindre recherche des antécédents judiciaires d'un agent de sécurité prend des mois. Vu le nombre de sociétés de gardiennage et le temps moyen de réponse de l'administration, un repris de justice peut travailler un bon siècle, avant d'avoir épuisé les possibilités d'embauche. Curieusement, la profession s'en préoccupe plus que l'Etat, qui annonce depuis des lustres une loi sur la sécurité privée, de longue date enlisée au parlement. Il avait fallu au début des années 80 plusieurs dérapages de « milices » patronales ou la mort d'un SDF au Forum des Halles pour qu'une loi, toujours partiellement inappliquée, voie le jour en 1983. Sa réforme indispensable est reportée de session parlementaire en session parlementaire. Entre-temps, un texte voté dans l'urgence permet pour la première fois aux agents privés de sécurité de procéder à des palpations sur les personnes. Déjà, dans les aéroports (en 1990), puis dans les ports (en 1996), des sociétés privées remplaçaient les agents de l'Etat pour le contrôle des passagers et des bagages. Dans l'indifférence générale, les pouvoirs régaliens se rétractaient. L'épisode des quatre détournements réussis à New York a fait prendre conscience aux Etats-Unis des risques engendrés par une telle situation. Qui peut penser qu'il en aurait été autrement en France ?

Plus largement, tout aujourd'hui est devenu dangereux : investissements qui ressemblent à du blanchiment, rachats d'entreprises pouvant servir à du blanchiment, opérations financières avec les pays à risques, réseaux informatiques vulnérables, enlèvements de cadres ou de sous-traitants, menaces d'extorsion ou de rackets, faux courtiers en bourse, transferts d'argent par des officines douteuses[1]... Ce, alors que se multiplient les détournements d'usage des procédures pénales. Un spectacle malsain autour du délit d'abus de bien social prend toujours plus le pas sur la répression des organisations criminelles. Bien sûr et au-delà du facteur médiatique, il est moins risqué de mettre en cause un grand patron que d'affronter les forts dangereux réseaux du crime organisé ou de la terreur.

COMPRENDRE LES FILIÈRES FINANCIÈRES

Penser le crime, penser la guerre aujourd'hui signifie d'abord voir clairement, comprendre précocement la circulation de l'argent terroriste ou criminel. Car de même que son réseau sanguin irrigue l'homme tout entier et permet d'appréhender très précisément sa morphologie, de même le réseau financier d'une entité criminelle la révèle (au sens photographique) avec une clarté unique.

Or aujourd'hui, les efforts déployés par les Etats pour criminaliser d'abord, réprimer ensuite, le blanchiment d'argent, sont couronnés de peu de succès — dans la réalité des choses, sur l'échiquier même où jouent les criminels.

Pour être clair : aujourd'hui encore, les Etats, leurs lois, leurs systèmes répressifs et enquêtes, évoluent dans une dimension et les malfaiteurs, leurs réseaux, leurs systèmes pour faire circuler marchandises illicites et argent noir, dans une dimension autre. Toutes deux ne se rencon-

---

1. Voir tout particulièrement *Entreprises, les treize pièges du chaos mondial,* de Xavier Raufer, PUF, 2000.

trant qu'exceptionnellement, lors de confiscations, d'arrestations ou de saisies qui ne gênent pas vraiment le monde terroriste ou criminel. Ces prises et captures, les entités dangereuses les considèrent avec indifférence. Se faire prendre 10 % de sa cocaïne ? Bah, c'est bien moins que l'impôt sur les sociétés. Se faire saisir un million de dollars sur les deux milliards qu'on a récoltés pour le jihad ? Broutilles. Et les interpellations d'individus ? Elles relèvent de la volonté d'Allah. Ou favorisent la circulation des élites criminelles. Un peu comme une chasse intelligente contribue à la santé du gibier et ne le fait pas disparaître : c'est un fonctionnement darwinien (*survival of the fittest*).

Mener une guerre intelligente contre l'argent criminel ou terroriste suppose de maîtriser deux dimensions : l'espace, mais surtout le temps. Car aujourd'hui, le champ de bataille majeur est celui des interstices spatio-temporels, des espaces incontrôlés :

— Zones de non-droit, ou « zones grises », espaces intermédiaires entre les territoires réellement policés par les Etats-nations réels.

— Espaces en friche entre domaines ministériels, ou entre secteurs où opèrent des services, chacun sous un angle particulier (les stupéfiants ; le trafic d'êtres humains, le terrorisme, la contrebande, etc.).

Surtout, la bataille doit se mener contre le temps. Car contrairement aux terroristes islamistes (eux adeptes du *lo-tech*) les cartels de la drogue et narco-guerillas ont aujourd'hui une avance énorme dans le domaine temporel, sur les Etats lourds, lents, paralysés par l'inertie administrative et les arguties juridiques.

A l'inverse, l'entité criminelle ou terroriste opère-t-elle en majeure partie dans des zones hors-contrôle (jungle, mégapole anarchique, etc.). Elle récolte en permanence des sommes énormes en espèces (contributions au jihad dans un cas, commerce criminel de l'autre) qu'elle doit recycler dans l'économie légitime — ou « légaliser » un temps, pour préparer une opération. Pour cela, l'entité criminelle/terroriste dispose-t-elle de vrais professionnels de la finance, participant à nombre de ces conférences sur les placements *offshore* annoncées régulièrement dans les journaux financiers anglo-saxons. Ces « pros » explorent en permanence la planète pour rechercher des « niches juridiques » nouvelles, étudier les évolutions législatives intéressantes, avec un seul objectif : créer des sociétés-écran dissimulant efficacement le propriétaire réel des fonds, lorsque la société est constituée, un compte bancaire ouvert et que l'argent arrive.

Ces professionnels n'opèrent jamais eux-mêmes, mais *via* des nuées d'avocats et de conseillers financiers. Le « blanchisseur » parle à un avocat, qui ne s'adresse qu'à celui du notaire ou de la fiduciaire. Pour toute grosse transaction, une société *offshore* est créée un jour et « écrasée » le lendemain. Par un jeu d'écriture sur l'*offshore*-kleenex, l'argent devient fictivement « liquide » le temps d'une transaction et ainsi, la « piste » est coupée. Tout va très vite. Et ces « pros » usent désormais de cartes bancaires haut de gamme, anonymes et numérotées — officiellement pour raison de sécurité.

Parler à l'un de ces professionnels du blanchiment, c'est constater d'abord son total réalisme. Un blanchisseur qui rêve, c'est un blanchisseur mort, ou incarcéré — une logique, là encore, classiquement darwinienne. C'est comprendre ensuite que la répression les inquiète peu. D'abord, parce que les intentions des Etats sont claironnées à son de trompe — bien avant que les troupes étatiques ne s'ébranlent — ce, avec une sage lenteur. La parade est immédiatement recherchée, bientôt trouvée, les sociétés-écran supposées à risque « écrasées » et remplacées — le jour même, en quelques heures — par d'autres, plus étanches. En prime, existe une incitation puissante à ne pas se tromper. Le blanchisseur est responsable physiquement — lui-même et ses proches — des sommes qu'il gère pour le cartel ou la mafia. Et dans son monde, l'échelle des peines est très courte. A vrai dire, elle n'a qu'un seul barreau : la peine de mort. Plus incitatif que la décoration ou la prime de fin d'année...

Les professionnels du blanchiment savent aussi que les Etats — plus encore, les organisations internationales — ont une capacité de lassitude, d'oubli, très forte. A force de fréquenter le monde un peu virtuel des médias, les dirigeants politiques ont parfois tendance à considérer que tout problème évoqué par eux est ipso facto résolu. Voyez les grand-messes mondiales écologiques ou sociales : « dans cinq ans, les gaz à effet de serre auront diminué de 50 % », « dans cinq ans les plus pauvres des pauvres seront moitié moins nombreux ». Cinq ans après ? Bien sûr, rien n'a vraiment changé.

Un exemple. Au début de la décennie 90, le projecteur se braque sur certaines îles des Caraïbes et leurs casinos « en odeur de mafia ». Des équipes de télé débarquent sur place, des hommes politiques tempêtent, des ministres frappent sur la table — quelques poids-lourds mafieux ou associés sont arrêtés. En l'an 2000 ? *Business as usual.* Les mafieux ont été libérés, le pipe-line d'argent sale fonctionne à fond, les politiciens locaux sont toujours aussi « myopes ». Il suffisait d'attendre un peu...

Mais alors, sur le vrai champ de bataille, celui de la réalité et non des effets d'annonce pour journal télévisé vespéral, que faire pour pénétrer d'abord, combattre efficacement ensuite, cette criminalité mouvante et mutante qu'est le blanchiment d'argent sale ?

Tout traitement passe par un diagnostic, compris et accepté par le patient. En l'occurrence, l'Etat doit d'abord prendre conscience — non pas « j'y pense et puis j'oublie » mais se pénétrer de l'idée — que le blanchiment est mouvant et mutant par essence — et ne peut être que ça. Car en réalité, les malfaiteurs ont muté depuis la fin de la Guerre froide. Voici plus d'un siècle, dans un texte intitulé *La lutte des classes en France*, Karl Marx observait ainsi : « Le triomphe de la bourgeoisie a noyé les frissons sacrés de l'extase religieuse, de l'enthousiasme chevaleresque et de la sentimentalité à quatre sous dans les eaux glacées du calcul égoïste. » A l'aube du XXIe siècle, finie la libération nationale ! Oubliée la révolution mondiale ! Place au Dollar ! Les eaux glacées du calcul égoïste sont précisément celles où nagent — et nagent fort bien — les malfaiteurs du nouveau désordre mondial.

Ensuite — ô combien cela agace la plupart des hauts fonctionnaires — il faudra imaginer, susciter, et mettre à l'œuvre des entités répressives elles aussi mouvantes et mutantes — tant il est vrai que *nihil contra venenum nisi venenum ipse* (pas de remède contre le poison, hormis le poison lui-même). Ce bien sûr dans le respect des lois de l'Etat de Droit. Cela demande du travail mais c'est à la fois faisable et indispensable. Car sinon, on conservera une cavalerie lourde et lente, formée de chevaliers arrogants et sûrs de leur force. Face à nous, des archers furtifs se faufileront tout à loisir et nous cribleront de flèches quand on approchera trop d'eux. Le scénario ne vous rappelle rien ? C'est celui de la bataille d'Azincourt.

LA RECHERCHE FONDAMENTALE

> « Il arrive fréquemment qu'on soit contraint par l'adversaire à la passivité. L'important dans de tels cas est de reprendre rapidement l'initiative. Si l'on n'y parvient pas, on va inévitablement à la défaite. »
>
> (Mao Tse Toung[1])

Dans une guerre chaotique criminelle/terroriste, la technologie n'est pas déterminante, du moins pas sur le terrain. Il est donc raisonnable de ne pas investir tous les moyens dont on dispose dans le perfectionnement d'armes et de systèmes existants, déjà fort sophistiqués pour la plupart. Il faut aussi songer aux vrais dangers du monde réel

---

1. *Problèmes stratégiques de la guerre révolutionnaire*, décembre 1936.

d'aujourd'hui, et de ce fait à la recherche fondamentale portant sur des outils, ou totalement nouveaux, ou adaptés aux entités menaçantes de la période — ce désormais à l'échelle de l'Union européenne (UE).

Ainsi, la nécessité première — c'est une tâche *politique*, au sens noble du terme — est de s'efforcer d'abord de comprendre à quelle rationalité, à quelle logique obéissent les entités dangereuses du monde d'aujourd'hui. Comment en effet combattre quand on ne sait rien de la « culture », des motivations de celui qui vous fait face ? Comment affronter un ennemi dont on ne comprend pas la logique ?

Sans mathématiques pures, pas de progrès en informatique. Sans chimie fondamentale, pas de progrès en pharmacie. De même — ce surtout dans un monde complexe et chaotique comme le nôtre — sans recherche fondamentale sur les dangers réels du monde d'aujourd'hui, impossibilité de déceler les phénomènes dangereux lors de leur émergence, pas moyen de les analyser, de les comprendre — donc de les combattre.

Ceci est important car c'est la pensée, ce sont les concepts, qui nourrissent les ordinateurs, guident la technologie. Rien ne sert d'avoir les systèmes électroniques les plus perfectionnés, les capacités d'investigation les plus pointues, si l'entité qui les commande — donc qui les programme — est plongée dans l'erreur ou dans l'ignorance.

LE RENSEIGNEMENT DE L'AVENIR

Wo aber Gefahr ist, wächst das rettende auch, « Mais où est le danger, croît aussi ce qui sauve. »
(Friedrich Hölderlin, Patmos)

Venons-en à l'essentiel, à que les appareils de renseignement ne font pas, en réalité, aujourd'hui : la détection précoce, le dé-cèlement. Où déceler ? Que déceler, et comment ? Usons d'une image, celle de la jeep sur la piste. Dans l'actuel chaos mondial, une multinationale, un Etat sont précisément dans cette situation : ils sont lancés à vive allure — voire à tombeau ouvert — sur un chemin défoncé, aux imprévisibles sinuosités. Sur une telle trajectoire, quel est pour la jeep le point sensible ? Une formule familière américaine dit *where the rubber meets the road*, « là ou le pneu touche la route ». C'est là que se contrôle la trajectoire, qu'on adhère au sol, qu'on évite de verser, de déraper. Pour un Etat, une multinationale, l'échange crucial, le danger extrême se situe aussi *where the rubber meets the road*. C'est là qu'il faut être. C'est une milliseconde *avant* qu'il faut avoir prévu, redressé la trajectoire, évité l'obstacle. Tout cela se faisant au réflexe, sinon le pneu quitte la route et c'est l'embardée, ou pire.

Dans le chaos mondial, alors que les menaces se révèlent de façon brutale — fulgurante parfois, le renseignement doit opérer une refondation intellectuelle, s'approfondir. Il ne peut plus se borner à renvoyer les balles à servir d'outil purement curatif. Il ne peut plus ignorer — il doit absolument prendre en compte — qu'il existe un futur intelligible ; qu'on peut (à certaines conditions) parvenir au *savoir qui pressent* ; qu'enfin, on peut optimiser la collecte et l'analyse de l'information stratégique, les rendre moins coûteuses, plus efficaces.

Depuis une décennie, les deux auteurs donnent dans diverses institutions de savoir des cours ou des conférences préparant étudiants ou professionnels ; qui à la rédaction de mémoires (ou de thèses) de fin d'études, qui à une orientation nouvelle. A tous (et classiquement) nous montrons d'abord combien le savoir scientifique diffère des connaissances immédiates, s'oppose aux idées reçues, etc. En quelque sorte, nous leur enseignons d'abord les règles de l'asepsie intellectuelle. L'exercice nous a permis de constater qu'en ce domaine, étudiants, policiers ou magistrats, professionnels de la défense et du renseignement, avaient des besoins méthodologiques analogues. Nous avons réalisé quelles difficultés ils éprouvaient à s'extraire de la gangue du quotidien, à s'orienter sur le long terme. Cela nous a permis de réaliser à quel point les qualités, l'entraînement nécessaire pour exercer des fonctions de policier ou de magistrat, ou pour encadrer un organisme de défense ou de renseignement, différaient radicalement de celles permettant de pressentir, déceler, projeter : ce qui qualifiait pour l'un, ne qualifiait pas pour l'autre, au contraire.

Qu'apporter alors à ces experts, pour qu'ils puissent s'ouvrir à la démarche pressentir/déceler/projeter comme outil de renseignement ? Des outils philosophiques, notamment empruntés à l'œuvre de Martin Heidegger[1].

Première étape : envisager les difficultés de l'entreprise

Savoir ce que l'on cherche ne donne pas forcément les moyens de le trouver. A cette fin, parvenir au *savoir qui pressent* nécessite de déjouer les pièges que nous tendent notre société même et sa représentation virtuelle, les médias.

Notre époque, ses pièges : l'affairement, l'utilitaire

« Ce qui est aujourd'hui est marqué par la domination de l'essence de la technique moderne, domination qui, dans tous les domaines de la vie, se manifeste déjà par des caractéristiques aux noms multiples tels que la fonctionnarisation, la perfection, l'automation, la bureaucratisation, l'information, etc. De même que nous appelons biologie la

---

1. Heidegger estimait lui-même manquer d'outils, de concepts (« On appelle concepts des représentations dans lesquelles nous menons devant nous un objet ou des domaines entiers d'objets en leur généralité. » Martin Heidegger, *Concepts fondamentaux*, Gallimard-NRF, Bibliothèque de philosophie, 1985), notamment dans la dimension temporelle (Etre *et* temps), et passa une partie de sa carrière à tenter d'en forger.

représentation de ce qui est vivant, nous pouvons appliquer le terme de technologie à la description et à l'organisation complète de l'étant dominé par l'essence de la technique [1]. »

Aujourd'hui, la technologie permet et exprime l'ordre du monde développé. Ce qui est décisif, central dans ce monde, c'est « la sphère de la production et de la commande, de l'utile et du protégeable » [2]. Cette sphère est celle où règnent l'utilitaire et l'affairement.

Méfions-nous donc de la pensée utilitaire bornée, purement économique et *manageriale*, pensée myope privée de profondeur, interdisant l'approche pressentir/déceler/projeter. « Une pensée qui ne regarde qu'à l'utilité ne s'avise à vrai dire des manquements et des lacunes qu'au moment où un préjudice en résulte, lorsque la pénurie d'hommes capables et d'hommes de savoir compromet la maîtrise des tâches présentes et à venir » (*Concepts fondamentaux, op. cit.*). Ainsi, l'état d'esprit courant ne connaît la chose qu'en ce qu'elle a de fonctionnel, dans son utilité instrumentale pour la vie de tous les jours : « Dans un monde où l'être de la chose a été effectivement réduit à cette instrumentalité, la connaissance qu'en a la mentalité commune... devient la seule connaissance adéquate [3]. » Une connaissance générée et véhiculée par les médias.

Notre époque : médias, « bavardage » et « homme américain »

Dès les années 50, Heidegger remarque : « Nous sommes plongés dans une foire culturelle qui tous les jours crie pour être approvisionnée de ce qu'il y a de plus nouveau, et qui cherche avec avidité ce qui l'excite... » (*Qu'appelle-t-on penser ?*, Quadrige-PUF, 1959). Et l'homme, producteur et organisateur, dans cette foire ? « L'homme d'aujourd'hui, dont la "culture" n'est souvent

---

1. M. Heidegger, *Identité et différence*, Questions I, Gallimard.

2. *Chemins qui ne mènent nulle part*, M. H., Gallimard (Classiques de la philosophie), 1962.

3. *Chemins qui ne mènent nulle part, op. cit.*

tirée que de mémentos ou de magazines illustrés, de reportages radiophoniques et de salles de spectacle, s'il sait encore, *cet homme purement américain* [c'est nous qui soulignons] ballotté dans un tel tourbillon, et s'il peut encore savoir, tout bonnement ce que lire veut dire » (*Concepts fondamentaux, op. cit.*). Dans ce monde spectaculaire, toute « nouveauté » authentique est ramenée au déjà connu, et l'opinion commune moyenne est acceptée non parce que vraie, mais parce que commune. L'individu est dominé par les opinions courantes.

Confusion, conformisme : on vante l'omniprésence des moyens de communication, leur accessibilité grandissante, mais de leur fait — et non en dépit d'eux — le réel ne se rapproche pas : il s'éloigne, se perd dans le brouillard médiatique : « Aujourd'hui, où l'on sait trop, où l'on a trop rapidement son opinion, où l'on a déjà en un tour de main tout évalué et rangé aussitôt dit — aujourd'hui ne reste plus le moindre espoir que la présentation d'une chose ait assez de pouvoir pour mettre en route un commun effort de pensée, en faisant simplement voir la chose même » (*Qu'appelle-t-on penser ?, op. cit.*).

Seconde étape : le besoin d'une fondation extérieure

C'est l'une des sentences philosophiques les plus fécondes du siècle : « La science ne pense pas (*Die Wissenschaft denkt nicht*) au sens de la pensée des penseurs » (*Qu'appelle-t-on penser ?, op. cit.*). Cette formule provocante ne signifie naturellement pas qu'une science, la physique par exemple, ne peut pas penser *à* son objet d'étude (ici : les phénomènes physiques). En revanche, cette science éprouve grand mal à *se* penser *elle-même*. « Il y a en toute science un autre côté auquel, en tant que science, elle ne peut jamais accéder. C'est celui de l'essence de son domaine » (*Qu'appelle-t-on penser ?, op. cit.*). « Les sciences "positives" s'occupent de déterminer l'étant d'un domaine à chaque fois particulier. [Elles] ont donc besoin (mais ce besoin, elles ne l'expérimentent pas comme tel, ou rarement : dans les moments de "crise") d'une fondation philosophique de leur domaine[1]. »

Ainsi, la fondation certaine du savoir est la tâche propre d'une discipline qui lui est extérieure : la philosophie. Plus largement, l'activité humaine requiert en général le regard extérieur. Même le geste le plus trivial : vérifier l'ajustement de sa cravate, ou l'état de sa coiffure, se fait plus vite et mieux grâce au regard critique de l'autre.

Mais ce que prône la philosophie la plus relevée, ce que le quotidien le plus banal fait sans malice, l'Etat peine à l'admettre, encore plus à le pratiquer. En France notamment, l'Etat — surtout dans ses activités régaliennes — tolère mal le regard critique extérieur, que ce soit sur ses analyses ou sur ses entreprises. Or un tel regard est crucial, surtout pour le renseignement, mise en œuvre des moyens humains et techniques de l'Etat pour son information extérieure. Donc : un outil. Dans le registre des outils : le microscope choisit-il lui-même le microbe qu'il observe ? Le télescope, l'étoile sur laquelle il se braque ? Le bistouri décide-t-il seul de l'incision à pratiquer — non, bien sûr.

D'où, pour parvenir au savoir qui pressent, ce premier acquis : pressentir/déceler/projeter peut contribuer puissamment à orienter le renseignement, mais ne saurait émaner du renseignement lui-même, qui ne peut par construction se penser lui-même.

Troisième étape : effectuer deux distinctions cruciales

Comment retrouver le réel, déceler le futur intelligible ? En fondant sa réflexion stratégique sur deux distinguo essentiels :

— l'*habituel* n'est pas le *proche*, mais son contraire,

---

1. Cf. *Heidegger, Introduction à une lecture, op. cit.*

— le *passé* n'est pas l'*initial*, mais son inverse.

L'habituel, contraire du proche

L'homme peine à sortir de la « zone des évidences courantes » car « ce que nous rencontrons tout d'abord, ce n'est pas le proche, mais toujours l'habituel. L'habituel possède en propre cet effrayant pouvoir de nous déshabituer d'habiter dans l'essentiel — et souvent de façon si décisive qu'il ne nous laisse plus jamais parvenir à y habiter ». Nous sommes souvent victimes de « l'ivresse de l'habituel » (*Qu'appelle-t-on penser ?, op. cit.*). C'est au contraire la proximité qui est passionnante, stratégique. Or celle-ci est paradoxale « c'est seulement parce qu'elle est là, au plus proche, que nous avons de la peine à la découvrir ». Les plus hautes richesses sont ainsi « dans ce qui est le plus immédiatement, le plus évidemment "à portée de la main" ».

Ainsi, pour penser, faut-il impérativement « renoncer à l'usuel qui est en même temps la facilité ». (*Concepts fondamentaux, op. cit.*). « Il faut d'abord que tombent les barrières de l'unanimement admis comme allant de soi et que soient écartés les pseudo-concepts habituels » (*Qu'appelle-t-on penser ?, op. cit.*). Il faut aussi savoir se concentrer sur les sujets simples et proches : « Le public mondial actuel vit toujours dans l'opinion que la pensée des penseurs devrait se comprendre de la même façon qu'on lit les journaux. Que tout le monde ne soit pas capable de restituer les processus de pensée de la physique contemporaine, on trouve cela dans l'ordre. Or apprendre la pensée des penseurs, c'est essentiellement plus difficile, non pas que cette pensée soit encore plus compliquée, mais parce qu'elle est simple, même trop simple pour les habitudes de représentation courantes » (*Qu'appelle-t-on penser ?, op. cit.*).

Le passé et l'initial

Heidegger avertit d'abord : « Aucune époque ne se laisse mettre de côté par une simple négation : celle-ci n'élimine que le négateur. » Et aussi « le retrait et l'écroulement d'un monde sont à jamais irrévocables »[1]. Cela nous engage à oublier la Guerre froide. Mais pas uniquement : à dés-apprendre aussi tout l'appareil conceptuel que cette époque a suscité. Penser dans la dimension pressentir/déceler/projeter nécessite d'éliminer tout ce qu'intellectuellement engendra l'ordre antérieur du monde. Là aussi, nous sommes prévenus : « C'est à l'inertie naturelle de l'homme qu'il revient de tout interpréter en fonction de l'antérieur, s'excluant ainsi lui-même du domaine du réel d'ores et déjà en vigueur et de ce qui y est essentiel. » (*Concepts fondamentaux, op. cit.*) Car « toutes les interprétations de l'humanité et de sa destination empruntées aux anciennes "explications du monde" retardent d'entrée de jeu sur ce qui est ».

Comment alors parvenir au savoir qui pressent ? Sur quoi fonder une réflexion stratégique ? Sur un questionnement radical des liens qui unissent l'avenir et l'initial. Une démarche en deux temps :

— D'abord, un richissime renversement de perspective, édictant que « la primauté de l'avenir est le vrai sens du temps » et que « l'histoire vient de l'avenir ». « La primauté de l'avenir doit en effet s'entendre tout particulièrement à partir de sa modalité propre, le devancement ». Il faut donc considérer l'avenir « non comme pas-encore-présent, mais comme modalité d'un possible accomplissement »[2].

— Ensuite : qu'est-ce qui nous provient de l'avenir ? L'initial, le commencement « seuls l'inaugural et l'initial ont de l'avenir : l'actuel est toujours, d'emblée, périmé » (*Concepts fondamentaux, op. cit.*).

— « L'initial est bien quelque chose qui a été, mais

---

1. Ces deux citations : *Chemins qui ne mènent nulle part, op. cit.*
2. Sur la conception heidegerienne de l'avenir, voir *Heidegger : introduction à une lecture, op. cit.*

rien de passé. Ce qui est passé n'est jamais que ce qui n'est plus, tandis que ce qui a été est l'être qui, encore, déploie son essence » (*Concepts fondamentaux, op. cit.*).

— « Que le commencement soit en retrait, cela ne signifie pas qu'il soit enseveli ; cela signifie seulement qu'il nous est singulièrement proche, encore que cette proximité ne soit pas éprouvée d'emblée, c'est-à-dire à partir d'évidences toutes faites » (*Concepts fondamentaux, op. cit.*).

— « L'aube originelle ne se montre à l'homme qu'en dernier lieu. Aussi s'efforcer, dans ce domaine de la pensée, de pénétrer d'une façon encore plus initiale ce qui a été pensé au commencement n'est pas l'effet d'une volonté absurde de ranimer le passé, mais le fait d'une disposition calme, où l'on est prêt à s'étonner de ce qui vient à nous de l'aube première[1]. »

Quatrième étape : le possible comme essence : « parvenir au savoir qui pressent »

Ainsi :
— si nous avons bien dégagé le réel de ses gangues ;
— si nous sommes parvenus à l'initial, comme fondation solide ;
— si nous avons forgé de bons concepts.

Nous pouvons accéder au *possible*, ce troisième mode de la pensée humaine, certes le plus abstrait, mais celui qui offre aussi la portée la plus longue :
— l'existant ;
— le nécessaire ;
— le *possible*.

« Le possible n'est-il pas une modalité de l'être, à distinguer de l'existant et du nécessaire : il est l'être lui-

---

1. M. Heidegger, *La Question de la technique* (1953), in *Essais et conférences*, Tel-Gallimard.

même [1]. »... « Le possible est certes le non-encore réel, seulement ce non-encore réel n'est pour nous rien de nul. Même le possible "est", son être a seulement un autre caractère que le réel. » (*Concepts fondamentaux, op. cit.*)

Prendre le possible comme limite, comme ligne d'horizon : ce mode de pensée aussi riche que quasi inexploré en termes de renseignement nous amène droit au *savoir qui pressent* : « La pensée dans le pressentiment, et pour lui, est par essence plus rigoureuse et plus exigeante que toute perspicacité conceptuelle formelle exercée en un quelconque secteur du comptabilisable » (*Concepts fondamentaux, op. cit.*). L'époque qui vient ? « Nous ne pouvons certes prévoir cette époque quant à son contenu ; mais il est possible de faire attention aux caractères de sa provenance et aux signes de sa venue » (*Qu'appelle-t-on penser ?, op. cit.*).

Cela, on peut le prouver. Deux exemples :

— Entre 1882 et 1888 [2], Nietzsche (qui, le premier, pensa dans le mode du pressentiment) imagine les figures du travailleur et du soldat [3], « appellations qui portent déjà de façon décisive [pour le siècle à venir] les principales formes d'accomplissement de la volonté de puissance » (*Concepts fondamentaux, op. cit.*). Pour le XXᵉ siècle à venir, « travailleurs et soldats donnent accès au réel. Ces termes se prêtent à désigner, en en ébauchant l'essence, la figure dans laquelle l'humanité est en train de se dresser sur la terre » (*Concepts fondamentaux, op. cit.*).

Quelle « puissance de calcul », quelle faculté de pres-

---

1. Voir *L'absolu technique, Heidegger et la question de la technique*, Jean-Philippe Milet, Kimé, 2000.

2. Dans des esquisses réunies en un volume connu sous le titre de *La Volonté de puissance*.

3. « Ces deux noms ne sont pas, là, ceux d'une classe du peuple, d'une corporation ; ils désignent, en une singulière fusion, le type d'humanité réclamé de façon déterminante, du début jusqu'à l'achèvement de l'ébranlement actuel du monde, le type d'humanité qui donne au rapport à l'étant direction et disposition. Les noms de "travailleur" et de "soldat" sont par conséquent des statuts métaphysiques. Ils nomment la forme humaine d'accomplissement de l'être de l'étant devenu manifeste — cet être que Nietzsche a anticipé et conçu comme "la volonté de puissance". »

sentir en effet : ces figures, Nietzsche les conçoit presque trente ans avant Weimar, époque où, en effet, « par-delà toutes les doctrines politiques au sens étroit du terme, le travailleur et le soldat déterminent de part en part l'aspect qu'offre le réel » (*Concepts fondamentaux, op. cit.*).

Imaginons brièvement (nous revenons là-dessus plus bas) un service de renseignement travaillant dès les années 1890 sur ces concepts. Quel monde de possibilités s'offrait à lui en termes d'anticipation, de détection précoce, de pré-positionnement !

— Dès 1951-52, Heidegger dépeint avec une prodigieuse précision cette « pensée unique » que la technologie rend inévitable. Une pensée dont il pré-voit même le nom, puisqu'il la nomme, lui, « à voie unique » (comme une voie de chemin de fer). Une impitoyable définition, qui mérite d'être citée longuement :

La pensée à voie unique : « Celle-ci est quelque chose d'autre que la simple pensée bornée. Elle a une portée plus grande et une origine plus reculée... » « On a sur toute chose et sur chacune une croyance qui s'est formée d'après une même façon de croire. Chaque journal, chaque magazine illustré, chaque programme de radiodiffusion, offre tout aujourd'hui de la même façon à l'uniformité de la croyance. Les objets des sciences et la chose de la pensée sont traités avec la même uniformité... »

« Ce n'est qu'au niveau de la croyance bornée et uniforme que s'introduit la pensée à voie unique. Par là, tout est réduit à une unicité de signification, dans les concepts et les désignations, dont la précision non seulement répond à celle de la méthode technique, mais partage la même origine essentielle [...] La pensée à voie unique ne s'identifie pas à la croyance bornée, mais elle se construit sur elle et du même coup la transforme » (*Qu'appelle-t-on penser ?, op. cit.*).

Dernière étape : concepts — projets — positionnements précoces

> « Aujourd'hui, le futur intelligible appartient moins que jamais à la pensée qui ne peut que méditer après-coup (*nachdenken*) et enrager après-coup (*nachwüten*), mais à la volonté qui formule des projets et met des entreprises en route », notait, dans *L'heure du crime & le temps de l'œuvre d'art*, Peter Sloterdijk.

Le mode de pensée pressentir/déceler/pro-jeter offre de considérables avantages dans la sphère du renseignement, ce surtout en Europe continentale :

— D'abord, il avantage l'Europe continentale, étant moins directement compréhensible dans un monde anglo-saxon purement pragmatique et cantonné à la « sphère du calculable ». Ce, au sens où un tableau, pourtant réel et visible, n'a pas de sens pour un aveugle de naissance.

— Il permet sans grave risque d'erreur la détection précoce des menaces (s'intéresser au bourgeon, pas au baobab) ; donc le pré-positionnement, le choix d'orientations majeures, la sélection dynamique de cibles très en amont du processus de décision. S'établir dans la proximité des choses même autorise les stratégies dans la profondeur ; facilite les embuscades de tous ordres.

— Evitant de tout balayer et vérifier systématiquement, il génère des économies et permet de concentrer ses forces sur des territoires, des populations à haut risque. Par croisement et échange d'informations, il évite aussi au renseignement d'errer vers des risques hypothétiques — ou illusoires.

— Il respecte enfin l'étanchéité du système, puisque la phase pressentir/déceler/projeter, autonome, use d'informations et de concepts ouverts (quoique complexes). Ceux qui opèrent à ce niveau n'ont à vrai dire nul besoin réel (hormis la curiosité...) de savoir comment leurs découvertes et analyses sont ensuite exploitées par leurs mandants.

Un cran en dessous : « Tout ce qui est visible, frappant, tout ce qui est placé au centre, vit de la préparation invisible effectuée par des auxiliaires situés derrière la scène et sur les cotés[1]. » Cela se décèle, cela permet de pro-jeter, de façon précoce.

Partant de là, comment utilement alimenter le renseignement ? Attendu que :

— aucune menace, violente ou insidieuse, pesant aujourd'hui sur notre pays, notre société, nos entreprises vitales et au-delà, sur l'Europe, n'est vraiment aléatoire (mis à part l'acte isolé d'un dément, auquel nulle parade n'existe — même psychiatrique),

— ces entités ne peuvent donc subir que des agressions ayant un sens, une logique — donc ayant été planifiées,

— au milieu d'un chaos apparemment hostile, imprévisible et incompréhensible, existent toujours des éléments ordonnés, des rythmes interprétables et des logiques compréhensibles,

— les méthodologies employées pour ces agressions sont toutes répétitives, ce qui les rend prévisibles...

Un appareil à pressentir/déceler/projeter s'intéressera à des périodes, des territoires, des populations sensibles ou dangereux. Réalisera ainsi des diagnostics permettant d'apprendre beaucoup de ce qui peut prévenir le danger — ou permettre de riposter. Ces diagnostics précoces permettront aussi au renseignement de braquer son télescope sur un secteur, un groupe, quand un danger précis se dessine — ce, avant tout passage à l'acte. Et si un acte hostile doit malgré tout se perpétrer, avoir posé un diagnostic correct permettra d'éviter qu'il ne se reproduise.

---

1. *L'heure du crime & le temps de l'œuvre d'art, op. cit.*

8

Et la France ?

Ainsi donc, et pour aller du général au particulier, du désordre mondial à la situation française :

Les créatures inventées pour gagner la guerre d'Afghanistan dans les années 80 ; pour préserver les équilibres au Pakistan après la chute du shah d'Iran — et même pour attaquer le régime libyen (le colonel Kadhafi fut le premier à émettre un mandat d'arrêt contre Oussama Ben Laden[1]) — ont échappé à leur marionnettiste — avant de l'attaquer. L'Alliance des croyants, fondée sur l'idée que « les ennemis de nos ennemis sont nos amis » a éclaté.

Mus par le fanatisme et le ressentiment, les groupes fédérés par al-Qaïda sont désormais devenus une mutuelle du terrorisme, un réseau franchisé des fondamentalismes, à l'œuvre — à vrai dire partout. Le nouveau terrorisme protoplasmique a essaimé ses noyaux et cellules à travers les continents : Afghanistan, Albanie, Algérie, Angola, Arabie saoudite, Birmanie, Bosnie, Egypte, Erythrée, Etats-Unis, Indonésie, Jordanie, Kenya, Kosovo, Liban, Libye, Ouzbékistan, Philippines, Qatar, Somalie, Soudan,

---

1. Voir le livre de Guillaume Dasquié et Jean-Charles Brizard, *La Vérité interdite*, Denoël, 2001.

Tadjikistan, Tanzanie, Tchétchénie, Turkménistan, Turquie — sans oublier l'Europe mais d'abord dans des pays échoués ou instables. La mondialisation du terrorisme est ainsi allée plus vite et plus loin que son modèle économique licite.

A cette première préoccupation plutôt géopolitique s'en ajoute une seconde, elle d'ordre intérieur. Abordons-la en rappelant d'abord certains événements d'un passé tout récent.

En septembre 2001, Safir Bghiouia attaque au lance-roquette une voiture de patrouille de la police à Béziers. Il récidive devant le commissariat central de la ville puis tue le chef de cabinet du maire d'une rafale d'arme automatique avant d'être abattu par la police. On trouve dans son véhicule un lance-roquettes et deux projectiles, un fusil d'assaut, un fusil à pompe, des explosifs, mèches lentes et détonateurs. Connu comme délinquant (vols de voitures), Safir Bghiouia avait séjourné au Kosovo, en Albanie et en Macédoine et posait au musulman pratiquant.

En avril 2001, la police italienne arrête à Milan cinq Algériens et Tunisiens, soupçonnés d'appartenir à la nébuleuse al-Qaïda. Leur réseau avait prévu un attentat à la cathédrale de Strasbourg lors des fêtes de fin d'année 2000. Suspectés d'appartenir au même réseau, quatre autres individus avaient été interpellés par les policiers allemands à Francfort le 25 décembre 2000.

En novembre 2000, la Brigade de répression du banditisme (BRB) saisit 11 lance-roquettes d'origine yougoslave à Nanterre. Sur toute l'année, les services de police ont saisi 8 500 armes à feu dont 26 lance-roquettes et plus de 50 Kalashnikov.

Bandits ou fanatiques fondamentalistes musulmans ? La question reste posée cinq ans après les événements du début 1996. Fin janvier, dans le nord de la France, une bande, armée de fusils d'assaut Kalashnikov, affronte des policiers et disparaît. Peu après, les mêmes individus attaquent un supermarché puis abattent un jeune Algérien qui refusait de leur remettre son véhicule. En mars 1996, la bande attaque à la grenade un fourgon blindé. Un attentat à la voiture piégée devant un commissariat de Lille lui est également attribué. A l'origine, les membres de la bande sont de jeunes Roubaisiens, ni plus ni moins remuants que les autres. Rachid Suindi, Saïd Laïhar, Tesli Ben Hachem, Amar Djouina ou Christophe Caze mourront dans les décombres incendiés de leur maison assiégée par le RAID ou sous les balles de la police belge. Des documents du FIS algérien sont retrouvés en leur possession.

En août 1995, la police identifie l'un des groupes de soutien français au GIA algérien. Dirigé par Khaled Kelkal, ce groupe de Vaulx-en-Velin complétait alors un ensemble de trois structures, les deux autres implantées à Lille et Chasse-sur-Rhône. Sous l'autorité de Rachid Ramda (« Abou Farès »), basé à Londres et sous le contrôle de Boualem Bensaïd (« Mehdi »), envoyé du GIA en France, ces noyaux terroristes sont suspectés d'avoir organisé les attentats de juillet-octobre 1995 (RER, station Saint-Michel ; RER, station musée d'Orsay ; TGV Lyon-Paris ; métro, station Maison-Blanche ; Ecole juive de Villeurbanne ; Marché Richard-Lenoir à Paris ; assassinat de l'imam de la mosquée de la rue Myrha, à Paris ; tentative d'attentat à l'explosif, déjouée sur le marché de Lille ou place Charles-Vallin à Paris). Parmi les mis en cause du Groupe de Chasse-sur-Rhône, David Vallat et Joseph Jaime, deux jeunes convertis à l'islam dont le second a fait ses armes lors du conflit Bosniaque. Khaled Kelkal est tué fin septembre 1995, dans un affrontement armé avec des gendarmes. Le lendemain de sa mort, cinquante véhicules et commerces flambent dans la région Rhône-Alpes (Vénissieux, Rochetaillée, Vaulx-en-Velin, La Ricamarie, Saint-Etienne).

DE LA DÉLINQUANCE AU TERRORISME ?

Le terrorisme et la petite délinquance paraissent souvent comme aux antipodes l'un de l'autre. C'est en général vrai pour les dirigeants et cadres des entités en cause. Mais sur le terrain, le lien apparaît plus fort. Petits délinquants et criminels en herbe peuvent être attirés vers les noyaux du protoplasme terroriste, comme vers les gangs de la nouvelle criminalité organisée. Cette appréciation n'est ni paranoïaque, ni polémique ; pour preuve, tous les cas concrets d'activisme islamiste ou de « gangsterrorisme » évoqués plus haut.

La situation en France mérite donc qu'on s'y arrête. D'une part, les violences urbaines, les petites terreurs au quotidien, la délinquance et la criminalité reviennent à des niveaux inquiétants. D'autre part, des précédents terroristes, ou proto-terroristes existent, comme on l'a vu ci-dessus. Quitte comme d'habitude à être qualifiés d'« alarmistes » par les derniers partisans de la culture de l'excuse, il nous faut donc ici briser un tabou et essayer de comprendre si, et comment, un passage peut s'opérer entre les « violences urbaines » d'une part et de l'autre, un terrorisme, aujourd'hui inspiré par le fanatisme islamiste.

LA RÉALITÉ DES VIOLENCES URBAINES

En France, les violences urbaines ne sont à l'origine ni révolutionnaires ni porteuses d'espoir, ni l'instrument de revendications sociales claires. Elles sont d'abord destructrices du cadre de vie de leurs auteurs, et spécialement des équipements publics. C'est la crise de la ville, analysée par le rapport du comité présidé par Alain

Peyrefitte[1] dès 1977, qui préfigure l'apparition des « violences urbaines ».

A la différence des Etats-Unis, de la Grande-Bretagne ou plus récemment de l'Europe centrale, les violences urbaines françaises sont à l'origine rarement communautaires ou ethniques. Loin d'échouer, le système d'intégration national semble alors presque fonctionner trop bien. Dans les années 80, les bandes sont généralement multiethniques et les affrontements se font quartier contre quartier, sans distinctions d'origine des populations. Ce, même si les politiques d'attribution des logements vont ensuite modifier cette donnée initiale.

Affectée aux Renseignements généraux, la commissaire Lucienne Bui Truong[2] donne en 1991 la dénomination « violences urbaines » au phénomène apparu en 1981 dans le quartier des Minguettes, durant ce qu'on appelle « l'été chaud ». Ces événements suscitent une politique « de la ville » qui, sous des noms divers, traverse les alternances politiques. De 1981 à 1990, la crise semble contenue, puis reprend à partir de 1991 un rythme quasi exponentiel.

Partant d'indications statistiques reformulées, la police commence alors à accepter l'idée de territoires secoués par des violences anti-institutionnelles, lesquelles passent d'environ 3 000 faits en 1993 à près de 30 000 en 1999. Après avoir contesté les chiffres recensés par les renseignements généraux, la sécurité publique, qui gère la sécurité sur le terrain et au quotidien, crée son propre dispositif statistique, le SAIVU[3], qui fournit des résultats plus alarmants encore (environ 40 000 faits pour l'année 1999, près de 50 000 en 2000) alors qu'il est réputé plus fiable. Cette territorialisation des violences touche plus de

---

1. Alain Peyrefitte, *Réponses à la violence*, Presses Pocket, 1977.
2. Voir ses nombreuses contributions dans les cahiers de l'Institut des Hautes Etudes de la Sécurité intérieure, Documentation française (depuis 1990) et *Violences urbaines, des vérités qui dérangent*, Bayard, 2000.
3. Système d'analyse informatisé des violences urbaines.

1 000 quartiers en 2000 (moins de 500 en 1993) et s'accompagne d'une tribalisation des structures sociales locales.

Selon le SAIVU, 53 % des auteurs de violences urbaines étaient des mineurs (20 % pour la criminalité générale française), 30 % avaient moins de 16 ans. Les zones les plus touchées par ces violences sont d'abord les grands pôles urbains (Ile-de-France, Nord, Seine-Maritime, Rhône, Haute-Garonne) mais aussi les espaces limitrophes (Oise, Loire, Eure-et-Loir). Le ratio par habitants indique que les espaces rurbains sont nettement dominants (notamment l'Oise ou l'Eure-et-Loir). Dans les zones rurales, la progression est également forte : 800 faits en 1997, plus de 7 100 en 2000 selon la Direction générale de la Gendarmerie nationale.

Contrairement à la vision médiatique (et souvent ultra-médiatisée) des événements, les fauteurs de troubles ne cultivent pas une logique du désordre contre l'ordre, mais concurrencent les institutions républicaines en voulant installer un ordre parallèle, financé par une économie souterraine en général basée sur le trafic des stupéfiants. C'est le contrôle d'un marché local (stupéfiants, « marchés aux voleurs », etc.) qui génère le plus souvent les conflits entre bandes.

Or depuis le milieu de la décennie 90, et dans nombre de quartiers « sensibles » les violences urbaines des années 1988-1995 cède la place à une criminalité désormais hybride (trafic de stupéfiants, vols à main armée, racket, prostitution, trafics d'armes ou quêtes en faveur de rébellions, de l'Algérie à l'ex-Yougoslavie, etc.), des entités souvent liées à l'islam activiste s'intéressent également au contrôle social des territoires. Ainsi, un quartier tranquille n'est pas toujours un quartier sûr.

Preuve de cette évolution de la délinquance vers le crime, sur les territoires de la violence sociale : depuis le début de la décennie 90 l'homicide — activité criminelle par excellence — augmente fortement, surtout lors de conflits entre bandes : 10 en 1991, 61 en 1998, 386 en 10 ans dont plus de la moitié lors de règlements de comptes[1]. Ce pour un pays comptant moins d'un millier de meurtres par an en moyenne. De même et un cran plus bas, on constate depuis 1996 un brutal transfert de la violence vers les personnes, la proportion de victimes individuelles des violences urbaines passant, selon la Direction centrale des renseignements généraux, de 48 % en 1997 à 68 % en 2000.

On constate également une forte augmentation des incendies volontaires, poubelles ou véhicules. De même, l'affrontement avec les forces de police vire au guet-apens organisé touchant tous les services publics (pompiers, agents des postes, transports publics). Or qu'est-ce qu'un incendie volontaire ou une embuscade visant le détenteur d'autorité, sinon un « attentat à basse intensité » ? Le détournement d'usage des espaces ou mobiliers publics est également un signe fort, qu'il s'agisse des halls d'immeubles ou des équipements collectifs. On assiste à la création de « zones libérées », à une véritable perte par les habitants du contrôle de leurs espaces collectifs, les parties communes d'immeubles notamment, devenant des espaces hors-contrôle[2].

La violence entre aussi dans les établissements scolaires, le collège devenant l'épicentre des violences entre élèves, puis contre les enseignants et les personnels de surveillance. En 2000, 355 établissements sont considérés comme « sensibles », 75 « à risques ». Les enseignants y sont affectés sur la base du volontariat. Environ 40 000 incidents y sont enregistrés par trimestre, dont 6 000 graves. 86 % des auteurs et 78 % des victimes sont des élèves[3].

---

1. Voir Christophe Nick, *Stop la violence*, Fayard, 1999.

2. Voir sur ces questions les études d'André Midol, *La Sécurité dans les espaces publics*, IHESI, 1996 ; de Paul Landauer et Danielle Delhomme, *Espace et sécurité dans les quartiers d'habitat social*, IHESI, 2000 et d'Alain Bauer, René Brégeon et autres, *Grands équipements urbains et sécurité*, IHESI, 1997.

3. Enquête du ministère de l'Education nationale, 1999.

Les transports publics deviennent également la cible d'opérations d'occupation illicite, de fraude ou d'agressions. 2 800 agressions en l'an 2000 contre les voyageurs (+ 17 % sur 1999), 1 200 contre les agents (+ 6,5 %) et 23 500 dégradations de biens dans les trains[1] ; 2 555 agressions contre les voyageurs et 2 790 contre les agents dans les transports publics de province[2] ; 4 275 agressions de voyageurs et d'agents à la RATP en 2000[3] sont ainsi recensées.

Le rajeunissement des auteurs d'actes de délinquance, la formidable poussée du nombre de mineurs mis en cause (toujours plus jeunes, puisque les 8-12 ans constituent désormais le moteur de la délinquance, toujours plus réitérants et toujours plus violents), modifient désormais la structure des populations à risques. Ajoutons la féminisation progressive des auteurs de violence, notamment les plus jeunes (l'enquête SAIVU indique que les filles représentent 4,5 % des mineurs interpellés pour les 13/18 ans, mais 11,8 % pour les moins de 13 ans).

Les violences urbaines ont donc un territoire, les « quartiers d'exil » ; génèrent des entités structurées, « un conformisme déviant »[4], autour de foyers socialement déstructurés et concentrés dans des espaces confinés accablés de handicaps sociaux. Réalité constatée par la plupart d'urbains et péri-urbains, les violences urbaines contribuent à l'émergence de territoires aux nouvelles dénominations (« cités interdites, zones de non-droit[5] ») échappant souvent au contrôle de l'Etat et des collectivités publiques. Cette situation, ainsi qu'une absence certaine de la justice, suggèrent qu'une véritable impunité protège les malfaiteurs. Le faible taux d'élucidation des services de police

---

1. Source SNCF, 2001.
2. Etude UTP, avril 2001.
3. Source RATP, 2001.
4. Voir François Dubet et Didier Lapeyronnie, *Les Quartiers d'exil*, Le Seuil, 1992.
5. Voir le travail du Syndicat des commissaires et hauts fonctionnaires de la Police nationale sur cette question.

face à cette petite et moyenne délinquance (10 % en moyenne contre un peu moins de 30 % pour l'ensemble de la criminalité française) ; le taux élevé de classements sans suite (plus de 80 %) des procédures engagées ; l'existence d'un million de faits non enregistrés (pour 3,7 millions passant l'obstacle de la déclaration), renforcent cette impression.

QUELLE POLITIQUE ?

Otages de leur propre logement, les populations des banlieues en viennent souvent à passer de la fronde à la fraude, tout en réagissant violemment à des événements particuliers (mort d'un jeune, démantèlement d'un réseau de trafic de stupéfiants...). Dans ces lieux, la police est d'abord considérée comme une bande parmi d'autres, avec alternance de phases de confrontation physique et de moments de calme. Là, on voit vers la fin de la décennie 90 se produire des passages toujours plus fréquents de la délinquance prédatrice au grand banditisme. Ce alors que cette grave dérive vers une criminalité de masse se trouve occultée par la bienséance et le négationnisme militant de nombre de grands médias. De ce fait, l'imminence d'une explosion criminelle est, vers la fin des années 90, constamment en deçà du seuil de compréhension générale. L'évolution criminelle reste pour l'essentiel illisible à la caste politico-médiatique, dans l'incapacité à imaginer même de possibles liens entre délinquance juvénile, criminalité organisée, trafics et terrorisme. La France officielle se place alors résolument sous le signe de l'autruche.

Ainsi et durant toute la parenthèse historique 1989-2001, pendant que les problèmes de sécurité intérieure et de défense s'interpénètrent toujours plus inextricablement ; qu'il devient en réalité *impossible* d'envisager l'un sans l'autre, les sphères officielles françaises affirment ainsi et successivement : que la mafia n'existe pas dans notre pays ; qu'il n'y a pas d'islamistes en Algérie (ou alors très peu, et pas bien méchants...) ; enfin que la France n'est pas le Bronx.

Mais voilà la parenthèse historique refermée. Le monde post-11 septembre ne peut plus nier la guerre terroriste, la dialectique fief-diaspora ; la logique protoplasmique, acéphale, transnationale et dé-territorialisée des nouvelles entités *vraiment* dangereuses du monde *réel* d'aujourd'hui, qu'elles soient criminelles, terroristes ou plus sûrement encore, mutantes. Voici le temps venu de l'hybridation, du gangsterrorisme, du déploiement horizontal des activités criminelles et terroristes.

Ainsi le moment est-il venu que le pouvoir politique fasse son travail et repense les missions et les modes d'organisation d'institutions agissant dans le domaine sécurité-défense-renseignement, élevées à l'école de la Guerre froide et des schémas traditionnels : ennemi identifié, connu, ausculté en permanence et stable. Le moment est venu que la classe politique cesse de confondre les lueurs de l'aube avec celles du crépuscule.

Que va-t-il se passer maintenant ? Possédant une longue pratique de la classe politique, de droite comme de gauche, les auteurs de ce livre en ont une idée. Ils savent qu'en général, les officiels préfèrent les scénaristes de films ou les auteurs de romans aux analystes et aux scientifiques. On croit peu aux pré-visions et avertissements précoces de ces derniers, jusqu'après la catastrophe annoncée. Alors, par un mouvement de swing familier au milieu politique, on saute d'un extrême à l'autre et les « alarmistes » d'hier doivent s'employer à calmer de nouveaux croyants, d'autant plus intégristes que leur conversion est récente.

Dès lors, après avoir cru risible la possibilité même d'une *guerre* terroriste, nos officiels s'emploieront-ils frénétiquement à parer aux menaces d'hier, sans songer un instant à celles qui se profilent à l'horizon. Que faudra-t-il alors faire, pour prendre en compte les menaces d'aujour-d'hui et de demain ? Sortir des illusions des modes, des expertises de dîners en ville et des négations puériles (« ça n'est pas vrai... c'est pas moi c'est l'autre... »).

Il faudra repenser l'appareil de défense, non plus en terme d'adoration des idoles passées — d'autant plus révé-rées pour la défense nucléaire qu'on les trahit joyeusement partout ailleurs — mais en fonction du principe de réalité. Selon ce qui est *vraiment* et *durablement* dangereux aujourd'hui.

Il faudra repenser un appareil de sécurité en fonction de la nature réelle de la criminalité d'aujourd'hui, des populations et des territoires criminels, non en fonction de combines électorales ou de lubies idéologiques.

Il faudra repenser l'appareil de renseignement en fonction de ses *vraies* cibles d'aujourd'hui, mouvantes, chaotiques, irrationnelles — souvent fugitives ; parfois même durablement invisibles.

Osons enfin regarder la réalité en face :

— Extension du problème : depuis le 11 septembre et jusqu'à la fin novembre, les rafles anti-al-Qaïda ont permis d'arrêter 360 individus dans 50 pays du monde (hors Etats-Unis) ; une centaine au Proche-Orient, une trentaine en Amérique latine ; une vingtaine en Afrique. Et plus de cent en Europe occidentale.

— Profondeur du problème : voici Jund Allah, les soldats de Dieu, réseau lié à la nébuleuse al-Qaïda depuis 1996 et démantelé à Madrid en novembre 2001. Il a pu fonctionner sept ans sans être sérieusement repéré. Palesti-niens, libanais ou syriens d'origine, bien intégrés, dotés d'emplois stables et naturalisés espagnols, ou bien encore autochtones convertis à l'islam, les « soldats » font une intense propagande en faveur des jihad du monde : Pales-tine, Algérie, Egypte, Afghanistan, Bosnie — cette der-nière guerre, plusieurs des « soldats de Dieu » l'ont d'ailleurs faite. Le réseau diffuse les textes d'Oussama Ben Laden et est lié à sa mouvance. De fait, les principaux membres du réseau multiplient au fil des années les voyages vers d'autres cellules du protoplasme terroriste : Belgique, Danemark, Grande-Bretagne, Indonésie, Jordanie, Suède, Turquie, Yémen. Les « soldats de Dieu » fournissent aussi à leurs contacts de faux documents d'identité ; ils collectent encore des fonds pour le jihad — se finançant par escroqueries aux cartes de crédit. Ils recrutent enfin de jeunes volontaires pour aller s'entraîner et combattre « dans la voie de Dieu ».

— Profondeur du problème encore — aux Etats-Unis même. Depuis le 11 septembre, une enquête gigantesque a permis de réaliser l'existence, sur le sol américain même, de poches d'un humus proto-terroriste, au sein desquelles des cellules elles clairement terroristes ont pu apparaître et croître sans encombre. A Boston, au New Jersey, dans la banlieue de Washington, au Texas, en Californie du sud et dans la région de Detroit-Dearborn, des enclaves à forte population moyen-orientale se sont ainsi développées depuis la décennie 80. En leur sein, de petits noyaux *jihadis* sont apparus. Leurs membres viennent d'Algérie, d'Arabie saoudite, d'Inde, de Jordanie, du Pakistan ou du Yémen. Ils vivent depuis des années aux Etats-Unis où ils sont invisibles, dans la masse des petites gens, des immigrés du Moyen-Orient et d'Asie occidentale. C'est eux qui ont fourni la logistique nécessaire aux « bombes humaines » du 11 septembre. Aucun d'entre eux n'avait même été repéré avant l'attaque. La plupart d'entre eux restent inconnus.

— Proximité du problème, encore. Début novembre 2001, cinq islamistes algériens sont arrêtés à Strasbourg ; tous d'anciens *jihadis* d'Afghanistan selon le service de sécurité d'un pays voisin de la France, qui les a signalés. A l'origine des interpellations : le démantèlement à Francfort (Allemagne), en décembre 2000, d'une cellule islamiste lourdement armée : deux pistolets-mitrailleurs, quatre pistolets automatiques, un revolver, deux carabines à lunette, etc. L'enquête menait à l'arrestation à Barcelone (fin juin

2001) d'un autre Algérien, lui directement lié à al-Qaïda. Et l'un des cinq individus interpellés en novembre à Strasbourg était connu des services français depuis cinq ans, comme ex-chef d'un réseau logistique du Groupe islamique armé algérien, dans la région marseillaise.

— Richesse du « terreau » proto-terroriste dans notre pays enfin. A la mi-novembre 2001, une attaque extrêmement violente de fourgon blindé de transport de fonds conduit peu après à l'arrestation de deux des gangsters en cause. Des caïds du milieu ? Pas du tout. Youssef a 21 ans et est fiché pour des actes mineurs de violences urbaines. Son complice (lui, originaire d'un pays de l'Est) est plus jeune encore et est connu du commissariat de Bondy (93) pour... vol de friandises. Or que trouve-t-on dans la planque du gang juvénile ? Quatre fusils d'assaut Kalashnikov, un lance-roquettes, des grenades à fragmentation, des explosifs et détonateurs, des gilets pare-balles, des brassards et des gyrophares de la police. Cet incroyable arsenal à disposition d'adolescents en passe de mal tourner... Oui, en France aujourd'hui et à partir de ces zones de non-droit inaccessibles aux forces de l'ordre et grouillant d'armes de guerres, assurer la logistique d'un réseau terroriste est, *stricto sensu*, un jeu d'enfant.

Par bienséance, par souci d'être sympa-jeune, la classe politique a laissé naître et prospérer la « culture de l'excuse ». Elle a subi l'explosion criminelle de l'an 2001 et la révolte de la police et de la gendarmerie. Qu'elle persévère dans cette voie et elle verra tout aussi sûrement s'implanter puis passer à l'acte un activisme islamiste aujourd'hui infiltré dans ces quartiers « en voie de sécession ».

Passer à l'action cela signifiera d'abord recruter pour le jihad, financer le jihad, servir le jihad par la logistique. Déjà ces réseaux existent partout ou presque en Europe. Depuis le 11 septembre, il en a été démantelé dans toute l'Union européenne et de tout type. Leurs militants provenaient de vingt pays — pour l'essentiel musulmans et liés au passé colonial de l'Europe. Ils vivaient dans ces mêmes zones hors-contrôle de la périphérie des grandes métropoles d'Europe d'où provient aujourd'hui le plus gros du grand banditisme de notre continent — et puisqu'il faut dire les choses clairement, trop souvent des mêmes communautés. Laisser faire, par bienséance ou dogmatisme idéologique c'est voir inéluctablement ces réseaux et noyaux se constituer d'abord, se développer ensuite. Et peut-être enfin passer à l'action violente en Europe, voire en France même, à la façon des « bombes humaines » de New York et de Washington.

Tel était déjà le projet des quatre moudjahidines du GIA, auteurs du détournement de l'Airbus d'Air France, en décembre 1994. Ce n'étaient sans doute pas les derniers de leur espèce. Empêcher les moudjahidines de 2005 de passer à l'acte, plus généralement prévoir et préparer la *guerre* terroriste ou criminelle est une mission politique par excellence. Que les politiques prennent conscience de la réalité des guerres terroristes-criminelles ; qu'ils décident d'agir et tout le reste, professionnels, experts, civils et militaires, suivra.

9

La Traque inachevée

La chronologie qui suit inclut toutes les informations, en l'état, sur l'affaire Ben Laden, et en conséquence, tous les lieux et les protagonistes dont ce livre propose l'analyse. On pourra donc la lire comme le récit d'une faillite. On en profitera, avant tout, pour en faire un exercice de lucidité retrouvée.

1998 — FÉVRIER

Pakistan, Peshawar

Création du « Front mondial du jihad contre les juifs et les croisés ».

Une nouvelle organisation islamiste internationale, intitulée le Front mondial du jihad contre les juifs et les croisés, se crée le 23 février à Peshawar, au Pakistan. Plusieurs personnalités connues figurent parmi ses fondateurs, notamment Oussama Ben Laden, le chef du jihad égyptien,

Amine Dhaouahri, le principal responsable de la Jama'a islamiya, Rifaï Ahmed Taha, le patron du jihad Bangladeshi, Abdessalam Mohamed, et le chef du mouvement pakistanais Al Ansar, Fazlur Rehman. Le front a déjà édicté une fatwa rendant licite l'assassinat des ressortissants américains.

1998 — MARS

Arabie saoudite

Azzam publications annonce que 820 islamistes ont été arrêtés depuis le 17 mars 1998 : des Saoudiens, des immigrés qui ont combattu en Afghanistan, Tchétchénie, Bosnie, Tadjikistan, Philippines contre les « ennemis d'Allah ». Parmi eux, 40 Libyens. Certains de ces « Afghans » s'apprêtaient à partir pour le jihad au Kosovo. (Azzam site mars 1998).

1998 — AVRIL

Etats-Unis

Eyad Ismail est condamné par les tribunaux des Etats-Unis à 240 ans de prison pour sa participation à l'attentat contre le WTC en 1993. C'était le conducteur du véhicule dans lequel se trouvait la bombe. Ramzi Ahmed Youssef avait également été condamné à 240 ans de prison dans cette affaire.

1998 — MAI

Egypte

Les autorités égyptiennes arrêtent Abd-al-Fallah Fahmi, un activiste islamique qui tentait de rentrer en Egypte à partir de la Jordanie via Muwaybi port.

Afghanistan

Oussama Ben Laden accorde une interview à la chaîne ABC. Extraits :

« Nous pensons que les plus grands voleurs du monde et les plus terroristes du monde sont les Américains. Le seul moyen de nous protéger de leurs assauts est de recourir aux mêmes moyens qu'eux. Nous ne faisons aucune différence entre ceux qui portent l'uniforme et les civils. Ils sont tous des cibles. [...] [Nous] prédisons un jour noir pour l'Amérique. »

Bulgarie / Kosovo

L'*Islamic Observation Center* révèle qu'Essam Abdel — Tawad Abdel Alim, arrivé en Bulgarie en novembre 1997 — où il entraînait des combattants de la Kosovo Liberation Army (UCK/KLA) dans un camp à la frontière du Kosovo — est arrêté le 10 mai 1998 dans un camp de réfugiés où il avait demandé l'asile. Il a été extradé vers l'Egypte où il est condamné, en 1990, à 25 ans de prison pour sa participation à l'assassinat d'un leader du jihad, Husam al-Bani (ou al-Bahyi) Suwayf.

1998 — JUIN

Pakistan

Les autorités pakistanaises arrêtent à Mohmand Agency (PFNO) « un proche collaborateur d'Oussama Ben Laden » (qui logeait chez son beau-père) Abu Abdullah, un Egyptien.

Abu Abdullah était rentré au Pakistan avec de faux papiers au nom d'Abdul Rehman.

Egypte

La police arrête à l'aéroport du Caire Sa'id Sayyid Salamah, un Egyptien. Salamah avait quitté l'Egypte en 1990. Il appartient au jihad (du Gouvernorat de Suwayf). Il a travaillé avec Ahmed Youssef et pour Majdi Kamal. Les autorités égyptiennes disent que Salamah a travaillé directement avec Oussama Ben Laden et a voyagé dans plusieurs pays où il a rencontré des compatriotes et des activistes d'autres pays.

Thaïlande

4 terroristes présumés, détenteurs de passeports pakistanais et qui seraient impliqués dans l'attentat WTC 1993, sont arrêtés à Bangkok. Ils préparaient des attentats contre le personnel de l'ambassade des Etats-Unis à Bangkok (l'ambassadeur William Iroch était visé, précise le quotidien *The Nation*).

1998 — JUILLET

Albanie

L'Albanie extrade 5 Egyptiens vers leur pays d'origine. Mohammed Hassan, un Egyptien ingénieur des Travaux publics, arrivé en Albanie en 1992 est arrêté. Il a été envoyé par une fondation saoudienne qui l'a recruté au Caire (il avait alors 26 ans). Il épouse une Albanaise en 1992. Il fréquente la mosquée de la place Skander Bey à Tirana. En 1994 il est directeur de la Fondation pour la renaissance du Patrimoine de l'Islam financée par le Joint Relief Committee (Koweït).

1998 — AOÛT

Albanie

L'Albanie a arrêté et extradé vers l'Egypte, en juin 1998, 4 Egyptiens impliqués dans l'assassinat en 1990 de Rifaat el Mahgoub (membre du parlement égyptien) et dans une tentative d'attentat sur le marché Khan al-Khalili du Caire : Ahmed Ibrahim el-Majjar (ou Maggar), condamné à mort par contumace en Egypte pour une tentative d'assassinat sur la personne du Dr Atif Sidqi, ancien Premier ministre du président Moubarak, Majid Mustafa (36 ans) Muhammad Huda et Muhammad Hasan Mahmud (âge inconnu). Les 4 hommes travaillaient en Albanie pour Islamic Heritage Revival Charity ; ils y récoltaient des fonds en vue du jihad en Egypte pour le compte du Jihad islamique.

Egypte

Le Jihad islamique égyptien publie un communiqué menaçant les Etats-Unis de représailles après l'arrestation de 7 fondamentalistes dans les Balkans : « Nous voulons informer les Américains laconiquement que nous avons reçu leur message et que nous sommes en train de préparer la riposte et nous souhaitons qu'ils en prennent bien conscience, car nous allons l'écrire par l'aide de Dieu dans le langage qu'ils comprennent. [...] L'accusation portée contre nos frères était l'appartenance à un groupe qui proclame le jihad contre l'Amérique, Israël et leurs agents. Ils ont été accusés également de coopération avec les moudjahidines au Kosovo, en dehors de l'orbite américaine. »

Kenya et Tanzanie

Le 7 août 1998 deux bombes (de plusieurs centaines de kilos de TNT) placées chacune dans un camion, explosent simultanément devant les ambassades des Etats-Unis à Nairobi, au Kenya (bilan : 253 morts dont 12 Américains, plus de 5 000 blessés) et à Dar es-Salaam, en Tanzanie (bilan : 10 morts, des douzaines de blessés).

Le lendemain (le 8 août) un groupe jusqu'alors inconnu — l'Armée islamique pour la libération des lieux saints — revendique les deux attentats dans trois communiqués envoyés par fax à Radio France International (RFI). Le communiqué n° 1 décrit la formation de l'Armée islamique par de jeunes moudjahidines originaires de tous les pays musulmans pour lutter contre l'occupation des lieux saints. Le communiqué n° 2 revendique l'attentat de Nairobi sous le titre *Opération de la sainte Kaaba* (référence à la grande mosquée de La Mecque). Le communiqué n° 3 revendique l'attentat de Dar es-Salaam sous le titre *Opération mosquée al Aqsa*.

Pakistan

Le 7 août, jour des attentats, un Jordanien (palestinien) Mohamed Saddiq Odeh est arrêté à Karachi en possession d'un faux passeport yéménite. Ce proche d'Oussama Ben Laden aurait été envoyé au Kenya pour apporter une aide technique et logistique à la préparation de l'attentat, avec ordre de quitter le pays avant le déclenchement de l'opération. Le 16 août, il est extradé vers le Kenya.

Le 9 août Mohamed Roshed Daoud al-Owhalli, un Saoudien qui conduisait le camion d'explosifs, est arrêté à l'hôpital de Nairobi. Il est extradé vers les Etats-Unis 20 jours plus tard.

Afghanistan

Le 8 août, moins d'une heure avant les frappes des Etats-Unis en Afghanistan, Oussama Ben Laden contacte par téléphone-satellite le quotidien pakistanais *The News* : « Oussama Ben Laden appelle la Communauté musulmane à poursuivre la guerre sainte contre les juifs et les Américains pour libérer les lieux saints... »

Le 8 août les Etats-Unis bombardent en Afghanistan : Gorbaz (près de la frontière pakistanaise), Camp Lhawar, Site Salman, Base Tora Bora (à l'ouest de Jalalabad), Khost (21 morts, 53 blessés)

Réactions et manifestations au Pakistan

— JIP, Sayed Munawwar Hussain (secrétaire général) : « A partir de maintenant chaque musulman deviendra Oussama Ben Laden, chaque manifestant deviendra un héros comme Oussama Ben Laden. »

— JUI, Qari Sher Mohammad : « Nous ne pardonnerons jamais à l'Amérique. C'est du suicide de la part des USA. Il est sûr, nous réagirons. »

— SSP : « Les Talibans du Pakistan sont là. »

Pakistan

A la mi-août, un Saoudien et un Soudanais, arrêtés par la police pakistanaise à la frontière afghane avec de faux passeports, sont extradés vers le Soudan. L'un d'eux aurait joué un rôle crucial dans les attentats d'août 1998.

Afghanistan

Le 18 août, des inconnus tirent sur un minibus de l'ONU à Kaboul. Un Français et un Italien, membres de la Mission spéciale des Nations-Unies pour l'Afghanistan, sont blessés.

Le 22 août, la majorité du personnel de l'ambassade des Etats-Unis au Pakistan (480 Américains) est évacuée. Le 24 août, les Etats-Unis rappellent leurs expatriés en Afghanistan.

Le mollah Mohammad Omar déclare : « Rien ne peut forcer les Talibans à remettre Oussama Ben Laden aux USA ou au gouvernement pakistanais. [...] Nous ne remettrons jamais Oussama Ben Laden à qui que ce soit et nous le protégerons avec notre sang et à n'importe quel prix. » Et Mollah Hassan Akhund, ministre des Affaires étrangères Taliban : « Même s'il était prouvé qu'Oussama Ben Laden est derrière les attentats, il ne sera pas livré. »

1998 — SEPTEMBRE

Etats-Unis

Les Etats-Unis inculpent Haroun Fazil, un Comorien, de l'attentat contre l'ambassade de Nairobi. Fazil louait une villa dans la banlieue de Nairobi depuis mai 1998.

Jusqu'à la date de l'attentat cette villa fut utilisée comme QG par les terroristes ; c'est là que la bombe a été fabriquée. Fazil a également mis en place la surveillance de l'ambassade les jours précédant l'attentat et loué le camion utilisé pour l'explosion. Il participait aux réunions que tenaient les terroristes à l'hôtel Hilltop de Nairobi. Fazil a quitté le Kenya autour du 14 août 1998. Il est toujours en fuite. Les Etats-Unis offrent 2 millions de dollars US pour sa localisation.

Ouganda, Turquie, Venezuela

Arrestations et mandats d'arrêt international suite à la mise sur écoute du téléphone-satellite d'Oussama Ben Laden.

Ouganda
Le gouvernement ougandais annonce que 18 terroristes ont été arrêtés. Ils appartiennent tous au Tabliq et sont ougandais ou réfugiés somaliens. Deux, liés à Oussama Ben Laden, venaient du Kenya. Au nombre des Ougandais-Somaliens : Umar Mandela (trésorier d'un club de sport), Farhiya Mohammed, sa sœur, Hassan Noor, le mari de cette dernière, Cheikh Abdulayri, imam de la mosquée de Kampala, entraîné au Soudan, lié à Oussama Ben Laden (?), Mohammed Gulam Kaba, travaillant dans l'humanitaire. Ils préparaient un attentat contre l'ambassade des Etats-Unis à Kampala. L'explosion devait se produire en même temps que celles de Nairobi et Dar es-Salaam. Ils visaient également le Parlement, la grande poste, la banque d'Ouganda, des ambassades et des entreprises. Les terroristes ont déclaré soutenir le régime islamique de Khartoum et Oussama Ben Laden.

Turquie

Rafet Yahya Alazab Abdau, 38 ans, est arrêté par la police. Lié à Oussama Ben Laden, l'homme était recherché. Il a fait de nombreux séjours en Turquie au cours des 18 mois précédents.

Venezuela

Le Venezuela reçoit un mandat d'arrêt émanant d'Interpol et concernant des hommes qui peuvent être entrés au Venezuela ou dans d'autres régions des Caraïbes en qualité de touriste : Faraj Mikhail al-Alwan, un Libyen de 29 ans, professeur de technologie, Faraj al-Chalabi, 32 ans, Faez Abu Leid al-Warjali, 30 ans

Allemagne (Bavière)

Arrestation à Freisling, dans le cadre de l'enquête sur les attentats d'août 1998 contre les ambassades des Etats-Unis en Afrique, de Mahmud Salim, un Soudanais agent financier d'Oussama Ben Laden.

Grande-Bretagne

Arrestation à Londres de Khalid al-Fawwaz recherché dans le cadre de l'enquête sur les attentats contre les ambassades des Etats-Unis au Kenya et en Tanzanie, qui appartiendrait à l'*ARC* (*Advice and Reform Committee*). Relâché quelques jours après sous la pression saoudienne, il est de nouveau arrêté. La police retrouve dans son bureau à Londres des fax : l'un en date du 04/08/98 (3 jours avant les attentats) : « [...] "Nous" allons parler aux Américains dans le langage qu'ils comprennent » ; un autre (une copie du fax envoyé de Londres à une radio à Paris) revendique les attentats. Al-Fawwaz avoue avoir ouvert à Londres en 1994, en liaison avec le commandant militaire d'al-Qaïda, un *Media Information Office* destiné à la couverture des activités militaires d'al-Qaïda.

Arrestation de 6 autres suspects tous égyptiens. La police refuse d'en donner les noms ; ceux-ci sont fournis par *Muhajiroum* — et repris par Reuters : Adel Abdul Mageed Abdul Bari, un Egyptien qui appartiendrait à *l'ARC*, condamné à mort en Egypte pour « tentative d'attentat sur le marché du Caire », Hani al-Sibai, Abdul Mageed Fahni, Abu Mussab al-Souri, Sayyed Ahmed Abdel Maqssoud, Sayyed Ajami (les cinq derniers, relâchés peu après). *Al-Quds al-Arabi* ajoute à la liste des arrestations Adil Abd al-Majid appartenant à l'Islamic Human Rights Organization et à l'Islamic Jihad, condamné à mort en Egypte en 1997.

Afghanistan

Le prince Turki, chef des services secrets saoudiens, rencontre les Talibans pour leur demander l'extradition d'Oussama Ben Laden.

Espagne

Au sommet d'Interpol sur le terrorisme international et les réseaux, à Palma de Majorque (Espagne), le directeur de la police judiciaire algérienne, dans son rapport, présente Oussama Ben Laden comme le principal soutien des fondamentalistes algériens.

1998 — OCTOBRE

Grande-Bretagne — Afghanistan

(Lettre ouverte au gouvernement britannique.) Pour la première fois depuis deux ans *Advice and Reform Committee* publie une déclaration menaçant le gouvernement britannique en raison de sa politique hostile au peuple musulman. Il exige la libération immédiate de Kalid al-Fawwaz et annonce que le comité a décidé de fermer ses bureaux à Londres pour protester contre la politique de la Grande-Bretagne. Le texte a été expédié de Kandahar — le fief d'Oussama Ben Laden en Afghanistan — au journal londonien *Al-Quds al-Arabi*.

Grande-Bretagne

(Lettre ouverte au gouvernement britannique, bis.) Trente-trois associations islamiques exigent, dans une lettre ouverte au gouvernement britannique, la libération de Kalid al-Fawwaz.

Afghanistan

Le Movement for Islamic Reform in Arabia (Mouvement pour la résurgence islamique en Arabie saoudite / Al-Hawli al-Awdah) annonce sur son site Internet le 12/10/98 que les Talibans en coopération avec les hommes d'Oussama Ben Laden ont arrêté des mercenaires (saoudiens, afghans, pakistanais, d'autres arabes) qui préparaient des opérations de sabotage en Afghanistan ainsi que l'assassinat d'Oussama Ben Laden.

Italie

Trois suspects liés à Oussama Ben Laden sont arrêtés en Italie.

Etats-Unis, Tanzanie et Kenya

Mustafa Mahmoud Said Ahmed, un Egyptien, est arrêté en Tanzanie pour son implication dans l'attentat contre l'ambassade américaine à Dar es-Salaam (Tanzanie). On apprend alors que les Services de renseignements des Etats-Unis avaient reçu neuf mois plus tôt des informations détaillées sur la menace d'un attentat préparé par un groupe islamique contre l'ambassade des Etats-Unis à Nairobi. En janvier 1998 Mustafa Mahmoud Said Ahmed se rend à l'ambassade des Etats-Unis à Nairobi où il parle aux officiers de renseignements de la préparation de l'attentat ; il précise que le groupe islamique veut faire exploser une bombe mise dans un véhicule placé dans un garage voisin de l'ambassade. Aujourd'hui l'avocat d'Ahmed déclare : « Mon client avait entendu par hasard une conversation entre clients dans un hôtel de Nairobi. » Le Département d'Etat maintient qu'il n'a pas reçu de menaces spécifiques concernant cette ambassade mais reconnaît que la CIA a envoyé deux rapports au sujet d'Ahmed et demandé le renforcement des mesures de sécurité autour de l'ambassade pendant quelques semaines ; rien ne s'étant passé, les mesures de sécurité ont été levées. Le Département d'Etat reconnaît aussi avoir reçu, quelques jours avant l'attentat, une demande de l'ambassadeur en poste à Nairobi de déménager l'ambassade dans un immeuble offrant plus de sécurité ; ainsi enfin qu'avoir envoyé aux autorités locales des rapports au sujet d'Ahmed mais n'avoir pu établir de lien entre celui-ci et des groupes anti-américains. Après avoir été interrogé par les autorités kenyanes, Mustafa Mahmoud Said Ahmed est expulsé vers l'Egypte. Peu de temps après on le retrouve en Tanzanie où, soupçonné d'avoir participé à l'attentat contre l'ambassade des Etats-Unis à Dar es-Salaam, il est arrêté.

Albanie

Assassinat à Tirana, où il s'était réfugié, de Salah Muhamed el-Said, qui appartenait aux réseaux d'Oussama Ben Laden.

Afrique du Sud

Trois islamistes égyptiens inculpés dans leur pays d'origine sont arrêtés en Afrique du Sud et extradés vers l'Egypte : Tariq Ali Mursi, Jamal Shu'ayb, Is Abd al-Mun'im.

1998 — NOVEMBRE

Arabie saoudite

Interview du ministre de l'Intérieur saoudien, le prince Nayef bin Abdelaziz (*Al-Siyasah* — Koweït) : « Oussama Ben Laden n'est pas impliqué dans les attentats de 1995-96, peut-être ceux qui ont adopté les idées d'Oussama Ben Laden. »

Etats-Unis

Le FBI annonce l'inculpation d'Oussama Ben Laden et consorts pour « conspiration contre les citoyens américains à l'étranger ». Les Etats-Unis offrent une prime de 5 millions de dollars US pour tout renseignement permettant la capture d'Oussama Ben Laden. D'après la CIA, celle-ci a reçu, « depuis le 7 août 1998, 300 informations sur de possibles attaques terroristes — dont 215 visant le gouvernement des Etats-Unis, des centres commerciaux, touristes, ONG [...] ». (AP Online 07/11/98). Depuis le 7 août 1998 également, plus de 40 suspects ont été arrêtés de par le monde. D'après les autorités des Etats-Unis, près de la moitié de ceux-ci étaient associés avec Oussama Ben Laden.

Tchétchénie

Oussama Ben Laden aurait fait assassiner par ses alliés tchétchènes les 4 otages occidentaux qu'ils avaient enlevés et décapités en 1998. La société qui les employait ayant proposé de payer une rançon de 10 millions de dollars US pour leur libération, Oussama Ben Laden aurait offert 30 millions en échange de leur meurtre.

1998 — DÉCEMBRE

Jordanie

Plusieurs cellules terroristes dépendant d'Oussama Ben Laden sont démantelées en Jordanie.

Yémen

Un commando de 14 hommes de l'Armée islamique d'Aden Abyane enlève 16 touristes occidentaux (12 Anglais, 2 Américains, 2 Australiens) au Yémen. 4 touristes sont tués lors de l'assaut donné par les troupes du Yémen. Les motivations du commando ne sont pas claires : on parle au début d'une « levée de l'embargo frappant l'Irak » et de la « libération d'un des chefs terroristes : Saleh Haydara Alwani » ; la police assure ensuite que le commando voulait faire libérer de jeunes islamistes britanniques arrêtés quelques jours plus tôt dans le plus grand secret à Aden, qui s'apprêtaient à commettre des attentats anti-occidentaux (la nouvelle ne sera d'ailleurs révélée par le gouvernement que le 6 janvier 2001).

Inde

Les autorités indiennes arrêtent Sayed Abu Nasir, un Bengali qui, lié à Oussama Ben Laden, serait impliqué dans la préparation des attentats contre les missions diplomatiques des Etats-Unis en Inde.

Afghanistan

L'hebdomadaire *Times* (Etats-Unis) et *Al-Hayat* reprennent une information des services secrets afghans *KHAD* selon laquelle un commando de cinq hommes qui voulait assassiner Oussama Ben Laden a été arrêté par les Talibans, dont HumayunTaqi, ancien commandant de l'*Hezb-i-Islami* (afghan), Ali Gul Parwand, Khawar Malyar et l'ingénieur Zaman.

Quatre interviews d'Oussama Ben Laden entre les 23 et 25 décembre 1998

(Ces déclarations font le tour du monde : agences de presse, TV, radios, quotidiens...)

— Interview d'Oussama Ben Laden le 25 décembre 1998 sur Al-Jazira-TV : Oussama Ben Laden réitère ses menaces contre les civils et militaires américains. Il dément son implication dans les attentats du 7 août 1998 en Afrique.

— Interview d'Oussama Ben Laden dans *Asharq al-Awsat*.

A propos de l'Irak et de la Palestine : « Les peuples britannique et américain ont appuyé les décisions de leur chef d'agresser l'Irak, ce qui fait de chacun de ces ressortissants, de même que les juifs de Palestine occupée, des guerriers que tout musulman doit combattre et tuer. »

A propos des attentats en Afrique : « [Mon] admiration pour ces attaques et mon appui à l'auteur de toute action militaire contre les forces américaines. »

Au sujet de Mohammad Mamduh Salim : « Un des meilleurs hommes [...] il conduisait la prière des Arabes à la mosquée de Peshawar [...] et travaillait avec les associations de secours. [...] Je pense qu'il a reçu un entraînement en Afghanistan [...]. Mais de l'aveu même des enquêteurs des Etats-Unis, on lui a arraché les ongles lors de l'interrogatoire au Kenya et au Pakistan, et sous la torture, on avoue des choses qu'on ignore absolument. »

A propos des rumeurs sur sa santé : « Je parcours chaque jour plus de 70 kilomètres à cheval... Le Pentagone tentait seulement de rassurer les Américains en leur faisant croire que leur ennemi n° 1 allait mourir. »

— Interview réalisée dans la nuit du 23 au 24 décembre 1998 pour *The News*. Ce quotidien pakistanais rapporte qu'Oussama Ben Laden accuse le gouvernement saoudien et le prince Salman bin Abdelaziz d'avoir planifié son assassinat. Oussama Ben Laden dit que le gouvernement a offert 267 000 dollars US pour son assassinat.

Mais les trois mercenaires de Riyad (Siddiq Ahmad et ses deux complices) ont échoué.

— Interview d'Oussama Ben Laden le 23 décembre 1998 pour ABC-TV — Interview réalisée « sous une tente à Kandahar, avec des mesures de sécurité exceptionnelles ».

Yémen

Cinq ou six hommes (quatre ou cinq Anglais d'origine pakistanaise et un Français d'origine arabe) appartenant à Ansar al-Shariah sont arrêtés au Yémen le 23 décembre 1998 ; parmi eux (?), le gendre d'Abou Hamza : Mohamed Mustafa et un Français d'origine arabe, coiffeur, installé à Londres. Le fils d'Abou Hamza qui a échappé au coup de filet, est recherché par la police, tout comme trois autres membres du commando (deux Anglais et un Français [?]) qui parviennent à s'enfuir. Officiellement venus en vacances et/ou pour étudier l'arabe, ils partaient en fait s'entraîner dans les camps de l'Armée islamique d'Aden Abyane dans les montagnes Abyane (au sud du pays). Dans leurs bagages la police retrouve des vidéos d'*Ansar al-Shariah* ainsi qu'une liste de cibles d'attentats. Le commando préparait des attentats à la bombe, pour Noël et le jour de l'an dans des lieux fréquentés par les ressortissants des Etats-Unis et de la Grande-Bretagne au Yémen, à Aden : Hôtel Aden, Hôtel Shadrawar, restaurant et night-club Happy Land Restaurants, bâtiment des Nations-Unies, the residence of the US bomb disposal experts, Bayadi church, consulat britannique à Aden.

Etats-Unis

Quels peuvent être les plans d'attaque d'Oussama Ben Laden sur Washington ou New York pour se venger des frappes américaines en Afghanistan d'août 1998 ? Quatre scénarios de riposte Oussama Ben Laden aux frappes des Etats-Unis sont étudiés : tentative d'assassinat de la secrétaire d'Etat Madeleine Albright ; attentat à la voiture piégée ; attaque chimique contre l'équipe des *Redskins* ; explosion d'un engin dans un immeuble fédéral.

Allemagne

Mamdouh Mahmud Salim, responsable des finances et de l'approvisionnement en armes du réseau Oussama Ben Laden, principal suspect des attentats des ambassades des Etats-Unis en Afrique, est extradé vers les Etats-Unis. C'est le troisième.

Pakistan

Le JIP (Pakistan) organise une journée de protestation dans tout le pays. Des défilés JIP, JUI, SSP... s'ensuivent, dans toutes les villes du pays. Naib Amir Liaqat Balouch déclare : « Les mouvements islamiques dans le monde entier prendront pour cible les ambassades des Etats-Unis et chaque Américain si Clinton n'arrête pas immédiatement ses attaques contre l'Irak... Ce n'est pas une attaque contre l'Irak, [c'est] une attaque contre l'humanité. »

Egypte

Le jihad égyptien proclame, dans un communiqué, sous le titre « A world of truth », que les Etats-Unis sont « le plus grand ennemi de l'islam » et prédit « une très longue bataille ».

Etats-Unis

Les Etats-Unis ferment, pour vingt-quatre heures, quarante de leurs représentations en Afrique sub-saharienne ainsi que leur ambassade à Amman (Jordanie) ; les mesures de sécurité sont renforcées en Arabie saoudite où un couvre-feu est en vigueur pour le personnel consulaire et les forces militaires (40 000 Américains vivent en Arabie saoudite). Le secrétaire à la Défense, W. Cohen, déclare : « Il y aura des tentatives d'attentat et des attentats. Nous en sommes conscients depuis quelques temps. [Nous avons] des informations fiables et sérieuses. »

1999 — JANVIER

Malaisie

Sept Afghans en possession de faux passeports italiens sont arrêtés en Malaisie dans le cadre de l'enquête sur les attentats d'août 1998.

Uruguay — Brésil

Un couple d'Egyptiens et un Jordanien sont arrêtés dans le cadre de l'enquête sur les attentats de novembre 1998, alors qu'ils s'apprêtaient à franchir la frontière entre l'Uruguay et le Brésil avec de faux passeports malaisiens.

France

La police interpelle Ahmed Loudaïni, trente ans (Français d'origine algérienne, anciennement domicilié à Montfermeil, Seine-Saint-Denis), à la gare du Nord à Paris, alors qu'il s'apprête à embarquer dans l'Eurostar pour la Grande-Bretagne où il réside (Londres). Il est mis en examen (février 1999) pour « association de malfaiteurs en relation avec une entreprise terroriste ».

Bangladesh

47 militants du Harakatul Jihad sont arrêtés après la tentative de meurtre sur la personne du poète bengali Shamsur Rahman à Dacca. Parmi eux : un Sud-Africain d'origine indienne, Ahmed Sidiq Ahmed, « ami personnel d'Oussama Ben Laden » ; un Pakistanais, Mohammed Sajid, qui avoue avoir reçu d'Oussama Ben Laden 20 millions de takas (400 000 dollars US) pour recruter et entraîner des moudjahidines du Bangladesh.

Albanie

Maks Cicikus, Albanais, est arrêté par la police. Il est accusé d'avoir monté et suivi un « réseau d'espionnage » visant l'ambassade des Etats-Unis et le centre culturel américain de Tirana. Il est lié à Abdul Saleh. Maks Cicikus a rencontré Oussama Ben Laden pendant ses études à l'Université polytechnique en Arabie saoudite. Ils sont restés en contact. Ils se sont revus en avril 1994 à Tirana, où Oussama Ben Laden était venu à la tête d'une délégation d'hommes d'affaires saoudiens.

Pakistan

Arrestation à l'aéroport de Karachi, en possession d'un faux passeport français, d'Al-Babour Habib, un Tunisien proche d'Oussama Ben Laden. Il arrivait du Koweït.

Etats-Unis

Condamnation de Kelvin Smith à un an de prison pour faux témoignage devant le juge : il avait en effet nié avoir fourni son aide à l'entraînement du groupe d'Abdel Rahman aux Etats-Unis.

Afghanistan

L'hebdomadaire américain *Time* publie une interview d'Oussama Ben Laden — le journaliste du *Time* a rencontré Oussama Ben Laden le 22 décembre 1998 à Kandahar. Au cours de cet entretien Oussama Ben Laden déclare : « Si l'incitation au jihad contre les juifs et les croisés est un crime, que l'histoire témoigne que je suis un criminel. [...] Notre devoir est d'inciter [au jihad] et, par la grâce de Dieu nous l'avons fait et certaines personnes ont répondu. » Il dit par ailleurs ne pas être impliqué dans les attentats d'août 1998 ; que M. Rashed al-Owahli et Wadih el-Hage, incarcérés aux Etats-Unis pour ces attentats, sont innocents ; admet connaître Wadih el-Hage mais affirme ne pas l'avoir vu depuis plusieurs années.

Afghanistan et Pakistan

Dans une déclaration écrite publiée par l'hebdomadaire pro-taliban *Larh-e-Momin*, Oussama Ben Laden réaffirme sa loyauté envers le mollah Omar.

Interview de Mohammad Atef, commandant militaire d'al-Qaïda au journal londonien *Asharq al-Awsat* : il dément son implication ainsi que celle d'Oussama Ben Laden dans les attentats d'août 1998 ; il dit connaître Mamdouh Mahmoud Salim (arrêté en Allemagne en qualité de principal suspect dans les attentats d'août 1998).

Yémen

Ouverture du procès des 4 Anglais et du Français appartenant à Ansar al-Shariah arrêtés en décembre 1998 à Aden. Ils sont accusés de complot terroriste contre des intérêts américains et anglais dans cette ville.

Trois membres du groupe Ansar al-Shariah qui avaient échappé au coup de filet de décembre 1998, sont arrêtés : Muhammad Mustafa Kamil, fils d'Abou Hamza, chef d'Ansar al-Shariah ; Iyab Hussayn, un Anglais ; Ali Muhsin Jaza'iri, un Français résidant à Londres.

Abdullah Salih al-Junaydi, Yéménite et Muhammad Salih Abu Hurayrah, un Algérien se disant tunisien, combattants de l'Armée islamique d'Aden Abyane, qui avaient participé à l'enlèvement des touristes occidentaux en décembre 1998, sont arrêtés.

Ouverture du procès du commando de l'Armée islamique d'Aden Abyane ayant réalisé cet enlèvement (14 des auteurs présumés seront jugés dont 9 par contumace).

1999 — FÉVRIER

Ouzbékistan

Cinq attentats à la bombe sont commis à Tachkent.

Bangladesh

Sept personnes sont arrêtées pour avoir publié sans autorisation un livre d'Oussama Ben Laden, *America and the third world war.*

Kenya

Un des principaux suspects dans les attentats d'août 1998 est arrêté au Kenya. Considéré comme le chef du réseau de Nairobi, Saddiq Odeh, un Jordano-Palestinien, est un proche de Zawahiri.

Yémen

Six combattants de l'Armée islamique d'Aden Abyane sont arrêtés pour « sabotages et enlèvements ».

Uruguay

Arrestation de Sa'id Hasan Ali Muhammad Mukhlis, appartenant à la Jama'a islamiya égyptienne, alors qu'il allait passer la frontière avec un faux passeport malaysien. Mukhlis est recherché pour son implication dans le massacre de Louxor. L'Egypte demande son extradition. En Argentine il est poursuivi pour une escroquerie de plus de 2 millions de dollars US. Il avait ouvert deux comptes en banque (Ascencion, et Ciudad del Este au Paraguay).

Albanie

Le ministre de l'Intérieur albanais annonce que la police a arrêté deux étrangers qui avaient mis en place un « réseau extrémiste dans le pays ». La police saisit des armes.

Yémen

Dans une déclaration, les extrémistes yéménites menacent de mort tous les Américains et Anglais vivant au Yémen : ils ont 10 jours pour quitter le pays. La déclaration est signée par trois groupes : Suicide Group (Majmu'at al-Intihaiyy), Bin Ladin Forces (Quwwat Bin Ladin), Chemical Weapons Group (Majmu'at al-aslihah al-kimawiyah).

EAU (Emirats Arabes Unis)

3 militants islamistes égyptiens sont arrêtés aux EAU et expulsés vers l'Egypte.

Où est Ben Laden ? Pendant tout le mois, des articles sur le sujet, envisageant toutes les hypothèses, sont écrits : Ben Laden est en Afghanistan, il est parti, il est resté... il est en Tchétchénie, aux Philippines, en Irak. Ben Laden est introuvable.

1999 — MARS

Yémen et Grande-Bretagne

Abu Hamza al-Misri, appartenant à Ansar al-Shariah Islamic Organization (l'antenne londonienne de l'Armée islamique d'Aden Abyane du Yémen) est interrogé par la police dans le cadre de l'enquête sur l'enlèvement de

16 touristes occidentaux au Yémen en décembre 1998. Il est relâché quelques jours après.

Mauritanie

Cinq personnes soupçonnées d'appartenir à la nébuleuse d'Oussama Ben Laden sont arrêtées en Mauritanie. Parmi elles : Mohammad Yahya Ould Saad, un Mauritanien de 25 ans, a séjourné pendant 4 ans (1993-1997) dans les camps afghans ; Mohamed Moustapha, un Mauritanien de 25 ans (peut-être le même ?). Il était rentré en Mauritanie en 1997 pour y ouvrir une boutique de vente de téléphones portables.

France

La police française arrête David Courtailler, 23 ans en 1999, Français — Savoyard — domicilié à Londres, à Caen (Calvados). Il figure sur la liste d'une trentaine de noms transmise par la CIA à ses homologues français.

Bangladesh

Une manifestation de soutien à Oussama Ben Laden réunit 15 000 personnes à Dacca. Ceux-ci demandent la libération de 20 militants arrêtés en janvier 1999. Un peu plus tôt l'explosion de deux bombes parmi les participants à une manifestation culturelle à District Jessore (à l'ouest de Dacca) fait 7 morts et 200 blessés.

Grande-Bretagne

Abu Hamza al-Misri profère, dans une déclaration publiée par *Al-Hayat*, des menaces de mort à l'encontre des « ambassadeurs des Etats-Unis et de Grande-Bretagne présents au Yémen ».

1999 — AVRIL

Etats-Unis

La police arrête Ali Abul — Saoud Mustafa, un Egyptien, membre du Jihad, suspect des attentats contre les ambassades des Etats-Unis en Afrique d'août 1998.

Egypte et Grande-Bretagne

Dans une interview accordée au quotidien saoudien basé à Londres *Al-Hayat*, Salama Mabrouk, commandant militaire de la Jama'a islamiya (bras droit de Zawahiri), déclare qu'Oussama Ben Laden détiendrait des armes bactériologiques et chimiques qu'il projette d'utiliser contre des cibles américaines et israéliennes. D'après lui, le Front islamique mondial pour la lutte contre les juifs et les croisés avait planifié une centaine d'opérations contre des cibles américaines et israéliennes et des personnalités dans diverses parties du monde. Ses plans auraient été découverts par la CIA lors de la saisie de l'ordinateur de Salama Mabrouk après son arrestation en Azerbaïdjan (en septembre 1998).

Egypte

Dans le procès des « Albanais » : 107 inculpés (71 jugés par contumace, 36 présents dans le box des accusés), 12 des 13 principaux accusés ont été arrêtés en Albanie et extradés. La Haute Cour militaire rend son verdict : 9 condamnations à mort par contumace, dont celles d'Ayman al-Zawahiri et de son frère Mohammed ; 11 peines de travaux forcés (de 3, 5, 7, 10, 15 ans ou à perpétuité) ; 8 par contumace dont celles de Yasser Tawfiq Siiri et d'Abdel Abdel Meguid Abdel Bari déjà condamnés à mort dans un précédent procès ; 67 peines de prison (de 5 à 15 ans) ; 20 acquittements.

En Egypte et depuis 1992 : les violences liées à l'islamisme armé ont fait 1 300 morts ; 119 condamnations à mort ont été prononcées — dont celles reprises ci-dessus — et 82 exécutées.

Pakistan

Les autorités pakistanaises demandent à Abu Khalil, un Somalien en situation irrégulière résidant à Peshawar, de quitter le pays. Il est suspecté d'être un proche conseiller d'Oussama Ben Laden.

1999 — MAI

Afghanistan

Conférence de presse d'Oussama Ben Laden à Kandahar, sur le thème « Jihad et Etats-Unis... ».

Yémen

Quatre condamnations dans le procès relatif à l'enlèvement de 16 touristes occidentaux à Abyane, en décembre 1998, suivi de l'assassinat de 4 d'entre eux (3 Anglais et 1 Australien) : peine de mort pour Abu Hamza al-Misri (alias Abu al-Hasan) chef de l'Armée islamique d'Aden Abyane ; 20 ans de prison pour : Husayn Muhammad al-Salih Bin Umar (alias Muhamad Salih Abou Hurayrah), Ahmad Muhammad Atif, Abdullah Muhsin Salih al-Junaydi (alias Abou Hudhayfah). L'Armée islamique d'Aden Abyane menace de tuer tous les étrangers présents au Yémen si son chef n'est pas libéré.

Jordanie et France

Fethi Kemal, un Algérien possédant aussi la nationalité canadienne, arrêté en Jordanie en mai dernier est expulsé vers la France (ce serait la première extradition d'un pays arabe vers la France). Il est considéré comme un membre important du Jihad ayant des liens avec de nombreux groupes islamiques armés. Il est soupçonné d'avoir appartenu au « gang de Roubaix » et d'avoir participé aux attentats de décembre 1996 à Paris.

Etats-Unis

Ali Mohammad, 46 ans en 1999, un Américain d'origine égyptienne ancien sergent des forces spéciales américaines, membre du Islamic Jihad et proche d'Oussama Ben Laden, est inculpé à New York pour « complot dirigé par Oussama Ben Laden, visant à tuer des Américains à l'étranger » ; « participation à la préparation d'assassinats de militaires en Arabie saoudite et en Somalie », « préparation des attentats d'août 1998 contre les ambassades des

Etats-Unis en Afrique ». Oussama Ben Laden est inculpé par défaut pour ces attentats.

Quelques jours après, les autorités arrêtent à Orlando (Floride) Ihab M. Ali, un Américain de 30 ans « en connexion avec le réseau Oussama Ben Laden ».

Egypte

Les autorités égyptiennes accusent Oussama Ben Laden d'avoir financé le massacre des touristes à Louxor et Moustapha Hamza (réfugié en Afghanistan) d'avoir ordonné l'attentat.

1999 — JUIN

Etats-Unis

Madeleine Albright annule son voyage à Tirana (Albanie) pour des raisons de sécurité.

Le FBI annonce avoir placé Oussama Ben Laden sur la liste des criminels les plus recherchés et offre 5 millions de dollars US pour toute information pouvant conduire à son arrestation — un record en terme de récompense pour quelqu'un figurant sur cette liste.

Qatar

Pour la première fois, des millions d'Arabes peuvent voir et entendre Oussama Ben Laden : au cours d'un programme diffusé par la chaîne Al-Jazira, celui-ci exprime son admiration pour les terroristes qui s'en sont pris aux intérêts des Etats-Unis en Arabie saoudite en 1995 et 1996.

Etats-Unis

Pour faire face à une éventuelle menace terroriste, les Etats-Unis ferment à titre temporaire six ambassades en Afrique (Gambie, Liberia, Madagascar, Namibie, Sénégal et Togo)... parce que « les hommes d'Oussama Ben Laden les auraient surveillées d'un peu trop près ».

Grande-Bretagne

La Grande-Bretagne annonce la fermeture de ses représentations diplomatiques en Gambie, Madagascar, Namibie et au Sénégal... en raison de possibles atteintes à leur sécurité.

1999 — JUILLET

Etats-Unis — Albanie

William Cohen, secrétaire d'Etat à la Défense, annule sa visite en Albanie pour des raisons de sécurité.

1999 — AOÛT

Afrique et Etats-Unis

Premier anniversaire des attentats contre les ambassades américaines au Kenya et en Tanzanie. Depuis un an, par crainte d'attentats, 1 265 représentations diplomatiques et consulaires des Etats-Unis dans le monde — dont 68 ambassades — ont été fermées à titre temporaire.

Yémen

L'Armée islamique d'Aden Abyane revendique la destruction en vol d'un avion militaire yéménite (17 morts) et un attentat à la grenade sur le marché de Sanaa (17morts ?).

A la fin du mois, l'Armée islamique d'Aden Abyane revendique deux autres attentats qui auraient fait 2 morts selon les autorités et 9 d'après les témoins et précise dans son communiqué qu'il... « s'agit de sanctionner l'Etat yéménite qui continue d'emprisonner les islamistes ; et de protester contre les raids américano-britanniques menés quasi quotidiennement en Irak ».

1999 — SEPTEMBRE

Etats-Unis et France

Suite aux investigations conduites après les attentats d'août 1998 en Afrique, la CIA transmet à ses homologues français une liste de trente noms liés à la mouvance d'Oussama Ben Laden.

France

A Paris, procès Koussa pour le soutien logistique apporté au GIA (fournitures de documents d'identité...).

Jordanie

Arrestation de Raed Hijazi, un Jordanien qui préparait des attentats pour la célébration du millénaire à Amman. Au cours de l'enquête, il admet travailler pour Oussama Ben Laden.

Egypte

Farid Kadwani, commandant militaire de la Jama'a islamiya, et trois de ses « aides » sont tués au cours d'affrontements avec la police dans le district de Giza's Umraniyah au sud du Caire.

Turquie

Mahrez Amdouni (Bosniaque d'origine tunisienne), lié à Oussama Ben Laden, est arrêté à l'aéroport d'Istanbul. Amdouni a combattu dans les rangs de l'armée bosniaque (7ᵉ brigade, 3ᵉ corps d'armée) et acquis la nationalité bosniaque en 1997. Il fait l'objet d'un mandat d'arrêt international depuis 1998. Il est recherché en Italie pour fabrication et recel de fausse monnaie. La police turque recherche six autres militants liés à Oussama Ben Laden (4 Kurdes, 2 Algériens) qui seraient rentrés sur le territoire pour perpétrer des attentats contre les intérêts américains, russes et britanniques.

Mauritanie

Sidi Ould Walled soupçonné d'appartenir au réseau d'Oussama Ben Laden et arrêté à Nouakchott en juillet 1999 est relâché faute de preuves. Plusieurs autres personnes arrêtées en mars pour les mêmes raisons ont de même été libérées en juin. Le ministre de l'Intérieur marocain (Driss Basri) rencontre son homologue mauritanien afin de coordonner leurs actions pour appréhender les membres des réseaux d'Oussama Ben Laden infiltrés dans les deux pays.

1999 — OCTOBRE

Yémen

Zein al-Abideen al-Mehdar, combattant de l'Armée islamique d'Aden Abyane et condamné à mort (en mai 1999), est exécuté. Ses partisans au Yémen et à Londres crient vengeance.

ONU

Dans sa résolution du 15 octobre 1999, le Conseil de sécurité exige des Talibans, en particulier, « [...] qu'ils remettent Oussama Ben Laden [...] poursuivi par la justice des Etats-Unis, notamment pour les attentats à la bombe (d'août 1998 à Nairobi et Dar es-Salaam]... aux autorités compétentes d'un pays où il a été inculpé... ».

1999 — NOVEMBRE

Albanie

Abdul Saleh, un Egyptien appartenant aux Frères musulmans, est arrêté par la police albanaise puis extradé vers l'Egypte. Abdul Saleh est arrivé en Albanie en 1990 (juste après la chute du régime communiste). C'est une figure importante qui agit dans le cadre des aides aux Etats islamiques pour la construction de mosquées. Il apparaît lié aux militants égyptiens extradés en 1998.

1999 — DÉCEMBRE

Canada et Etats-Unis (Etat de Washington)

Arrestation à Port Angeles d'Ahmed Ressam, impliqué dans la préparation d'un attentat contre l'aéroport de Los Angeles à l'occasion du passage à l'an 2000. Il venait de Victoria (Colombie-Britannique) et tentait de faire rentrer aux Etats-Unis 50 kg d'explosifs : de quoi faire 4 bombes (*Ten — 110 lb plastic bags of urea ? ; 2 plastic bags of the absorption agent sulfate ; 4 small black boxes containing timers*).

Canada et Etats-Unis (Etat du Vermont)

La police des Etats-Unis arrête dans le Vermont Lucia Garofalo (une Canadienne liée à l'Algerian Islamic League) et Bouabid Chomchi (un Algérien), alors qu'ils tentaient de passer la frontière. Le mari de Lucia Garofalo, Yamin Rachezk (Algérien), a été expulsé du Canada où il se trouvait en possession d'un faux passeport. En 2000 il vit en Italie. Arrêté à Londres en 1996 en possession d'un faux passeport grec, puis relâché, il a de nouveau été arrêté peu après en Allemagne pour vol. Il s'agirait d'un « faussaire » du GIA.

Philippines

Arrestation d'un ressortissant français, Abdessalem Boulanouar, à l'aéroport de Manille, en possession « d'éléments de charge explosive ». Il appartiendrait au Front Moro de Libération islamique (MILF).

Jordanie

Arrestation de 14 suspects (12 Jordaniens, 1 Irakien, 1 Algérien) sur les 28 individus qui préparaient des attentats pour le nouvel an contre les sites touristiques de Bethany (près du Jourdain) et du Mount Nebo (à Madaba, à 35 km d'Amman). Cette cellule d'al-Qaïda en Jordanie était dirigée par Khador Abu Hashar (Jaish-i-Mohammad — Jordanie) et financée par un proche d'Oussama Ben Laden, Omar Abou Omar (alias Abu Qutada), un Jordanien ayant obtenu l'asile politique à Londres (al-Islah wal Tahadi — Jordanie).

Pakistan et Jordanie

Le Pakistan extrade vers la Jordanie Khahil al-Dick (de son vrai nom : Umar Khalil al-Sayyid). Il est considéré comme l'un des cerveaux du réseau Oussama Ben Laden (Jaish-i-Mohammad — Jordanie) démantelé en Jordanie. Au cours du mois, le Pakistan arrête 200 personnes liées à

Oussama Ben Laden et saisit les avoirs de deux banques afghanes au Pakistan.

2000 — JANVIER

Sénégal

Arrestation à l'aéroport de Dakar, en provenance du Canada, de Mohambedou Ould Slahi, un Mauritanien vivant au Canada, soupçonné de préparer un attentat en décembre 1999. Il est lié au groupe algérien du Canada auquel appartient Ressam. C'est le beau-frère d'un des lieutenants d'Oussama Ben Laden, « le Mauritanien » (Mahfouz Ould Walid alias Abou Hafs al-Mauritani). Et il est proche de Mokhtar Haouri. Il aurait eu de très nombreux contacts avec la société d'Oussama Ben Laden à Khartoum. Il est extradé vers la Mauritanie mais relâché un mois après faute de preuves.

France

La police arrête Djilali Bender, un Français — marseillais — de 27 ans (en 2000) qui participait au soutien logistique du/des GIA. Il a été condamné en France par contumace en septembre 1999, dans le cadre du procès Koussa, à trois ans de prison ferme.

2000 — FÉVRIER

Mauritanie

Arrestation en Mauritanie de 4 ressortissants de ce pays liés à Oussama Ben Laden. Ils sont relâchés une semaine après, faute de preuve.

2000 — MARS

Canada

Arrestation de Tariq Adli Khafaji, un Egyptien résidant à Montréal où il avait obtenu le droit d'asile en 1998. Il préparait un attentat contre l'ambassade d'Israël à Montréal.

Pakistan

Un mois avant la visite du Président Bill Clinton, arrestation au Pakistan de 4 terroristes liés à Oussama Ben Laden : un Pakistanais, un Afghan, un Algérien et un Danois d'origine égyptienne : Mohamed Shaaban Mohamed Hassanein, 36 ans, détenteur d'un passeport danois (il avait obtenu le droit d'asile en juillet 1996). Il a été condamné à mort en Egypte pour une tentative d'assassinat en 1993 sur la personne de l'ancien Premier ministre Atef Sedki (ou Sidqi).

Grande-Bretagne

L'organisation londonienne *Islamic Observation Center,* dirigée par Yasser el-Sirri, demande aux autorités danoises d'intervenir pour que Shaaban ne soit pas extradé vers l'Egypte.

Nouvelle-Zélande

La police néo-zélandaise découvre un complot terroriste à l'occasion d'une perquisition visant à démanteler un réseau d'immigration clandestine et de fabrication de faux dans une maison d'Auckland. Dans cette maison, elle découvre un « véritable PC opérationnel » et notamment une carte détaillée de Sydney et de ses environs, où sont soulignés l'emplacement de la centrale nucléaire de Lucas Heighs (à près de 20 km de Sydney) et les routes pour y accéder. La police arrête 4 personnes qui préparaient un attentat contre la centrale nucléaire — encore que la preuve formelle de ce fait n'ait pu être établie. Le commando serait composé de ressortissants iraniens et afghans et aurait des liens avec Oussama Ben Laden. En 1996, lors des Jeux olympiques d'Atlanta, une centrale similaire, proche du lieu des épreuves, avait été fermée par prudence, en raison des menaces d'attentats qui pesaient sur les jeux.

2000 — AVRIL

Afghanistan

Les Talibans arrêtent deux hommes — 1 Irakien et 1 Syrien — et peu après un troisième, qui voulaient assassiner Oussama Ben Laden. Ce troisième homme déclare avoir reçu 275 000 dollars du prince saoudien Salman bin Abdelaziz pour ce travail. On dit qu'Oussama Ben Laden a remplacé depuis (tous ?) ses gardes du corps arabes par des Afghans, des Pakistanais et des Bengalis : notamment ceux appartenant à Harakat ul Mudjahidin (Cachemire).

Jordanie

Ouverture du procès « Attentats du millénaire en Jordanie » devant la *State Security Court*. Dans le box : 15 accusés (12 Jordaniens, 1 Irakien, 1 Algérien, 1 Yéménite) ; 13 autres inculpés, en fuite, sont jugés par contumace.

Italie

Hamami Kamal, un proche d'Oussama Ben Laden, est arrêté à Rome en possession d'un faux passeport français acheté en Europe.

2000 — MAI

Grande-Bretagne

La Grande-Bretagne extrade vers les Etats-Unis deux Egyptiens, membres du mouvement égyptien Islamic Jihad, impliqués dans les attentats de Nairobi et Dar es-Salaam : Ibrahim Hussein Abdel Hadi Eidaraw, Adel Mohammed Bany Abdul Almagid.

Jordanie

Arrestation à Amman de Jamal Abd-al-Majid Mahmoud al-Tahrawi, un Jordanien d'origine palestinienne, l'un des 28 inculpés de la cellule al-Qaïda-Hoshar dans la préparation des « Attentats du millénaire en Jordanie ».

Pakistan / Egypte

Le Pakistan extrade vers l'Egypte Mohamed Shaaban Mohamed Hassanein (danois d'origine égyptienne).

Grande-Bretagne

L'organisation islamique londonienne *Islamic Observation Center* proteste contre cette extradition : « le Pakistan commet un acte criminel contraire au droit international ».

Liban

Procès d'un gang armé lié à Oussama Ben Laden de 11 individus de nationalités diverses : égyptienne, palestinienne, soudanaise et syrienne. Le Liban demande à l'Egypte l'extradition du chef de ce groupe : Ayman Kamal al-Din (dit Jamal al-Tantawi), un Egyptien. Ce dernier, également poursuivi en Egypte pour « actes terroristes et atteinte à la sûreté de l'Etat », a été libéré sous caution.

Pakistan

La police pakistanaise arrête à l'aéroport de Karachi, en provenance de Turquie, Shabbir Alam, un Afghan en possession d'un faux passeport, qui a séjourné à Bangkok. Les autorités trouvent que le passeport est l'un des 3 000 volés au consulat afghan de Karachi quelques mois plus tôt et découvrent du même coup un trafic de faux passeports : « Abdullah » fournit, depuis Peshawar, ces faux passeports aux proches d'Oussama Ben Laden. La police organise des « raids » pour débusquer les coupables mais Abdullah a filé... sans doute en Afghanistan. Hamami Kamal possédait un de ces faux passeports.

2000 — JUIN

Philippines

Les Philippines extradent vers la France Abdessalem Balanouar, un Français arrêté à l'aéroport de Manille en décembre 1999. Balanouar possède également un passeport algérien que Lahar Djelili, 25 ans (en 2000), un Franco-Algérien, est soupçonné de lui avoir prêté pour faciliter la navette entre l'Europe et les Philippines. Tous deux sont liés à Oussama Ben Laden.

Jordanie

Le gouvernement américain avertit les autorités jordaniennes d'un risque d'attentat contre l'ambassade américaine à Amman. La police jordanienne arrête 12 habitants de Salt (Gouvernorat de Balqa) ; 8 sont relâchés peu après.

Autorité palestinienne

2 militants liés à Oussama Ben Laden sont arrêtés, l'un à Gaza, l'autre à Rafak Border (Egypte). L'un d'eux, Nabil Awkel (ou Okal), aurait été envoyé par le Hamas en Afghanistan, en 1997, pour suivre pendant trois ans une formation religieuse et militaire.

2000 — JUILLET

Israël et Autorité palestinienne

Le Shin Beth (service de sécurité intérieure d'Israël) annonce le démantèlement d'un réseau lié à Oussama Ben Laden. Ce réseau aurait planifié des attaques à la bombe, des bombardements de colonies juives par des roquettes et des enlèvements de soldats israéliens. Depuis avril 2000, 23 militants islamiques ont été arrêtés par les Israéliens en coopération avec les services palestiniens — dont : 3 Arabes israéliens du Mouvement islamique (dont 2 députés élus à la Knesset sur la Liste arabe unie), les autres sont des Palestiniens appartenant au Hamas et au Jihad islamique. Le groupe était basé à Gaza et dirigé par Nabil Awkel — ou Okal — assisté par Ahmed Yassim (leader du Hamas).

Canada

Arrestation de Mahjoub (Mohammed Zeki), membre du mouvement égyptien Takfir wal-Hijra.

Koweït

Arrestation d'un Arabe — dont la nationalité n'a pas été révélée — qui s'apprêtait à quitter le Koweït en emportant avec lui de faux papiers d'identité destinés à Oussama Ben Laden. L'homme affirme à la police qu'Oussama Ben Laden a effectué, en 1996, une visite secrète au Koweït où il a été accueilli par une des grandes familles de l'Emirat.

Jordanie

Arrestation d'un groupe d'extrémistes qui préparaient des sabotages en Jordanie. Les autorités jordaniennes avaient été averties par les Etats-Unis, en juin 2000, des risques d'attentat terroriste contre l'ambassade américaine à Amman.

2000 — AOÛT

Afghanistan

Quatrième mariage d'Oussama Ben Laden avec une jeune Yéménite de 18 ans qui appartient à une famille yéménite connue (région d'Ibb). Oussama Ben Laden a vingt fils et une fille (de ses trois premières femmes).

Interview d'Abu Daoud, instructeur militaire d'al-Qaïda. Il annonce que depuis 18 mois des centaines de combattants arabes et afghans sont partis se battre aux côtés des unités tchétchènes. Le dernier groupe (400 hommes) est parti en juin 2000.

2000 — SEPTEMBRE

Jordanie

Verdict du procès « Attentats du millénaire en Jordanie » (28 inculpés, 16 présents dans le box, 12 jugés par contumace) ; 6 condamnations à mort dont 2 pour des accusés présents dans le box : Abu Hoshar, Osama Sammar. Et 4 pour des accusés en fuite : Munir Maqdah, un membre du Hamas-Liban, Abd al-Fattah Ahmad al-Awaysihah, Ibrahim Abu-Hulaywah, Muhammed Sadiq Ibrahim (BBC 19 septembre 2000). 6 acquittements, 2 condamnations à la prison à vie, dont Saed Hijazi, 6 condamnations à 15 ans de réclusion criminelle, 8 condamnations à des peines allant de 7 à 10 ans de prison.

2000 — OCTOBRE

Yémen

Le 12 octobre, dans le port d'Aden, le destroyer américain *USS Cole* est la cible d'un attentat suicide : un canot pneumatique à moteur chargé de 200 kg d'explosifs est précipité contre le navire provoquant une gigantesque explosion qui fait 17 victimes. Le lendemain, une grenade explose dans l'enceinte de l'ambassade britannique à Sanaa, sans faire de victimes.

Les services de sécurité du Gouvernorat d'Abyane (à 70 km à l'est d'Aden) arrêtent Ali Ahmad Haydarah alias Ismshi Bin, de l'Armée islamique d'Aden Abyane. Il a été condamné par contumace en 1999 pour l'enlèvement de 16 touristes occidentaux.

Egypte

2 militants de la Jama'a sont tués et 1 blessé lors d'un raid de la police à Assouan.

2000 — NOVEMBRE

Koweït

Arrestation de 14 islamistes qui préparaient des attentats contre des cibles des Etats-Unis au Koweït, un bureau commercial d'Israël, au Qatar, et l'ambassade d'Israël en Jordanie. Les suspects sont koweïtiens (dont 2 policiers), yéménites, binationaux koweïtiens / syriens (2), égyptien (1), bosniaque / yéménite (1). La police recherche un lieutenant d'Oussama Ben Laden, de nationalité marocaine, qui serait rentré au Koweït fin octobre. Après les arrestations, un groupe islamique — The Young Koweiti Believers — menace le gouvernement du Koweït dans une déclaration, publiée dans *Asharq al-Awsat*, intitulée « Premier et dernier avertissement ». Trois autres membres koweïtiens de cette cellule seront arrêtés à la fin du mois. Dans une interview donnée à *Asharq al-Awsat*, un islamiste de Londres déclare que le leader Muhammad Abdallah D, un Koweïtien arrêté le 31 octobre 2000, appartient au Jihad Group.

Afghanistan

Le ministre des Affaires étrangères des Talibans affirme qu'« ils n'extraderont jamais Oussama Ben Laden ».

Grande-Bretagne

Arrestation par la police antiterroriste de 3 militants à Birmingham ; parmi eux : Abou Abdoullah — un Algérien arrivé du Yémen deux ans plus tôt. A Londres il recrutait des volontaires pour le jihad.

Egypte

Le hold-up d'une banque — la National Bank of Egypt — à Al-Maraqha (à 450 km du Caire), commis par des membres de la Jama'a islamiya — selon la police — fait 13 morts. Les voleurs emportent 340 000 dollars US et s'enfuient dans un véhicule en tirant sur les passants.

2000 — DÉCEMBRE

Allemagne

Arrestation à Francfort de 5 individus (dont 2 Irakiens, 1 Français, 1 Algérien) liés au Groupe Salafiste pour la Prédication et le Combat (GSPC) et suspectés de préparer un attentat contre le Parlement de Strasbourg. La police découvre dans leur appartement une cassette vidéo de repérage, un important arsenal (armes de poing, fusils, mitrailleuses, une grenade, 97 kg de matières — potassium et permanganate — permettant la fabrication de bombes) ainsi que des faux documents.

Arrestation d'Alain Dubois, alias Fouhad Sabour, un Français de 36 ans déjà arrêté en France en 1996 puis condamné par contumace, en 1999, dans le cadre du procès Koussa à 3 ans de prison.

Turquie

Par mesure de précaution, les Etats-Unis ferment définitivement leur consulat d'Istanbul.

ONU

Le Conseil de sécurité réaffirme, le 19 décembre 2000, « ses résolutions antérieures et en particulier sa résolution du 15 octobre 1999 [qui] exige également des Talibans... qu'ils remettent Oussama Ben Laden aux autorités compétentes d'un pays où il a été inculpé ».

2001 — JANVIER

Yémen

Arrestation de 5 suspects — dont 2 Egyptiens et 2 Yéménites — dans l'attentat contre le destroyer *USS Cole*.

Afghanistan

Mariage d'un fils d'Oussama Ben Laden à Kandahar.

Canada

Arrestation au Canada de Mohamed Zeki Mahjoub, égyptien. Membre du mouvement égyptien Takfir wal-Hijra, il est soupçonné d'être un des financiers d'Oussama Ben Laden. Il a travaillé entre 1992 et 1993 pour une compagnie *Al-Damazin Farms* au Soudan. Arrivé au Canada en 1995 avec un faux passeport saoudien, il y a obtenu l'asile politique.

Arrestation de Mokhtar Haouari, un Algérien arrivé au Canada en 1993 et qui vivait à Montréal. Recherché en Algérie pour son appartenance au FIS, il était responsable du « Groupe Fateh Kamel / secteur de New York ».

2001 — FÉVRIER

Grande-Bretagne

Arrestation à Londres de 10 individus — dont 6 Algériens — liés à Oussama Ben Laden. Ils sont soupçonnés d'avoir voulu préparer un attentat au gaz sarin dans le métro de Londres. Parmi eux : Abu Qutadah, membre de Al-Islah wal Tahadi ou de Jaish-i-Mohammad (?), est relâché, Moustafa Labsi, un membre du « gang de Roubaix » jugé en France par contumace. La police saisit des équipements électroniques, ainsi que des cartes de crédit volées, des faux documents d'identité et de l'argent liquide.

Etats-Unis

Ouverture du procès de 4 suspects dans les attentats contre les ambassades américaines au Kenya et en Tanzanie, devant le Tribunal fédéral de Manhattan.

2001 — MARS

Etats-Unis

Ouverture du procès d'un chauffeur de taxi, Abdelghami Meskini dit « le New-Yorkais », un Nigérien de 33 ans (en 2001) complice d'Ahmed Ressam. Ouverture du procès d'Ahmed Ressam en Californie.

2001 — AVRIL

Italie

Démantèlement à Milan d'une cellule terroriste dirigée par un Tunisien de 33 ans (en 2001) Essid Samir ben Khemais (dit « Saber »).

Yémen

Arrestation de 12 individus, membres de l'Islamic Jihad, impliqués dans l'attentat contre le destroyer *USS Cole*. Dans la même affaire, trois autres suspects sont arrêtés plus tard dans le mois, ce qui porte le total des arrestations à 31 depuis octobre 2000.

2001 — MAI

Jordanie

Khalil Ziyad al-Dik, membre d'al-Qaïda, en détention depuis 17 mois, est relâché et autorisé à quitter le pays.

2001 — JUIN

Bangladesh

Arrestation du Maulana Akbar Hossain, un des leaders du Harakatul Jihad (Bangladesh), pour l'attentat à la bombe commis pendant le concert donné à Dacca le 14 avril 2001, premier jour de l'an au Bangladesh. Il avoue que son groupe a été entraîné par les Talibans en Afghanistan.

Yémen

Arrestation de 9 suspects appartenant à l'Armée islamique d'Aden Abyane dans l'attentat contre le destroyer *USS Cole*.

Etats-Unis

Face « à un risque accru d'une action terroriste par des groupes extrémistes », Washington place en état d'alerte maximale ses forces armées dans le Golfe et lance un appel à la vigilance de tous ses ressortissants à l'étranger.

Espagne

Arrestation à Alicante d'un Franco-Algérien, Mohammed Bensakhria, considéré comme l'un des principaux « lieutenants » d'Oussama Ben Laden en Europe, qui avait échappé au coup de filet de la police allemande à Francfort en décembre 2000. Il sera extradé vers la France.

Canada

Un Egyptien est interpellé par la police canadienne en provenance de Milan (Italie) où, selon Interpol, il est installé depuis vingt ans, mais sans avoir pour autant la nationalité italienne. Il est trouvé en possession de plans du World Trade Center mais les explications qu'il donne suffisent et le mystérieux « suspect », qui serait membre du Jihad islamique égyptien, est relâché.

2001 — AOÛT

Au début de ce mois, la CIA détecte une agitation suspecte dans la mouvance islamiste pro-Ben Laden. Aussitôt la direction de la CIA contacte les services amis et alliés pour obtenir des précisions sur la menace, une indication du lieu attendu d'un (gros) attentat à venir. Echec. A ce moment, nul à la CIA n'imagine un attentat en Amérique même — ni l'ampleur de l'attaque du 11 septembre.

Ultime mesure (protégeant plus la CIA d'un désastre attendu, que l'Amérique d'une attaque meurtrière), le directeur de la CIA exige la tête du prince Turki bin Fayçal et l'obtient — dix-huit jours avant le 11 septembre.

Emirats Arabes Unis

Arrestation à Dubaï de Djamel Beghal, un Franco-Algérien de 36 ans (en 2001), membre du mouvement égyptien Takfir wal-Hijra. Il revenait d'Afghanistan et partait au Maroc. La police met au jour un réseau bien structuré, centré sur la France, les Pays-Bas et la Belgique, qu'il dirigeait. Ce réseau préparait un attentat suicide contre l'ambassade des Etats-Unis à Paris.

Etats-Unis

Arrestation le 17 août de Zacarias Moussaoui (franco-algérien).

Indonésie

Arrestation à Djakarta de Taufik Abdul Halim (alias Dani), un Malaisien de 26 ans arrivé en Indonésie en juin 2000, avec la bombe qu'il s'apprêtait à déposer dans un centre commercial de cette ville. Ancien élève de l'Université de Technologie de Mara (Jahor Bahru, Malaisie), « Dani » a participé pendant trois ans à la « guérilla religieuse » au Pakistan. Il appartient au Kumpulam Mudjahidine Malaysia — KMM (c'est la première apparition de ce groupe) dont des « combattants » font exploser une bombe dans une église de Djakarta. Des arrestations à Djakarta et Kuala Lumpur (Malaisie) permettent de découvrir des liens entre KMM et un autre groupe malaysien peu connu : le Majelis Mudjahidine Indonesia (MMI). Celui-ci est responsable d'une série d'attentats contre des églises en décembre 2000 et juillet 2001. Dix membres du KMM — dont son chef : Nik Adli Adul Aziz — sont arrêtés en Malaisie.

2001 — SEPTEMBRE

Afghanistan

Attentat suicide perpétré à Kwaja Bahauddin par deux faux journalistes arabes — dont l'un apparemment porteur d'une ceinture bourrée d'explosifs — contre le commandant Ahmad Shah Massoud (« le lion du Panshir ») qui décédera deux jours après. Ces journalistes, d'origine marocaine — selon leurs déclarations — et porteurs de passeports belges munis des visas du Pakistan et des Talibans, affirmaient œuvrer pour une association culturelle à Londres et une chaîne de télévision inconnue. Leur comportement n'avait rien révélé d'anormal aux agents de sécurité de Massoud.

Etats-Unis

Deux Boeing 767 d'American Airlines et United Airlines (vols Boston / Los Angeles), détournés par des « bombes humaines » avec, respectivement, 92 et 65 passagers et membres d'équipage à bord, sont précipités, à 18 minutes d'intervalle, sur les deux tours du WTC de New York, qui s'embrasent et s'écroulent totalement. Peu après, un Boeing 757 d'American Airlines (vol Washington / Los Angeles), avec 64 passagers et membres d'équipage à bord, est précipité par des kamikazes sur le Pentagone, à Washington, et un Boeing 757 d'United Airlines (vol Newark / San Francisco), avec 45 passagers et membres d'équipage à bord, s'écrase près de Shanksville, en Pennsylvanie. En début de soirée, à New York, un troisième immeuble de 47 étages, voisin du WTC, s'effondre à son tour. Le 28 septembre, le bilan provisoire s'élève à 307 morts et 5 960 disparus (ramené à ± 3 000 morts fin décembre 2001).

Arrestation dans un train texan de 2 hommes d'origine indienne en possession de cutters et d'une forte somme d'argent. Leurs noms figurant sur la liste des passagers d'un vol contraint d'atterrir à Saint-Louis (Missouri), l'hypothèse d'un sixième groupe de kamikazes se fait jour.

Le Président G.W. Bush déclare vouloir capturer Ben Laden, « mort ou vif ». Une prime de 5 millions de dollars US est offerte. Le 23, elle est portée à 25 millions de dollars US.

Déclenchement de l'opération « Justice sans limites » (vaste branle-bas militaire et diplomatique), rebaptisée, le 25, « Liberté immuable ».

G.W. Bush annonce le gel, dans le monde entier, des avoirs de 27 organisations et individus soupçonnés d'être liés à Ben Laden : Abd al-Hadi al-Iraqi (alias Abu Abdallah) ; Abu Hafs the Mauritanian (alias Mahfouz Ould al-Walid, Khalid Al-Shanqiti) ; Abu Sayyaf Group ; Abu Zubaydah (alias Zayn al-Abidin Muhammad Husayn, Tariq) ; Al-Qaïda/Islamic Army ; Al Rashid Trust ; Al-Itihaad al-Islamiya (AIAI) ; Al-Jihad (Egyptian Islamic Jihad) ; Armed Islamic Group (GIA) ; Asbat al-Ansar : Ayman al-Zawahiri ; Harakat ul-Mujahidin (HUM) ; Ibn Al-Shaykh al-Libi ; Islamic Army of Aden ; Islamic Movement of Uzbekistan (IMU) ; Libyan Islamic Fighting Group ; Makhtab Al-Khidamat/Al Kifah ; Mamoun Darkazanli Import-Export Company Muhammad Atef (alias Subhi Abu Sitta, Abu Hafs Al Misri) ; Muhammad Salah (alias Nasr Fahmi Nasr Hasanayn) ; Salafist Group for Call and Combat (GSPC) ; Sayf al-Adl ; Shaykh Sai'id (alias Mustafa Muhammad Ahmad) ; Tariq Anwar al-Sayyid Ahmad (alias Fathi, Amr al-Fatih) ; Thirwat Salah Shihata ; Oussama Ben Laden ; Wafa Humanitarian Organization

Arrestation à Burbank (Californie) d'un Koweïtien de 34 ans, Nabil al-Marabh, ancien chauffeur de taxi, soupçonné d'être le relais des terroristes à Boston. Deux de ceux-ci l'auraient fréquenté aux environs du 11 septembre.

Arrestation à Detroit de 3 Maghrébins en possession de documents suspects se rapportant notamment à une base des Etats-Unis en Turquie. Deux d'entre eux étaient les employés d'une société chargée de la restauration dans les avions.

Grande-Bretagne

A la demande du FBI, comme suite aux attentats du 11 septembre, la brigade antiterroriste de Scotland Yard arrête : Lofti Raisi, un pilote algérien accusé d'avoir été l'instructeur d'au moins 4 des 19 kamikazes, Abu Imaad, arrivé des Etats-Unis en avril 2001.

France

Arrestation par la DST, dans la région parisienne (Corbeil, Vigneux-sur-Seine, Chilly-Mazarin [Essonne] et Bezons [Val d'Oise] de 7 individus soupçonnés d'appartenir à un réseau d'Oussama Ben Laden (le Takfir wal-Hijra lié à Djamel Beghal) et de préparer un attentat contre des intérêts américains : Johann Bonté, Français converti, beau-frère de Beghal, Jean-Marc Grandvizir, Nabil Bounour, Abdelkarim Lefkir, Tahar Reteri, 28 ans, Rachid Benmessahel, 32 ans.

Grande-Bretagne

Arrestation à Leceister — où il avait trouvé refuge après le coup de filet de la DST en banlieue parisienne — de Kamel Daoudi, Franco-Algérien de 27 ans, membre du réseau Takfir wal-Hijra / Beghal.

Belgique

Arrestation à Bruxelles de Nizar Trabelsi, un Tunisien de 31 ans, ancien footballeur professionnel en Allemagne, qui vivait à Uccle (Belgique) depuis 1995. Membre du réseau Takfir wal-Hijra / Beghal il devait participer à l'attentat contre l'ambassade des Etats-Unis à Paris. Il a rencontré au début de l'année les membres de la cellule espagnole du GSPC démantelée en septembre 2001 La police découvre à son domicile, notamment, une formule chimique permettant la fabrication de bombes ; et, chez l'un de ses amis — Abdelkrim el-Hadou, un Marocain de 27 ans tenancier du bar « le Nil » à Bruxelles — les produits nécessaires à cette fabrication : 50 l d'acétone, 65 kg de sulfate, 100 kg de soufre. Celui-ci est également arrêté.

Pays-Bas

Arrestation à Rotterdam de Jérôme Courtailler alias Salam, un Français de 27 ans, membre du réseau Takfir wal-Hijra / Beghal.

Espagne

Démantèlement le 26 septembre, après deux ans d'enquête dans cinq pays d'Europe, d'une cellule du Groupe Salafiste pour la Prédication et le Combat (GSPC) en Espagne, dont la spécialité était notamment la fabrication de faux (papiers, cartes...). Six Franco-Algériens sont arrêtés à Valence, Almeria, Huelva, Murcie et Pampelune (Navarre) : Mohammed Boualem Khouni (dit « Abdallah »), leur chef, appartenant au GIA, Mohammed Belaziz, Hakim Zerzour, Majid Sahouane (dit « Abderamane »), Hocine Khouni, Yassine Seddiki. Cette cellule était notamment en relation avec celle de Milan, celle de Francfort et le « réseau Beghal », par l'intermédiaire de Jérôme Courtailler (alias Salam) et Nizar Trabelsi.

Afghanistan et Qatar

Dans une cassette vidéo produite par « Jihad Media Center in Afghanistan » mais dont certains passages sont peu audibles, Oussama Ben Laden, Ayman al-Lawahiri et Rifa'i Ahmad Taha exigent la libération de leurs frères emprisonnés aux Etats-Unis : Shaykh Umar abd al-Rahman, Sayyid Nusayr, Muhammad bin — Rashid bin — Dawud (al-Awhani), Usamah (Haydar), qui a créé le premier Centre des moudjahidines arabes.

Ouganda

Arrestation, à l'aéroport d'Entebbe, de 7 Pakistanais et d'1 Zambien qui s'y trouvaient en transit, en provenance du Rwanda. Ils seraient liés à Oussama Ben Laden et soupçonnés de trafic de drogue.

Jordanie

Arrestation de Raed Hijazi, un Américain d'origine palestinienne, pour sa participation à la préparation des « attentats du millénaire en Jordanie ».

France

Ouverture, devant le tribunal correctionnel de Paris, du procès de 24 membres présumés du mouvement islamiste Takfir wal-Hijra, lié à Oussama Ben Laden.

Inde (Cachemire)

Un attentat-suicide contre le Parlement de Srinagar (Jammu, Cachemire, Inde) fait 40 morts et plusieurs dizaines de blessés. L'attentat est attribué à Jaish-i-Mohammad.

France

Ouverture, devant la cour d'appel de Douai, du procès de trois des cinq rescapés (les autres sont en fuite) du « Gang de Roubaix » démantelé en mars 1996. Sont présents dans le box des accusés : Hocine Bendaoui, 24 ans, Mouloud Bouguelane, 31 ans, Omar Zemmin, 35 ans. En fuite : Seddik Benbahlouli, Lionel Dumont alias Abou Hamza.

Italie

Arrestation à Milan, suite à des écoutes téléphoniques, de 5 personnes (3 Tunisiens, 1 Egyptien et 1 Libyen). Les membres de cette cellule sont accusés de trafic d'armes et de substances chimiques, recel, falsification de documents et violation de la loi sur l'immigration.

Bosnie

Arrestation en Bosnie par la police et les forces de l'OTAN de 3 Egyptiens — dont 2 faisaient l'objet d'un mandat d'arrêt international — et d'1 Jordanien. Parmi eux : Hamed Abdel Rahim al-Jamal, Jordanien, al-Halim

Hassam Khafagi, Egyptien, arrêtés dans un hôtel de la banlieue de Sarajevo.

Extradition vers l'Egypte de 2 Egyptiens : al-Husseyni Aman Ahmed (alias al-Misry), al-Sharf Hassan Mahmoud Saad (alias Shakr), suspectés d'activités terroristes et détenteurs de faux passeports bosniaques. Deux jours plus tard, arrestation à Zeneca, par la police bosniaque, de Bensayah Belkacem, un Algérien-Yéménite qui avait échappé au coup de filet lancé une semaine auparavant par la SFOR dans le quartier de Ildiza. Il est présenté par la police internationale (International Police Task Force — IPTF) comme un « bon client ». Il possède en effet une demi-douzaine de passeports et serait en contact avec de proches lieutenants d'Oussama Ben Laden ainsi qu'avec une ONG, la *Saudi High Commission*, réputée être un élément du réseau Oussama Ben Laden. Par mesure de précaution, les Etats-Unis et la Grande-Bretagne ferment leurs ambassades à Sarajevo.

Arrestation de 6 Algériens à Zenica. Parmi eux, Bensayah Belkacem — un Algérien détenteur de passeports bosniaque, algérien et yéménite — dont les liens avec Oussama Ben Laden sont établis. L'analyse des conversations téléphoniques de Belkacem révèle qu'il a parlé à plusieurs reprises à Abu al-Maid — alias Abou Lubaydah, selon le *Sunday Times* — « *a senior military aide* » d'Oussama Ben Laden et qu'il a été question de la fourniture de passeports étrangers. La police découvre que deux attentats contre les forces des Etats-Unis en Bosnie (3 000 hommes) étaient en préparation depuis plusieurs mois. Les terroristes voulaient utiliser de petits avions ou des hélicoptères de l'aéroport de Visoko (au nord-ouest de Sarajevo) pour attaquer : Eagle Base, à Tuzla, Bosnie, Camp Connor, près de Srebrenica, Rep. Spreska.

France

Au lendemain du match de football « France-Algérie », interpellation de 4 (ou 5) hommes à Sartrouville (Yvelines) et Saint-Denis (Seine-Saint-Denis). Parmi eux : Charres Beterki, présenté comme un proche de l'émir des Gardiens de la Prédication Salafiste — GPS (c'est la première apparition de ce groupe en France), Rabieh Chenine, Nasserdine Mamache. Sont saisis à cette occasion des manuels de fabrication d'explosifs, matériel de faussaire, armes de poing dont un stylo pistolet... ainsi que des communiqués de revendication d'actions terroristes commises en Algérie.

Egypte

83 activistes du Jihad — dont 3 Russes du Daghestan — et, quelques jours plus tard, 170 activistes de la Jama'a, sont déférés à la justice militaire. Une partie de ces militants était en prison depuis plusieurs années pour des attentats contre des touristes, des policiers, des coptes, et des églises.

Allemagne

Arrestation à Munich de Lased Bin Heni, un Libyen de 32 ans, et de deux comparses tunisiens. Il logeait dans un foyer de demandeurs d'asile à Munich-Freising et touchait une allocation sociale. En contact avec le « groupe de Francfort » cet islamiste « hautement motivé » est considéré comme un terroriste important. Il doit être extradé vers l'Italie.

Italie

Arrestation en Lombardie de 3 Tunisiens et 1 Egyptien appartenant au réseau GSPC. Ils préparaient, pour la fin de l'année 2001, l'enlèvement d'importants hommes d'affaires américains de passage en Italie.

Inde (Cachemire)

4 combattants du Lashkar-i-Taiba sont abattus par la police. Ils s'apprêtaient à lancer une attaque suicide contre l'aéroport militaire d'Avantipur (au sud de Srinagar). Depuis le 11 septembre 2001 les violences ont fait 150 morts au Cachemire.

Italie

Arrestation d'un terroriste très recherché, Riizk Amid Rafid, un Egyptien ayant acquis la nationalité canadienne, à Giaia Tauta (Calabre). L'homme était enfermé dans le conteneur sous scellés des douanes d'un cargo en provenance d'Alexandrie. Ce passager clandestin, en costume-cravate, avait avec lui des téléphones, caméra vidéo, matériels informatique dernier cri, de l'argent liquide, des visas, un billet d'avion Le Caire/Rome/Montréal AR. Plus inquiétant, la police découvre dans ses bagages des cartes magnétisées permettant de franchir sans encombre les enceintes de sécurité de plusieurs aéroports canadiens, des plans de ces aéroports et du matériel informatique donnant accès à leurs systèmes opérationnels. Rafid possède par ailleurs une licence de pilote d'avion de tourisme, un carnet de vol et a suivi pendant deux ans des cours de mécanicien-avion au Canada...

Grande-Bretagne

Arrestation à Londres de Yasser el-Sirri, un Egyptien président de *Islamic Observation Center* (*IOC*) pour complicité avec les meurtriers d'Ahmed Shah Massoud. Les faux journalistes — qui ne sont toujours pas identifiés : ils avaient de faux passeports — détenaient une lettre d'introduction de l'IOC signée par Yasser el-Sirri.

Les autorités britanniques gèlent les avoirs d'Abu Qutada — de son vrai nom Omar Mahmoud Omar, un Jordanien. Celui-ci a été condamné par contumace à la prison à vie en Jordanie, pour sa participation à des attentats à la bombe perpétrés par Jaish-i-Mohammad (Jordanie) ; et aux tentatives « d'attentats du millénaire en Jordanie » contre les intérêts américains et israéliens. Lors du procès contre les attentats d'août 1998 (en janvier 2001) son nom a été cité. Par ailleurs il ferait partie des 6 membres d'*Al-Quaeda Fatwa Committee*. La Jordanie demande son extradition à la Grande-Bretagne alors qu'Abu Qutada vit en homme libre dans ce pays... et y donne des interviews.

2001 — NOVEMBRE

Etats-Unis

Le président G.W. Bush annonce la fermeture des bureaux de 2 nouveaux « réseaux financiers soutiens du terrorisme » liés à Oussama Ben Laden : Al-Taqwa et Al-Barakat. Le département américain du Trésor annonce qu'à la fin novembre 2001 plus de 56 millions de dollars US (27 millions aux Etats-Unis, 29 millions dans d'autres pays — soit 63,4 millions d'euros) d'avoirs liés au réseau al-Qaïda et au régime des Talibans ont été gelés dans le monde (dans 120 pays) depuis les attentats terroristes du 11 septembre.

Clairement, l'opération américaine en Afghanistan et l'hypothétique arrestation ou élimination d'Oussama Ben Laden ne constituent qu'une bataille. Quel qu'en soit le résultat immédiat, cette guerre qui ne fait que commencer en connaîtra d'autres dont il ne faudra perdre aucune, ou presque, jusqu'à l'issue ultime. La traque inachevée d'al-Qaïda, pour médiatique qu'elle soit, ne saurait cacher cette vérité première.

10

Une guerre qui ne fait que commencer

L'idée même de ce livre est de s'inscrire dans une perspective de détection précoce, de dévoilement — d'aller vers l'avant. C'est pourquoi et à proprement parler, nous ne pouvons le *conclure*. Il est en revanche possible de tirer des leçons du diagnostic effectué. Il faut enfin — loin de la boule de cristal et de l'inepte futurologie, mais enrichis du *savoir-qui-pressent* — tenter d'esquisser, de présenter, ces figures par lesquelles la violence, le crime, la terreur, se dressent sur la terre en ce début de siècle.

LE DANGER DES PARENTHÈSES HISTORIQUES

Au début de la décennie 80, l'explosion du narco-trafic, la prolifération des « zones grises » et des « guérillas dégénérées », ont signalé l'abolition imminente d'un ordre bipolaire structuré et reconnu. Des zones hors-contrôle ont alors surgi des forces destructrices menaçant la sécurité des Etats, des entreprises, des individus —

l'unité du monde, même. Comme toujours dans l'histoire, c'étaient bien là les symptômes d'un désordre planétaire majeur : ces manifestations dispersées, ce chaos, annonçaient en effet l'abolition de l'ordre mondial.

Débuta alors une parenthèse historique de près de douze ans ; novembre 1989 (chute du Mur de Berlin) — septembre 2001 (chute des Twin Towers de New York). Une parenthèse, notons-le, qui n'est pas la première de notre histoire : du fait, pour une large part et déjà, de la politique isolationniste des Etats-Unis, il n'y a pas eu d'ordre international entre 1918 et 1939, période chaotique et belliqueuse entre toutes.

Or ces deux parenthèses historiques, l'une vers le début du XXe siècle, l'autre sur sa fin, se ressemblent de façon frappante. Ce sont des périodes d'illusion, d'insouciance, de bienséance, de confusion et d'oubli. Charlatans et illusionnistes y règnent en maîtres — alors même que se multiplient des présages toujours plus graves et explicites. Sous les prétextes les plus divers, le réalisme est banni.

Le politique y disparaît derrière des formes spectaculaires (propagande hier, communication aujourd'hui) ; le totalitarisme y règne (hier *hard* avec le talon de fer des dictatures ; aujourd'hui *soft* avec le « politiquement correct », la pensée unique et le conformisme médiatique) — citons ici comme unique exemple le culte politico-médiatique du « zéro-mort » ou du « zéro-accident ».

On veut oublier qui est l'ennemi *réel* — ou on ne sait plus le désigner, ce qui revient au même. La notion d'hostilité tombe dans la confusion et l'oubli. La pré-vision devient impossible. La société avance en ne regardant que dans le rétroviseur.

Or un jour, inévitablement, le réel surgit, reprend ses droits, crève la bulle de savon. Plus profond était le rêve, plus forte est la détonation, plus graves sont les dégâts. Nous l'avons montré dès l'introduction : le prix, le seul hélas ! que paie toujours la société humaine pour sa légèreté et son impéritie est lourd : c'est une guerre.

En 1939, nous nous sommes réfugiés derrière une ligne Maginot physique, faite de moellons et de béton. En 2001, l'hyperpuissance américaine s'est laissé hypnotiser par une autre « ligne », elle virtuelle, associant électrons et « Echelon ». Comment *penser* aujourd'hui la guerre après que l'une très exactement comme l'autre, ces infranchissables lignes, ont été contournées par des ennemis, certes fort divers, mais tous deux désagréables au point de déjouer les plans conçus par nos respectifs bureaucrates ?

A vue d'homme, la forme principale que prend la guerre est aujourd'hui celle d'un conflit terroriste, ou criminel. Ses champs de bataille sont les zones hors-contrôle de la planète, la « jungle de béton », les banlieues sauvages. Attentats-massacres, mutilations et enlèvements de masse sont le quotidien de ces « bandenkriege » (guerre de bandes). Face à celles des pays développés, les armées ont disparu ; ce ne sont plus que réseaux, protoplasmes, entités irrationnelles violentes, sectes, noyaux acéphales, guérillas dégénérées et mafias. Et aussi : desperados, « loups solitaires » et « amoureux du martyre ».

Retour au réel, avons-nous dit. Dans le vrai monde d'aujourd'hui et à vue humaine, quels sont les risques majeurs, les dangers à combattre à tout prix ?

DÉSORMAIS, UN RISQUE MONDIALISÉ

« Le monde auquel nous commençons d'appartenir, hommes et nations, n'est qu'une figure semblable du monde qui nous était familier. le système des causes qui commande à chacun d'entre nous, s'étendant désormais à la totalité du globe, le fait résonner tout entier à chaque ébranlement ; il n'y a plus de questions finies pour être finies sur un point. »

(Paul Valéry[1], 1945)

1. *Regards sur le monde actuel*, Gallimard, 1945.

Avant l'économie et même avant la finance, aussi vite que le crime organisé ou le terrorisme, le risque catastrophique s'est mondialisé[1]. Acte intentionnel ou accidentel, le drame (hier d'ampleur locale ou régionale) est vécu en temps réel par des centaines de millions de téléspectateurs. Médiatiquement amplifiés, ses effets contaminent des continents entiers, voire le globe tout entier, du fait de la circulation toujours plus dense des biens et des services, de l'interdépendance entre économies.

Or — la nature le sait bien — dans un milieu dangereux, ce sont les géants les plus vulnérables. Des géants fragiles, sur notre terre, il y en a de deux sortes.

D'une part, les entreprises mondialisées, hier nommées « multinationales », que le professeur Elie Cohen définit ainsi : « ensembles à forte présence mondiale dont la vulnérabilité s'accroît à la mesure de leur visibilité universelle et de l'ampleur du patrimoine matériel ou immatériel qu'elles accumulent ».

D'autre part, les mégapoles, surtout celles situées au sud du monde, dont nous avons longuement parlé plus haut.

Ces géants fragiles, qui, aujourd'hui les surveille *en tant qu'ensembles* ? Ce devrait être la tâche de l'ONU : l'accomplit-elle ? Dans le cas de ces entités gigantesques et vulnérables, qui identifie systématiquement les risques ? Evalue leur plausibilité ? Installe des dispositifs de détection précoce des dangers avérés ? Personne, on peut le craindre.

---

1. Lire sur ce point l'article du Pr Elie Cohen « Les nouveaux fronts de la gestion du risque », *Le Figaro*, 26/11/01.

LES ÉTATS ÉCHOUÉS

Qu'on les appelle « effondrés » ou « défaillants » ou « échoués », ces fantômes d'Etats représentent un danger majeur pour l'avenir du monde. Ces zones grises ou aires chaotiques ne sont en réalité que des foyers de maladies graves et d'épidémies, des centres d'innombrables trafics illicites, des sanctuaires pour pervers, criminels ou terroristes. Et d'abord et surtout, une calamité pour les malheureux tentant d'y survivre : un condensé de chaos politique, de corruption généralisée, de pauvreté extrême, de catastrophes sanitaires et de guerres (civiles ou tribales) élevées au rang de mode de vie.

Cela désormais, tous les dirigeants politiques du monde développé en ont conscience. Bien loin en effet est le début de la parenthèse historique 1989-2001 où, au nom du toujours moins d'Etat et de l'absolu laisser-faire, des libéraux-anarchistes illuminés se réjouissaient de l'emprise des milices sur le Liban (plus « libérales » que des armées...) et du retour à l'âge de pierre de la Somalie — enfin délivrée de l'insupportable carcan de l'Etat.

Aujourd'hui, on redécouvre les réalités tribales ou claniques, hier tues par « *political correctness* ». Et de fait : grattez le Taliban fondamentaliste : le Pashtoun n'est pas loin sous la surface... Désormais, et plus fort encore ! Le *Financial Times* [1] vante les bienfaits d'un « Etat puissant, respecté et bienveillant » !

Ces Etats échoués devront être « remis en marche ». Etre dotés de gouvernements responsables. Immense autant que coûteuse, la tâche exige en priorité la redéfinition de ce qui constitue aujourd'hui encore la seule clé de voûte de l'ordre mondial : le concept de souveraineté nationale ; puis l'élaboration de formules de prises en

---

1. Lire « Pour une nouvelle forme d'impérialisme », *Courrier international Financial Times*, 22/11/01.

charge, de renforcement de structures, voire de protectorats temporaires. Tout cela est dangereux, immense, hors de prix — peut-être. Mais qu'on néglige de l'accomplir et le désordre mondial s'installe — pour longtemps.

L'ERREUR CONCEPTUELLE

C'est plus qu'une impropriété grammaticale — presque une impuissance à *comprendre* ce qu'est une guerre — une incapacité à réaliser qu'on ne combat jamais des abstractions ni des concepts, encore moins des produits chimiques — mais toujours des hommes.

Et que de ce fait, ce qu'on nomme aujourd'hui « guerre à la terreur » et qui consiste à aligner des victoires sur le champ de bataille afghan, face à une milice tribale primitive et fanatisée de quelque vingt mille hommes, risque fort d'être hors-sujet. Car face au terrorisme, l'exploit militaire est-il vraiment une réponse ? Y compris même l'action de forces spéciales surarmées et surentraînées ?

Certes, ces faits d'armes sont à court terme bons pour le moral de la population et la cote de popularité des dirigeants politiques. Mais considérons le cas d'Israël face au Hamas. L'une des toutes meilleures armées du monde contre une société secrète suprêmement rodée à la conspiration, héritière d'une tradition de soixante ans et plus de clandestinité, celle des Frères musulmans, et enracinée dans une plèbe misérable. Une entité opérant de plus sur un mouchoir de poche.

La première « mission de sacrifice » du Hamas date d'avril 1993. Jusqu'en 1998, il y en eut 37. De septembre 2000 (début de la seconde Intifada à novembre 2001), on en a compté 30. 250 Israéliens ont été tués, plus de 2 000 blessés. Entre le 1er et le 2 décembre, 30 Israéliens périssent, 200 sont blessés. Des scènes de cauchemar. Des hôpitaux submergés. Une interminable succession d'enterrements. Avec pour l'instant comme seule perspective — justement ce que veut le Hamas : la reconquête de l'autonomie palestinienne par l'armée d'Israël. Car aux yeux de ces fanatiques, Arafat a commis le suprême péché : vouloir signer avec Israël une paix définitive, ce qu'en son temps, le Prophète a toujours refusé de faire avec les tribus juives de la péninsule arabe.

Ainsi donc et même si l'assassinat ciblé des chefs terroristes connus continue (60 à ce jour), même si les blindés d'Israël tiennent en représaille les rues de toutes les villes palestiniennes ; même si bouclages et bombardements se multiplient encore, au risque de faire basculer toute la région dans le chaos, il semble clair que l'option militaire n'est pas, ne peut pas être décisive face à un terrorisme de masse, immergé dans des bidonvilles et soutenu par sa population.

DESPERADOS ET LOUPS SOLITAIRES

Théodore Kaczynski, surnommé « Unabomber » par le FBI — et bien d'autres encore, déracinés, aigris, violents, fanatisés — parfois déséquilibrés [1]. L'Amérique en compte des milliers, en marge des groupes suprématistes blancs, des milices « patriotiques », des sectes fanatiques protestantes anti-avortement, et des paranoïaques tenant le gouvernement fédéral pour l'ennemi n° 1 de l'Amérique. Ces « loups solitaires » n'adhèrent pas à ces entités (elles-mêmes marginales) ; ils ne reçoivent pas vraiment leurs

---

1. Voir « Lone wolves pose terrorist threat », *Herald Tribune*, 27/7/98 ; « US intel. operations said inadequate lone extremists rather than radical organizations biggest threat to US », ERRI daily intelligence report, 24/04/1998.

ordres, mais subissent leur influence, vivent avec elles en une sorte de symbiose idéologique. Leur paysage mental ? La haine de Washington, une sympathie pour les milices — comme pour le groupe éco-terroriste Earth First ! — en prime, une fascination puérile pour les hors-la-loi.

Solitaires ou mini-hordes sauvages, tous sont indétectables avant le passage à l'acte. Furtifs, désocialisés, ils sont d'abord difficiles à identifier ou à intercepter ; à inculper et faire condamner après coup. Faute d'une coordination étroite, efficace et incessante, les organismes anti-terroristes « classiques » (fédéraux ou locaux) sont quasi impuissants, car peinant à former un filet à mailles assez étroites pour repérer, puis neutraliser, des noyaux minuscules ou, pire encore, des individus isolés. Ainsi, le FBI aura mis dix-sept ans à interpeller Kaczinski...

Est-ce parmi ces solitaires qu'il faut chercher l'auteur de la campagne de dispersion par la poste de lettres chargées de spores de bacille du charbon (« anthrax » en anglais) ? Une campagne qui a abouti à la contamination de dix-huit personnes et provoqué cinq morts, d'octobre à novembre 2001. La police fédérale américaine le pense et oriente ses recherches vers un microbiologiste solitaire connaissant les armes biologiques et ayant accès à un laboratoire spécialisé. Sans doute un illuminé voulant attirer l'attention du monde sur les dangers de l'arme biologique. Ou susciter la panique, on ne sait. En tout cas, sa volonté de tuer est nette : certaines enveloppes contenaient « des milliards de spores d'anthrax », assez pour tuer par inhalation des dizaines de personnes. L'homme aura profité des attaques du 11 septembre pour agir, bénéficiant ainsi d'une chambre d'écho mondiale. Ou encore, ces attentats auront fait basculer dans la folie homicide un esprit déjà torturé. Là aussi, un état d'esprit proche de celui des éco-terroristes — les activistes le sentent : il suffit de voir l'intérêt avec lequel ils suivent toute l'affaire.

Comment repérer à l'avenir ces desperados et autres loups solitaires ? Comment déjouer leurs plans sans empiéter sur les libertés fondamentales garanties par l'Etat de droit ? Difficile : déjà fort techniques et complexes, de telles enquêtes sont en outre sans précédent. L'actuelle, aux Etats-Unis, nécessite de tout inventer au fur et à mesure : procédure, modes d'intervention — le tout en évoluant dans un milieu que la police connaît fort peu. Encore un défi majeur pour les dirigeants politiques des grands pays développés. Sauront-ils le relever avant que n'advienne un drame majeur ?

LA BOMBE « SALE »

Ben Laden possède-t-il une bombe atomique ? Même une « petite » ? les officiels américains ne le pensent pas [1]. Ces experts soulignent en revanche que rien n'est plus aisé que de fabriquer une bombe « sale », associant des explosifs courants (dynamite, etc.) à des substances radioactives, dispersées par l'explosion. Dans un centre urbain, un tel attentat tuerait en peu de temps des centaines de passants, provoquerait une épidémie de cancers parmi les survivants — et rendrait inhabitables pour des décennies des quartiers entiers de la ville ainsi frappée.

Or de 1993 à l'an 2000, l'agence des Nations-Unies chargée de surveiller les stocks de matières fissiles a recensé 153 cas de vol de telles substances ; ainsi que 183 vols de substances radioactives, elles non susceptibles de servir à fabriquer une bombe atomique, mais utilisables pour une bombe « sale ».

Là encore, un fastidieux et incessant travail de renseignement, une coordination internationale sans failles sont désormais indispensables. Pour éviter qu'un jour, des millénaristes hantés par l'apocalypse ne finissent par obtenir les moyens de réaliser leur propre Hiroshima.

---

1. Voir « The threat of nuclear terror is slim but real », *USA Today*, 29/11/01.

LA « CULTURE DU MARTYRE »

Le martyre — « chahadat » — est pour l'islam radical (sunnite ou chi'ite) aussi important que la sainteté pour les premiers chrétiens ; il s'oppose au suicide, qu'interdit le Coran. Le martyr — « chahid » — est un modèle, le moteur de l'action pour les croyants. Voila ce qu'en dit Ali Chariati, idéologue de la révolution islamique d'Iran, dans un texte écrit en 1972 :

« *Chahadat*, dans notre culture, dans notre religion, n'est pas un sanglant accident imposé à un moudjahid par l'ennemi. C'est une mort désirée, choisie dans la clarté, en état complet d'éveil, en toute logique, en pleine conscience... Soudain, en un élan révolutionnaire, un homme jette sa dépouille charnelle dans un brasier d'amour et de foi et se transforme en une sainte lumière.

A chaque génération, le martyre nous rappelle sa grande leçon : si vous le pouvez, tuez ! Si vous ne le pouvez pas, mourez ! Celui qui fait de la mort brûlante un symbole d'amour, un témoignage de vérité, celui-là est un martyr. Il vit, il est là, dans le giron de Dieu pour toujours mais aussi dans le cœur de la masse des fidèles. »

Voici deux ans, on vit apparaître des affiches curieuses sur les murs de Gaza, près des mosquées radicales. Ces affiches, on les voit désormais souvent dans les rues — dans les immeubles, même et sur les baraques des bidonvilles. On en trouve désormais jusqu'en Cisjordanie. L'affiche représente des oiseaux volant dans le soleil couchant — ou levant ? Les oiseaux sont verts (la couleur sacrée de l'islam) et le crépuscule, pourpre. Ces oiseaux représentent symboliquement les martyrs (*chahid*), dans leur ascension vers le paradis. Ceux qui reposent pour l'éternité dans *beit al-Ridwan*, le jardin paradisiaque réservé aux Prophètes et à eux — les bombes humaines, l'arsenal humain du Hamas et du Jihad islamique[1].

Puis les calendriers ont fait leur apparition. Comme ceux qui exhibent des *pin-up* — mais de façon plus austère — ils présentent chaque mois en modèle un martyr différent. Tous ont disparu dans « l'explosion sacrée ». S'ajoute désormais à cette morbide panoplie de forts populaires chants de vengeance, vantant les exploits des *chahid*, leur courage indomptable, leur mépris de la mort. La joie qui les inonde quand ils pressent le détonateur. Car il est dit que celui qui meurt dans la voie du jihad ne ressent rien en offrant sa vie en sacrifice — pas même l'équivalent d'une piqûre de moustique. Et la première goutte de sang versée dans le jihad lave instantanément le *chahid* de tous ses péchés...

Ainsi et de proche en proche, suscitée par un classique effet de cocotte-minute psychologique, par le désespoir et l'absence de toute issue politique positive, une authentique « culture du martyre » s'installe-t-elle dans les taudis et bidonvilles de l'autonomie palestinienne, des territoires occupés — et même d'Israël.

D'un côté, une vie de quasi-esclave, dans un bantoustan ravagé par la guerre et la répression. Et de l'autre ? Ecoutez Nasra Hassan, elle-même musulmane et pakistanaise, opérant depuis de longues années dans les territoires occupés, au nom de l'ONU. Voici les propos des « bombes humaines » tenus — là est le plus tragique — avec béatitude : « Presser le détonateur, c'est ouvrir la porte du Paradis... C'est le chemin le plus court vers les cieux... Pour retrouver le Prophète et ses compagnons... Le Paradis est tout près, là, sous mon pouce, contre le détonateur. »

Ceux qui tiennent ces discours ne sont pas des benêts suicidaires ou dépressifs, mais de jeunes gens issus des classes moyennes palestiniennes, étudiants ou salariés bien

---

1. Lire « Talking to the human bombs », Nasra Hassan, *The New Yorker*, 19/11/01.

intégrés, informés des réalités du monde extérieur. Parmi les *chahid* même, deux fils de milliardaire...

Et leurs familles ? Un père de martyr raconte calmement, avec fierté même, la fin horrible de son fils, parti au sacrifice avec un second moudjahid. Celui-ci fait exploser sa bombe le premier et est réduit en pièces ; le fils du narrateur contemple sans broncher la bouillie sanglante. Il attend plusieurs minutes que les sauveteurs accourent, pour presser son détonateur et causer ainsi le maximum de dégâts chez « l'ennemi »...

Le *chahadat* accompli, la famille du martyr organise un grand repas de fête, analogue à celui d'un mariage, pour fêter l'entrée au paradis de l'enfant sacrifié.

Telle est la « culture du martyre » et du sang. Loin d'être une tragique singularité du théâtre d'opération palestinien, cette « culture » se répand. Voici vingt ans, les « missions de sacrifice » étaient pratiquées par le seul Hezbollah du Liban (chi'ite). Aujourd'hui, tout l'islam radical sunnite s'y est mis : Afghanistan, Algérie, Cachemire, Egypte, Kenya, Koweït, Liban, Pakistan, Palestine, Tanzanie, Tadjikistan, Tchétchénie, Yémen ont connu de telles opérations. Au moment même où s'écrit ce texte, des « Afghans arabes » meurent par dizaines ou même par centaines en Afghanistan. Des Saoudiens, des Koweïtiens, des Yéménites. Souvent, ils ont délibérément sacrifié leur vie face aux hommes de l'Alliance afghane du Nord. Des actes qui souvent imbibent la mentalité de leurs proches, dans leurs clans ou tribus d'origine. Qui risque de les façonner pour l'avenir.

Tel est l'objectif que visent en réalité aussi bien les dirigeants du Hamas que ceux d'al-Qaïda et Oussama Ben Laden lui-même. Ils attendent, ils anticipent la répression, la plus violente, la plus brutale possible. Ils espèrent fiévreusement une réaction excessive, aussi bien d'Ariel Sharon que de George Bush. Leur raisonnement est celui de l'ayatollah Khomeini déclarant dans une cassette enregistrée en 1978 : « On dit parfois que le héros est le moteur de l'histoire. C'est faux. Le moteur, l'âme de l'histoire est le martyr. Ainsi, dénudez vos poitrines face à l'armée, car le shah fera usage de l'armée et celle-ci lui obéira... Si l'ordre est donné et qu'ils tirent sur vous, dénudez vos poitrines. Votre sang, et l'amour que vous leur porterez en mourant, les convaincront. Le sang de chaque martyr est comme le son d'une cloche qui éveillera mille êtres vivants. »

Est-ce un raisonnement risible ? Un espoir absurde ? Pas forcément. Dans notre culture même, dans l'histoire récente de l'Europe, un projet analogue a donné précisément le résultat voulu. Nous sommes à Dublin à Pâques 1916. Sans réel espoir de succès, le « Gouvernement provisoire de la république d'Irlande » lance l'insurrection. Rapidement, ce soulèvement est écrasé devant une population dublinoise plutôt indifférente. Mais ce que l'appel aux armes des patriotes n'a pas suscité, la férocité de la répression le provoquera. Thomas Clarke, Sean Mac Diarmada, Thomas Mac Donagh, P.H. Pearse, Eamonn Ceannt, James Connolly, Joseph Plunkett, sont fusillés. Leur sacrifice réveille l'Irlande. Réaction en chaîne : les volontaires affluent vers l'Armée républicaine irlandaise. Cinq ans plus tard, les vingt-six comtés de la République d'Irlande sont indépendants.

La « culture du martyre » est-elle soluble dans la répression militaire ? Sans doute pas. Là encore et de l'Afghanistan à la bande de Gaza, des solutions politiques sont à inventer puis à appliquer, des instruments de détection précoce sont à élaborer ; une pratique systématique de prévention est à favoriser. N'ayons pas d'illusions : d'essence terroriste ou criminelle, une nouvelle guerre a débuté le 11 septembre 2001. L'arrestation ou la mort d'Oussama Ben Laden, toute symbolique qu'elle puisse être, n'y changera rien. De nous dépend au moins que ce conflit nouveau soit le moins long, le moins sanglant, le moins traumatisant possible.

Orientation bibliographique

Balencie Jean-Marc et de La Grange Arnaud, *Mondes rebelles, l'encyclopédie des conflits*, Editions Michalon, Paris, 2001 (3ᵉ édition).

Conquest Robert, *Reflections on a Ravaged Century*, John Murray, London, 1999.

Der Derian James, *Virtuous war*, Westview press, Boulder Co., 2001.

Didier Anne-Line et Marret Jean-Luc, *Etats échoués, mégapoles anarchiques*, PUF, 2001.

Hackworth David, *Hazardous duty*, Avon Books, New York, NY, 1997.

Kaplan Robert, *The Coming Anarchy*, Random House, New York, NY, 2000.

Kerry John, *The New War*, Simon & Schuster, New York, NY, 1997.

Labévière Richard, *Les Dollars de la terreur*, Grasset, Paris, 1999.

Lagadec Patrick, *Ruptures créatrices*, Editions d'Organisation, Paris, 2000

Muray Philippe, *L'empire du bien*, Les Belles Lettres, Paris, 1998.

Rashid Ahmed, *Taliban*, I. B. Tauris, London, 2000.

Raufer Xavier (ed.), *Dictionnaire technique et critique des nouvelles menaces*, PUF, 1998.

Schmitt Carl, *Le Nomos de la terre*, PUF-Léviathan, Paris, 2001.

Shawcross William, *Deliver Us from Evil, Warlords and Peacekeepers in a World of Endless Conflict*, Bloomsbury, London, 2000.

Taylor Max et Horgan John, *The Future of Terrorism*, Frank Cass, London, 2000.

Van Creveld, *The Transformation of War*, The Free Press, New York, NY, 1991.

Table

PROLOGUE 9
    Déjà, ou le « savoir qui pressent » 9
    L'attaque 13

1. RÉACTION EN CHAÎNE 25
    Économie mondiale, multinationales et « taxe »
        terroriste 26
    Les entreprises victimes et isolées 33

2. DE GIGANTESQUES ET IMPRÉVISIBLES EFFETS 39
    Le bilan 40
    Perspectives 55

3. L'INÉVITABLE TRAGÉDIE 61
    Défense et services spéciaux, le défaut et les
        manques 62
    Political correctness et pensée unique 83
    Etat, la confusion et l'oubli 90
    Actualité, les signes avant-coureurs et l'aveugle-
        ment 95
    De la catastrophe à la tragédie 101

4. LES FORCES EN PRÉSENCE 103
    Les États-Unis d'Amérique, une république 104

Ben Laden et al-Qaïda, l'essence du terrorisme..... 110

5. Un protoplasme mondialisé 125
   Les hommes.. 126
   Les cadres 134
   Les entités 141

6. Terrain, équipes, méthodes.. 171
   Jungle urbaine et bosquets de béton...................... 178
   Vers le chaos mondial.. 180
   Méthodes, enjeux et batailles 188

7. Gagner 195
   Protéger les grands groupes mondialisés............... 199
   Comprendre les filières financières 202
   La recherche fondamentale 206
   Le renseignement de l'avenir................................ 207

8. Et la France ?.. 221
   De la délinquance au terrorisme ? 224
   La réalité des violences urbaines.......................... 224
   Quelle politique ? 229

9. La traque inachevée.. 235
   (Février 1998 à novembre 2001)

10. Une guerre qui ne fait que commencer 299
    Le danger des parenthèses historiques.................. 299
    Désormais, un risque mondialisé 301
    Les Etats échoués 303
    L'erreur conceptuelle... 304
    Desperados et loups solitaires............................... 305
    La bombe « sale »... 307
    La « culture du martyre »...................................... 308

Orientation bibliographique 313

*Ce volume a été composé
par Nord Compo
et achevé d'imprimer en septembre 2002,
par **Bussière Camedan Imprimeries**
à Saint-Amand-Montrond (Cher)
pour le comte des éditions Lattès*

N° d'édition : 18412 — N° d'impression :
Dépôt légal : janvier 2002

Imprimé en France